设计学类国家一流本科专业建设系列教材

装饰材料设计与应用

主 编 马兰茜 胡 迪 曾 丽 梁家年

WUHAN UNIVERSITY PRESS
武汉大学出版社

图书在版编目(CIP)数据

装饰材料设计与应用 / 马兰茜等主编. -- 武汉 : 武汉大学出版社, 2025.8. -- 设计学类国家一流本科专业建设系列教材. -- ISBN 978-7-307-25011-6

Ⅰ. TU56

中国国家版本馆 CIP 数据核字第 2025NH7214 号

责任编辑:何青霞　　责任校对:鄢春梅　　整体设计:韩闻锦

出版发行:**武汉大学出版社**　(430072　武昌　珞珈山)

(电子邮箱:cbs22@ whu.edu.cn 网址:www.wdp.com.cn)

印刷:武汉中远印务有限公司

开本:787×1092　1/16　印张:13.5　字数:286 千字　插页:1

版次:2025 年 8 月第 1 版　2025 年 8 月第 1 次印刷

ISBN 978-7-307-25011-6　定价:49.00 元

前　　言

在现代建筑与室内设计中，装饰材料的选择与应用不仅影响着空间的美观与功能，更关乎环境的可持续性与人们的生活质量。随着科技的进步和设计理念的不断演变，装饰材料的种类和应用方式日益丰富，如何有效地设计并应用这些材料，成为了建筑师、设计师和工程师们面临的重要课题。为了帮助读者全面掌握装饰材料的设计原理与应用技术，我们编写了这本《装饰材料设计与应用》教材。

本书旨在为环境设计专业的学生、从业人员以及对建筑装饰材料感兴趣的读者提供系统、全面的知识体系。书中详细介绍了各类建筑装饰材料的基本性能、生产工艺、应用技术以及最新的发展趋势，力求理论与实践相结合，帮助读者更好地理解和掌握建筑装饰材料的核心知识。

近年来，在高校设计专业中，装饰材料课程的教学趋势正随着社会需求、技术进步和环保意识的提升而不断演变。首先，装饰材料课程不再局限于单一学科，而是与建筑学、环境设计、产品设计等多个领域紧密结合。这种跨学科的整合帮助学生更全面地理解材料的特性及其在不同设计领域中的应用，培养出更具综合能力的设计人才。其次，随着全球对环境保护的重视，装饰材料课程开始强调环保材料的使用。课程内容涵盖了可再生材料、低碳材料和绿色建筑标准，旨在培养学生在设计中考虑环境影响的能力，推动可持续发展理念在设计实践中的应用。再者，新技术的引入是装饰材料课程的一大趋势。3D 打印、智能材料和纳米技术等现代科技在装饰材料的设计与应用中越来越重要。装饰材料课程融入这些新技术的相关知识，帮助学生掌握现代设计工具和方法，提升设计的创新性和实用性。最后，高校越来越重视实践教学，通过项目驱动学习和实习机会，让学生在真实的设计环境中应用所学知识。这种方法不仅提高了学生的动手能力，也增强了他们的团队合作和项目管理能力，为未来的职业发展打下坚实基础。所以，高校装饰材料课程正朝着更加综合、实用和创新的方向发展，以适应快速变化的社会需求和技术进步。通过顺应这些教学趋势的学习，学生不仅能够掌握装饰材料的基本知识，还能培养出适应未来设计行业的能力和素养。

本教材正是顺应了设计行业的需求变化、技术进步以及教育理念的更新。在编写的过程中，我们参考了大量的文献资料和行业标准，并结合实际工程经验，力求内容的科学性与实用性。本书还配有丰富的插图和实例分析，以便读者更直观地理解装饰材料的设计与应用。同时，书中还结合了美学方面的材料应用，在探讨材料时，加入了“材料视觉艺术形象”等要点，通过协调“材料”的技术性能及肌理呈现，将材料的情感特征充分地发挥出来，使学生能够更好地理解设计的多样性和文化适应性，创造出更具文化内涵和美学价值的设计作品。

由于建筑装饰材料领域发展迅速，书中难免存在不足之处，恳请广大读者和同行提出宝贵意见，以便我们在今后的修订中不断完善和改进。本书在编写过程中，参阅并采用了部分设计书籍和设计网站的图例，由于来源复杂、未能一一标注出作者，在此表示谢意。希望本书能够为广大读者在装饰材料的设计与应用方面提供有益的指导，并为推动建筑与室内设计行业的发展贡献一份力量。

编者

2025 年 3 月

目　录

第一章 认识材料

材料既是设计的物质基础和条件，也为我们提供了丰富的创造灵感。材料不仅存在于现实生活中，而且扎根于文化和思想领域。从某种意义上看，设计活动中物化的过程，也就是材料被文化的过程，设计师借助不同的材料进行精神创造，形成了丰富多彩的空间环境。

材料在几乎所有的设计项目中扮演着非常重要的角色，为我们认识周围的世界提供了一种基本途径。材料是方案、构思等概念得以实现的物质基础和手段。材料不仅仅是结构的外在表现，其作为设计本身的骨骼和皮肤，体现了环境特征，而且材料本身拥有自身的设计语言，包含某种含义，表达某种思想。材料与设计的结合有时甚至是成功的关键，谁也不能否认材料的创新和运用也是另一种独特而巧妙的设计。我们希望通过对材料的认识过程，发现更多的可利用材料，了解以前未知和熟悉的材料，从根本上改变传统上对材料的运用手法，从而达到提高设计意识的根本目的。

装饰材料中的“装饰”一词，是指对特定的建筑物或室内按照一定的思路和风格进行美化的一种活动或行业。《辞源》将“装饰”解释为：“装者，藏也，饰者，物既成加以文采也”，指的是对器物表面添加纹饰、色彩以达到美化的目的。显然，装饰多是关注室内看得见的“外表”；而装修似乎“内外兼修”，既要关注表皮的饰面效果，同时也注重室内空间界面及相对固定部件的构造处理，即对这些无法直接看到的表皮“背后”也进行关注。

我们所说的装饰材料，是指在室内空间环境范围内所涵盖的材料，这些均是本书所涉及的对象。尽管像建筑或景观设计多关注室外空间，其所用材料虽种类不如室内材料那样丰富，如外墙砖、外墙涂料、防腐木等，但其强度、防水性、耐腐蚀性会更好，这些材料也有运用于室内空间的可能性。这对于室内环境材料设计的创新思维不无裨益。因此，本教材可能会适当涉及一些建筑或景观材料。需要说明的是，室内材料大多是不适于用在室外的。

当下一些设计在材料形式语言的表现上出现了重大突破，在运用传统材料语言时开始与新的技术手段及形式语言相结合，打破了传统单一的材料语言模式，不再单纯满足建筑及室内空间本体意义上的需要，而是更多地体现出独立意义上的材料魅力。这不仅说明了材料对未来发展的重要性，也是材料发展的趋势。

第一节 古代材料

文字的出现，是人类进入文明时代的标志。两河流域是文字出现最早的地区，也是材料文明发源最早的地区。全球各地史前时期的结束，文字的产生虽是第一特征，但很多考古学家也主张，进入“国家文明时期”的另一重要标志，应当是青铜冶炼业的产生。也就是说，把材料使用状况提高到划分历史时期的高度，我国虽然只发现了 3300 年前的最早文字——甲骨文，但有更早的关于公元前 2070 年以前历史的记载，这种记载和 4000 年前青铜器的历史可以相互印证。

全球进入文明时期不仅有很大的差异，而且所谓的四大文明古国——古巴比伦、古埃及、古印度、古中国中，前几个虽然时间较早却已经中断消亡，而中华文明虽稍晚，却延续不断，直至今天。因此本书选择以中国材料的演变为主要内容，如陶瓷、青铜、钢铁、纸、漆器、瓷器等，这既符合历史实际进程，也符合古代文明地域的特征。

进入古代文明时期，人类经济已经完成了两次大分工，第一次：游牧业与农业的分工；第二次：农业与手工业的分工。因此，与材料发展关系最为密切的人类生产活动已变为农牧业和手工业。古代农业和手工业的进步十分缓慢，以此为主要服务对象的材料发展也很缓慢；其次，服务于战争和武器的需要，是材料的重要内容，相对于农业社会，游牧社会尤其如此。另外，这个时期发生的第三次大分工——职业商人的出现，也对材料技术传播产生了巨大影响。

中国春秋时期发明铸铁以后，铁器价格迅速下降，性价比大幅度提高，农具遗物大量出现。进入铸铁时代是铁器时代的新里程碑，而且是更重要的里程碑。战国以后中国农业的快速进步，生产水平的快速提高，中华文明在全球范围内中心地位的形成，都是与铸铁为代表的材料技术进步及其在农业生产上的成功应用密不可分的。

一、青铜器

夏朝(约前 2070—前 1600 年)是中国第一个王朝。虽然尚未发现夏朝文字，但夏代青铜器及相关技术已属于成熟的材料技术，这也是文明时代开始的重要特征(图 1.1～图 1.5)。

图 1.1 河南偃师二里头的夏宫城区

图 1.2 铜钺

图 1.3 铜鼎

图 1.4 长流爵

图 1.5 绿松石铜牌饰

商朝(前 1600—前 1046 年)是中国青铜文化辉煌灿烂的时代，以盘庚迁殷为界可分为前后两期，在青铜技术和艺术上有明显不同。前期质朴大方，后期纹饰繁缛，形制、种类多样，可称洋洋大观(图 1.6~图 1.8)。

图 1.6 杜岭一号大方鼎

图 1.7 牛首兽面纹尊

图 1.8 三星堆文化青铜人像

西周(前1046—前771年)是中国青铜文化的高峰，包括各种青铜礼器、乐器、兵器、工具和其他日用器。西周时期，青铜冶铸技术持续发展，铜器数量显著增长，有明显的更新过程。这一时期铸造精湛，有造型雄奇的重器传世，且多有长篇铭文，这些铭文成为研究西周社会历史、文化的重要资料(图1.9~图1.11)。

图1.9 利簋

图1.10 勾连纹鼎

图1.11 鸟文象尊

夏商周三代是中国国家文明发展早期，青铜器的实际用途本应是发展农业生产，但统治者认为“国之大事，在祀与戎”，所以各类兵器发展迅速。其中钺的体型最大，其制作精美、形制各异。兵器以戈矛戟剑为主，农具以犁镰锄铲为主，刀介于农具与兵器之间，种类繁多(图1.12~图1.14)。

图1.12 亚丑钺

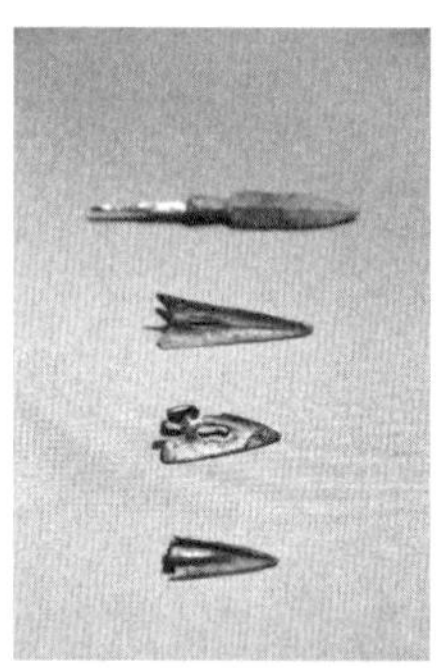

图1.13 东周箭镞

图1.14 战国铁锄

二、中国最早的铁器

公元前1800年左右，赫梯人在冶铜术基础上发明了块炼铁，当时制出的铁贵如黄金，价格是铜的60倍(图1.15)。公元前12世纪，赫梯灭亡，工匠四散，制铁技术传播到各地。春秋战国时期(前770—前221年)冶铁技术出现了重大变革，人们不再只能获得块炼铁，在铸铜技术基础上，发展出可冶炼液态高碳生铁，即铸铁的技术(图1.16)。这种技术可以直接铸造各种铁器，再通过热处理极大地提高了材料性能，为大幅度提高农业生产效率创造了条件。也就是说，中国人发明了铸铁，即生铁，这是有史以来最硬的一种材料。

图1.15　赫梯人的铁器

图1.16　战国铸铁铲

中国从春秋时代发明铸铁以来，几乎同时发明了铸铁韧化技术，使铸铁在提高农业生产效率方面发挥了重要作用。其后经过200至400年的实践，人们又创造出生铁脱碳制钢新技术，使铁器材料又上了一个新台阶(图1.17)。

图1.17　明代科学家宋应星在著名的《天工开物》卷十四中以“生熟炼铁炉”为题，形象地介绍了炒钢过程

汉代发明生铁脱碳法制钢的同时，还兴起了利用液态生铁制钢的另一种形式——“炒钢”技术。这是利用熔化态生铁制钢的最初探索。与铸铁器件脱碳制钢法不同，这是在大量制取低碳铁基材料方面的一个伟大的技术进步。

汉朝以来，中国在不断为生铁的进步而努力，在向“钢”迈进。但“钢”字迟迟没有出场，许慎的《说文解字》中未收“钢”字可为证。“钢”字最早见于魏晋，《晋书》中已用

“钢”字描述高性能铁基材料，有“百炼钢刀，名冠神都”之说。《梦溪笔谈》中详细描述了百炼钢的生产过程。南北朝时有了“灌钢”的记载，其原理是锻合生铁与熟铁，使含碳量趋于均匀的制钢方法(图 1.18~图 1.20)。

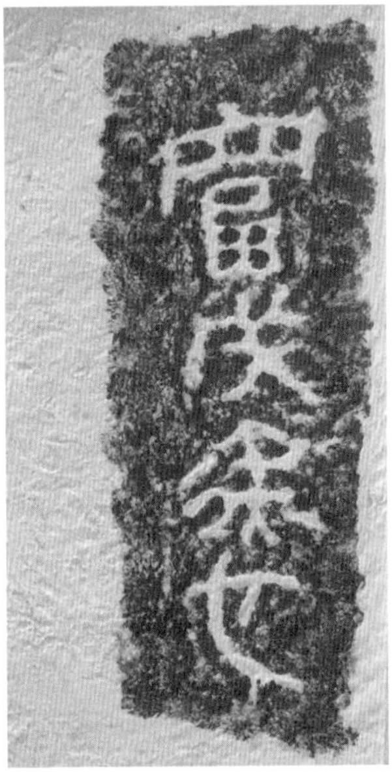

图 1.18 东汉环首三十炼钢刀错金隶书铭文

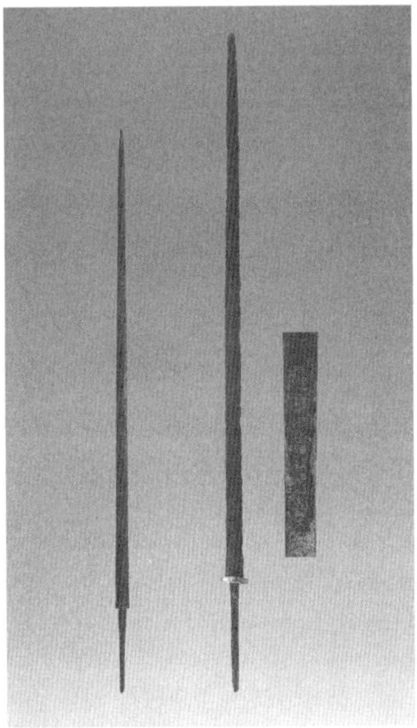

图 1.19 东汉五十炼钢刀

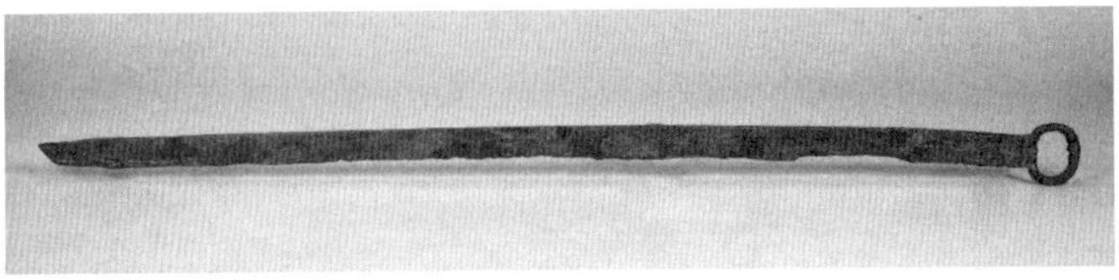

图 1.20 东汉环首三十炼钢刀

三、古老的高分子复合材料——漆器

漆器是以加工过的大漆髹饰器物。汉代是漆器的鼎盛时期。其做法是从漆树上割取漆液，经去除水分、滤除杂质后得到生漆。生漆经过搅拌精制为熟漆，经过处理后的熟漆髹饰的器物就是漆器。漆器表面有坚韧美观的漆膜，既抗酸耐腐蚀，又具有装饰作用。漆器工艺复杂，品类繁多，以优越的性能、华美的外表而深受各代先民喜爱，从史前延续至今，后传到韩、日等国(图 1.21~图 1.24)。

图 1.21　朱红漆碗

图 1.22　战国彩绘鸟形漆豆

图 1.23　秦彩绘兽首凤形勺

图 1.24　剔犀执镜

漆器是在胎器上涂漆，术语叫髹漆。胎器可以用木、竹、皮革等制作。涂上胎器的漆必须是漆树皮下流出的汁，谓之漆汁。漆汁是一种天然高分子材料，其主要成分为漆酚、漆酶、树脂质和水，干后成为坚硬的膜。漆汁中可以调入矿物颜料，形成各种颜色，以朱红和黑色最常用。这种漆是复合材料。首先，因为这种漆层有足够的厚度，不同于现代的很多涂层厚度是微米量级，漆器的大漆层厚是毫米量级，两者差 3 个数量级。其次，工艺不同，髹漆次数少则数十次，多则数百次，才能得到高质量漆层。再次，最关键的一点在于漆与胎器之间的关系。“夹纻胎”的形成是漆器工艺成熟的典型标志。夹纻胎又称“脱胎”，其中“纻”指麻布。制胎是先以木或泥做成“内胎”，再以涂过漆灰的麻布在内胎上裱糊若干层，待干实后去掉内胎。麻布等所形成的硬壳就是夹纻胎。在夹纻胎硬壳上髹漆，最后成为漆器。这种轻巧的胎体初见于战国，两汉以后逐渐流行，成为典型的制胎方法，之所以称其为复合材料，正在于此。胎漆复合，相互依存，漆不可无胎，胎更不可无漆，于是构成了层状复合材料结构。

唐宋之后，漆器得到了发展，特别是剔犀和雕漆工艺方面进步很大，制作的工艺品种、器件类型也越来越多，但大多属于艺术水平的提高，材料学问题不是太明显。一种工艺品在两千多午长盛不衰，这也是非常少见的。还有 点值得一提，漆器传入日本后，受到了极大的欢迎，并在此落地生根，得到了一些改进并有所创新，后来其产品也远销世界各国。

四、瓷器

瓷器是中国的伟大发明。著名的考古学家安金槐在1960—1970年对确定瓷器诞生时间作出重要贡献，明确了在商代白陶基础上出现的青瓷是百代瓷器之祖，改变了过去瓷器始于魏晋的认识，为新认知奠定了基础(图1.25、图1.26)。东汉时，瓷器摆脱了原始瓷器状态，烧制出成熟青瓷器，这是瓷器发展史上的重要里程碑。从三国两晋南北朝到唐代，瓷器进一步发展，形成“南青北白”越邢两大窑系(图1.27)。瓷器到宋代达到高峰，宋瓷在海外贸易中成为风靡世界的名牌商品。宋瓷除了分南北地域，还有民窑、官窑之分。官窑专门为皇宫王室生产瓷器。官窑不计成本，精益求精；民窑异彩纷呈，亦蔚为壮观。宋瓷窑场遍及全国，但首推汝、官、哥、钧、定诸窑，后人称之为“宋代五大名窑”(图1.28)。元明清三代瓷器进入新发展时期，对瓷器的研究从胎质进入釉质。元代青花釉的材质非常考究，使青花瓷享誉世界。景德镇瓷器从宋代起在全国渐居首位。明初仍以青花为主，中期起有釉上彩，成化有斗彩，后期出现五彩。清代初期，瓷器达到新高峰(图1.29)。

图1.25 商代早期白陶簋

图1.26 西周原始青瓷豆

图1.27 西晋越窑青瓷堆塑罐

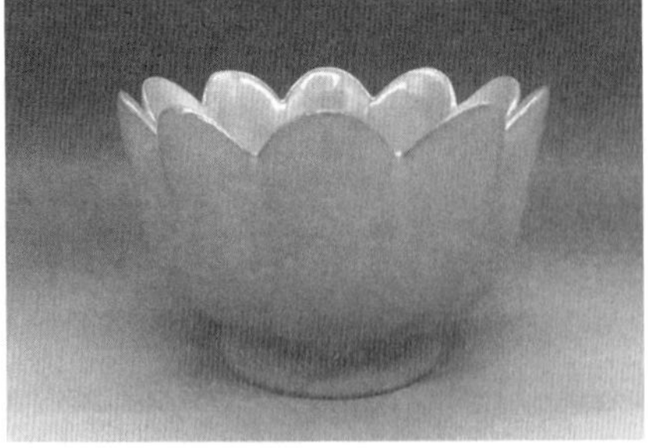

图1.28 汝窑莲花温碗

图1.29 元代青花鬼谷子下山罐

五、文艺复兴与材料

图 1.30　古登堡活字印刷机

文艺复兴，不仅是欧洲的一场思想文化运动，带来了科学与艺术的革命性变化，揭开了近代欧洲历史的序幕，而且是中古时代和近代的分界，在材料学上也能看到这个伟大时期的缩影。代表性事件有印刷铅字合金的制作和《论冶金》的出版。按世界史分期，文艺复兴仍属于中古时期，但正是这个思想文化启蒙运动，直接促成了近代文明。漫长且黑暗的中世纪因文艺复兴而结束，又恰在此时出现了材料发展的一抹亮色，这是令人兴奋的事。这两位代表人物就是德国的古登堡和阿格里科拉(图 1.30)。

15 世纪中叶，古登堡发明了铅-锡-锑合金，并用铜模铸成铅字，用于活字印刷，这是第一个具有明确发明人的合金。德国科学家阿格里科拉是文艺复兴时期特有的全能型学者，他不仅是医生，还是博物、矿物、冶金学家。1556 年阿格里科拉的遗作《论冶金》(*De Re Metallica*)出版，这部著作被誉为西方矿冶学的开山之作，明末德国传教士汤若望曾将其译成中文，名为《坤舆格致》。美国第 31 任总统胡佛在 1912 年担任工程师时，将此书译成英文，连载于《矿冶杂志》。

第二节　近代材料——材料的发展

17—18 世纪开始的近代社会，发生了生产关系的重大变革。英国科技史学家李约瑟曾提出，为什么中国古代大量的科技发明没有导致产业革命在中国发生？这就是著名的“李约瑟之问”。拙见认为这是由于中国没有发生“文艺复兴”这样的思想解放运动，因而也就没有冲破保守的传统生产关系的可能，产业革命在严酷的思想禁锢下是不会出现的。产业革命首先是一次生产关系的变革，其次才是生产力解放过程中科学发现和技术发明创造所带来的物质文明大发展。

由于产业革命，世界性的材料中心转移到了欧洲，然后转向美国。产业革命以动力革命为核心开展，动力革命的代表是詹姆斯·瓦特发明的蒸汽机。各行各业都力图实行机械化，以机器代替人力，以大规模工厂代替小规模手工作坊。这就需要大批机器，而机器需要大批钢铁。所以，近代材料的第一大特征是大规模钢铁生产的兴起，代表性人物是英国的工程师亨利·贝塞麦。1856 年 8 月 13 日，他自豪地宣布了自己的发明：“生铁在转炉里猛烈爆发，铁终于变成钢了！诸位！这才是英国的金块！”第二天，《泰晤士报》一字不落地刊发了贝塞麦的演说。从此，钢结束了由坩埚熔炼的历史，从每炉 2 千克变成了每炉几十吨的大规模生产；也结束了由搅炼炉在低温生产含有大量夹杂的“可锻铁”的历史，从此可以铸造钢的铸件了。

最初，材料生产的变化是规模的扩大，首先是钢铁的生产。为了适应不同需求，以钢铁材料为代表的各种金属材料也在“百花齐放”。与钢铁生产并行的还有水泥的大规模生产；陶瓷和玻璃也开始走出艺术品的象牙塔，变成大工业生产中的各种原材料；天然橡胶的大批量应用以及人工合成橡胶的开发也是这一时期的重大事件；聚合物材料的合成获得成功，并能够大批量生产。因此，为了适应各类机器与各种构件的需要，出现了多种材料并起的繁荣局面，这正是近代材料的一个突出特征。

同时，我们还看到，在以力学性能为主的结构材料大发展的同时，也有某些以物理性能为特征的材料开始不断引起人们的注意。例如，1729 年发明的消色差透镜，就是使用两种折射率不同的玻璃消除了透镜的色差，从此在显微镜、折射望远镜、照相机发展上发挥了重要作用，使 19 世纪光学仪器获得了空前的大发展。

另外，1914 年坡莫合金、1916 年 KS 钢永磁材料和 1930 年铁氧体材料的发明也在电气文明的发展上发挥了重要作用。人们逐渐意识到，一些数量不大但具有特殊物理性能的材料十分重要。特别是以 1948 年肖克莱等发明半导体晶体管为代表，一大批具有特殊物理及其他性能的材料相继出现，推动了第三次科技革命(信息、能源、材料、生物领域)的发生。到 20 世纪 60 年代中期，正式出现了功能材料的概念。其中最具有代表性的事件，就是可使计算机小型化、提高可靠性的半导体晶体管的问世。从此以后，功能材料作为材料的一大独立品类开始令人刮目相看。这是近代材料的又一重要特征。

一、铁冶金近代化

图 1.31　19 世纪德国最早的高炉

铸铁已不是新材料，但在近代科学的支持下，欧洲改变铁的生产路线，由块炼铁转变为高炉冶炼生铁，增大生产规模，是一个重大进步。生铁虽然是一种结构材料，但更是大规模制钢的原料。18 世纪后期的可锻铁是用考特发明的“搅炼炉”技术生产的。

英国工匠达比父子于 1709 年发明用焦炭取代木炭炼铁，解决了森林木材资源匮乏问题，大幅度改进了高炉通风状况，提高炼铁效率，实现了高炉的近代化(图 1.31)。

18 世纪产业革命之前，全世界都是农业社会，农具上用铁量不大。从 18 世纪产业革命开始，用铁量才大增。这之前欧洲的用铁量也较少。我国从春秋战国时进入铁器时代后，农业生产水平全球第一。从古代到近代，欧洲主要靠改进的块炼铁方法制取可锻铁，用于制造兵器和农具。一直持续到 16 世纪后期，瑞典因为铁矿石和森林资源得天独厚，成为产铁大国，号称“铁之母国”，铁制品出口到欧洲大陆。这期间，他们在制铁炉上下了很多功夫，不再扒炉取铁。到 19 世纪还保存着一种瑞典农夫炉，国家为了增加外汇也采取鼓励制铁业的政策。

16 世纪，奥地利克恩滕地区的铁片炉逐渐演变成冶炼生铁的高炉。到 18 世纪，英国达比父子改造高炉，才成为近代冶金的代表性事件。初期高炉使用木炭，需要大量砍伐森林。英国是产业革命发起地，需铁量大增，仅靠购入成本太高，所以开始用高炉炼铁，森林资源受到严重威胁。不仅如此，木炭高温强度低，支撑不住矿石下沉，严重影响通风。炼铁工匠达比一世在 1709 年发明煤干馏法制取焦炭，利用焦炭的强度解决了支撑和通风问题，大幅度改善了高炉质量。1729 年，达比二世建成近代化高炉，完成了木炭向焦炭的转变，使英国成为制铁大国，生铁产量稳步上升。

英国冶金工程师考特于 1783 年发明了燃烧与冶炼分离的反射式搅炼炉，使焦炭不接触铁水以减少污染。在熔化状态下对铁水进行搅拌，以使含碳量降低，最终炼制成半熔态的可锻铁。考特发明反射式搅炼炉后，可锻铁(低碳钢)生产量大增，手工锤锻已跟不上需要。考特又在小型金银制品压花、轧箔机械基础上，于 1770 年发明了水力驱动的压力加工机械——轧钢机，被尊为轧钢机之父。这为大量生产钢铁奠定了基础，开拓了新路。

二、伟大钢时代到来

产业革命的爆发，开启了机器文明时代，各种机械的应用需要大量的钢铁。英国人贝塞麦于 1856 年发明酸性底吹转炉炼钢法，是大规模生产钢铁的划时代事件。

贝塞麦尝试向固定坩埚的生铁水中吹入空气，以氧化其中的碳来炼钢，后来建成转炉，于 1856 年获初步成功，从此发明了大量制取廉价钢的方法。贝塞麦开始使用的是低磷生铁，其他铁厂含磷较高，贝塞麦的专利不能得到广泛应用。后经马希特父子改进，贝塞麦转炉炼钢完全成功。1873 年，英国转炉钢产量已达到 50 万吨(图 1.32)。

图 1.32 转炉炼钢发明者贝塞麦在转炉车间

1830 年，贝塞麦这位从英国乡村走出的青年，与很多同龄人一样，满怀幻想和抱负来到了伦敦，寻求发展的机会。刚开始，他并没有找到自己的位置，幸而童年跟着家长做金工、铸造的一些经验给他带来了机遇。当时英法联军在对俄战争中需要威力更大的大炮，贝塞麦发明了一种新式炮弹却没有能发射这种炮弹的炮管。因为这种炮管需要更大强度的金属，铸铁是不行的。他们想到了钢，但当时所谓的钢专指坩埚钢，不仅产量极小，而且价格十分昂贵，属于贵金属；能用得起的生铁又太脆。不过，这时他们已经明白了生铁脆的原因在于含碳量太高。搅炼炉炼出的低碳可锻铁是无法铸造的，因为熔点太高，需要 1500℃以上的高温。如果有简单的方法能把生铁中的碳降下来，温度升上去，就能获得低成本、高强度“钢”材料了。

贝塞麦的酸性转炉无法解决钢中杂质硫、磷含量过高，分别导致热脆和冷脆的突出问题，严重制约了新材料“钢”的实际应用。1879 年，英国人托马斯发明碱性炉衬，解决了这一问题，并很快用于平炉，使钢质量大幅度提高。这标志着高质量钢时代的到来。

坩埚钢起源于公元前 6 世纪至公元前 5 世纪的印度古老乌兹钢。但是记载清晰的是 18 世纪英国洪兹曼家族在谢菲尔德坚持的技术，可造出与大马士革钢媲美的刀剑。这是贝塞麦之前唯一可铸造的钢，价格极其昂贵。19 世纪这一技术由德国克虏伯家族继承，用来制造大炮。

19 世纪后半叶开始的“钢文明时代”不仅表现在钢铁产量的划时代大发展，而且也是各类钢种特别是合金钢的大发展时期。坩埚法炼钢的进步为钢种研制创造了极好的条件。就钢种而言，合金钢研究的起步是非常早的，完全早于转炉的出现。

19 世纪是一个渴望新材料的时代，也是一个对发明新材料、新合金极其重视的时代。材料的发明既依赖于实践，又包含着很多科学想象的空间。法拉第在 1820 年至 1822 年开展合金钢研究，他是影响人类历史的百位名人之一，是卓越的科学家，同时又因其自学成才而具有高超的实验技能。他出生于英国一个普通的铁匠家庭，自幼勤勉好学，深受著名化学家戴维的赏识与喜爱，最终在英国皇家学院担任戴维的助手。在 19 世纪初，法拉第结识过一位钢铁工程师兼商人，他感受到了产业革命对新材料的需求，所以慢慢地开始了合金钢的研究。

三、新合金大量发明

19 世纪的“钢文明时代”不仅出现了以工具材料为前导的合金钢新材料发明热潮，而且在其他金属与合金的研究开发方面也出现了繁荣局面，为产业革命提供了重要物质保证，造成了以铁基材料为中心的各种合金材料大发明、大发展的时代。

随着产业革命以来的机器文明的到来，支撑旋转轴的合金应运而生。1839 年，美国人巴比特发明了滑动轴承合金。这种合金不仅一直沿用至今，而且由这种合金产生的合金设计理念——软基体+硬质第二相，也一直被承袭下来。

随着机械的转动速度加快，欧洲在 1901 年出现了高碳含铬滚动轴承钢，沿用至今(图 1.33)。1870 年，美国用铬钢在密西西比河上建造了跨度 158.5 米的大桥(图 1.34)，一些国家还用镍钢建造大跨度桥梁和军舰。

图 1.33 高碳含铬滚动轴承钢

图 1.34 密西西比河维克斯堡大桥

其他可作为结构材料的金属也陆续被人们发现，如镍、铝、镁、钛等，但是大量应用的主要是铁基材料。不过有一种材料发明得非常早，叫做巴氏合金。产业革命开始后，机器的发明如雨后春笋般涌现。绝大多数机器中少不了旋转，旋转轴与支撑部分的连接就成了关键问题之一。这个古老的问题在 1839 年通过一种合金的发明得到了很好的解决。美国冶金工程师巴比特发明了一种锡基轴承合金，用来制作轴瓦，可以很好地解决旋转轴的润滑和减摩问题。后来又发展出铅基巴比特合金(巴氏合金)等几十个牌号，也叫“白合金”。

钢铁材料经过近半个世纪的大规模生产，已应用于很多重要工业部门。人们开始对钢铁材料的质量有了更高的要求。19 世纪末，英国工程师结合伦敦塔桥建设经验，推动了英国工业产品标准化质量管理制度的建立，大大推进了钢铁产品生产水平的提高。

四、水泥兴起

进入 19 世纪后，大量的工业与民用建筑兴建，需要新的凝胶材料，特别是与海洋有关的建筑。古代曾使用过的凝胶材料已跟不上需求，各国竞相开发耐水建筑材料。

图 1.35 阿斯普丁参与重修的万神庙

1755 年，英国工程师斯米顿在研究石灰在水中硬化特性时发现了水泥的基本特性。他也因此被称为“水泥之父”。英国工匠阿斯普丁父子为发明波特兰水泥、提高水泥质量做出了贡献。1824 年，英国工匠阿斯普丁发明了波特兰水泥，开创了硅酸盐水泥的先河，为兴建大量工业与民用建筑提供了重要且价廉的凝胶材料(图 1.35)，从此硅酸盐步入了材料领域，开始了种类繁多的新品种的开发。

钢筋混凝土是近代建筑材料标志性的发展结果，其中水泥的兴起是关键环节。18 世纪产业革命之后，很多人为发明具有耐水性、强度高的凝胶黏结材料进行了多方努力。1755 年，英国工程师 J. 斯米顿在研究石灰在水中硬化行为时发现，要获得水硬性必须采用含黏土的石灰石烧制，这个重要发现为近代水泥的研制奠定了理论基础。1796 年，英国工匠 J. 帕克用泥灰岩烧制出一种外观呈棕色的水泥，这种水泥被称为罗马水泥。因为是用天然泥灰岩作原料直接烧制而成的，所以罗马水泥又被称为天然水泥，具有良好的水硬性和快凝性，特别适用于水接触工程。1813 年，法国技师毕加发现将石灰和黏土按 3∶1 的比例混合可制成水泥。可以看出，为水泥的发明做出贡献的人是很多的。

五、玻璃大生产

玻璃是一种有着 5000 多年历史的传统材料，人们认为这种材料起源于公元前 3700—前 2000 年的埃及和美索不达米亚(即现在的伊拉克)。约公元前 1575—前 1308 年的埃及第十八王朝，工匠们发明了透明瓶罐的制造技术以及第一扇建筑玻璃窗。这个过程使用热能将沙子、海草、矮灌木以及石灰变换出一系列的形态和色彩。

最早的玻璃在模板装配上运用得最为普遍。但在公元前 27—前 14 年的某个时段，西顿巴比伦地区的叙利亚工匠在玻璃吹制上取得了重大突破。在公元前最后一个世纪中，罗马人开始在模具中吹制玻璃，使之产生更多种类的凹形。已熔融玻璃的气泡被放在吹制铁具上，然后被吹成想要的形状。口吹玻璃从根本上改变了艺术的形式，从而产生了一种更薄、更透明、可传导光线的材料。

这种革命性的技术最终带来了透明玻璃窗的发展，它取代了建筑中薄且不透明的石状雪花石膏或大理石片。通常认为罗马人首先制作了用于窗户的大型玻璃，他们将彩色玻璃片放在木框或铜框上，来制作更透明的窗玻璃。直至中世纪，在天主教堂的引领下，玻璃开始不仅用于创造多彩和炫目的精神场所，而且被看作讲述中世纪和哥特教堂宗教信仰故事的一种方法。

直到数世纪以后，玻璃才具有重要的结构性能。19 世纪中期，法国工匠古斯塔夫·法尔克涅大批量生产出手工吹制的椭圆形和六边形玻璃砖，这种玻璃砖一时变得相当流行。勒·柯布西耶和奥古斯特·佩雷就非常喜欢使用这种材料，虽然由于凝固技术有待发展，还存在承载力有限等问题。法国建筑师乔希姆于 1904 年建造了第一个混凝土与玻璃组成的穹顶结构。1907 年，德国工程师弗里德里希·凯普勒发明了联锁实心玻璃砖并取得了专利，这种玻璃砖可以放在钢筋混凝土结构中，使玻璃在传导光线的同时也具有承重能力。20 世纪 30 年代，欧文斯-伊利诺斯玻璃公司制造出了现在通常使用的空心玻璃块。

叠层玻璃是由法国科学家爱德华·班尼迪克特斯于 1910 年发明的，他取得了在两层玻璃中加入人工合成材料层的平板玻璃增强过程的专利。

20 世纪 50 年代，英国发明家阿拉斯泰尔·皮尔金顿通过发明浮法玻璃，彻底改变了玻璃在建筑中的使用方式，现在 90%的建筑玻璃是通过这种方式生产出来的。在此过程中，熔融玻璃漂浮在一层密度较高的锡液上，以可负担的成本批量生产出大片平整、可视性优良的透明玻璃，从而彻底改变了建筑设计中玻璃的使用方式。更大面积的玻璃产生更大面积的窗户，它们因此能获得更大的一致性和更少的不完整表面。当玻璃幕墙迅速被视作建筑进步与风格的代表时，皮尔金顿的发明与密封剂的发展，最终共同促成了玻璃办公塔楼的诞生。1940 年，密斯·凡·德罗在芝加哥伊利诺伊理工学院中使用钢与玻璃设计的建筑物，与纽约的西格拉姆大厦一样，都是早期玻璃建筑的代表，包括 SOM 事务所设计的纽约利华大厦以及埃诺·沙里宁设计的底特律通用汽车技术中心在内的建筑作品也都成了玻璃建筑的里程碑。20 世纪六七十年代，反射玻璃、染色玻璃、涂层玻璃以及绝缘玻璃的发展突飞猛进，使设计师有能力控制幕墙建筑所获得的热光量。在 20 世纪后的几十年间，玻璃产业的进一步发展宣告了其在三个不同领域的应用：环境控制、结构使用、多种表面与色彩处理。

一般认为 1688 年法国最早进入工业制造玻璃时期，从此规模逐渐扩大。到 19 世纪末已可以大面积应用平板玻璃，进入普通玻璃与光学玻璃制品交相辉映的玻璃文明时代（图 1.36、图 1.37）。玻璃本来只是制作贵重首饰的材料，自从进入产业革命后，玻璃制造技术不断革新。1688 年，法国的纳夫发明了制作大块玻璃的方法。20 世纪初，比利时人弗克开发出提拉平板玻璃。不久，美国人发明了平板玻璃加工机械。1920 年初起，各国已可以大批量生产平板玻璃。

图 1.36 19 世纪的玻璃制造工厂

图 1.37 1851 年伦敦首届世界博览会的玻璃建筑

图 1.38 1897 年美国建成的叶凯士天文台的望远镜

人类早在新石器时代就已经认识并使用了天然的火山玻璃，却不懂得如何制取。到公元前 2000 年左右，古埃及已有制作玻璃装饰品和简单器皿的记录，当时只能制作带有天然色彩的玻璃。公元前 1000 年左右，中国已能制造出无色的玻璃釉，用作瓷器的外衣。公元 12 世纪，欧洲已经出现商品玻璃。光学玻璃是 18 世纪发明的功能材料，1897 年美国建成的叶凯士天文台口径达 1 米的折射望远镜，物镜质量 230 千克，至今仍是世界上最大的折射天文望远镜（图 1.38）。1758 年，英国光学仪器师约翰·多朗德为满足天文望远镜需求，通过组合不同折射率的燧石玻璃和冕牌玻璃，首次成功制作出消色差物镜。1914 年，比利时工程师埃米尔·弗克首创垂直引上法，实现了平板玻璃的机械化拉制生产。20 世纪初，美国制造出平板玻璃拉出机，从此平板玻璃的工业化生产规模增大，各种用途和各种性能的玻璃相继问世，成为一种重要材料。

六、陶瓷工业化

一般认为 1550 年欧洲批量生产耐火砖类产品是近代陶瓷工业的起点。19 世纪中叶起，随着钢铁冶金、电力工业的发展，耐火、电绝缘材料等品类增加，陶瓷工业形成。18 世纪，俄国科学家罗蒙诺索夫也参与欧洲对瓷器的探索和研究，他支持了维诺格拉道夫的细致工作。其他各国也积极研究，取得了显著的成效。史前已经发明的制陶技术不仅导致了铜冶金、铁冶金术的发明，还直接引发了瓷器的出现，但瓷器一直属于手工艺品(图 1.39)。

图 1.39　19 世纪英国人物酒杯

产业革命发生后，人们大力开发陶瓷原料，技术革新不断出现，首先发展出各种耐火材料应用于冶金行业；其次在建筑、日用陶瓷材料上获得发展；19 世纪电力产业形成后，发展出电绝缘陶瓷，化学工业的发展带动了化工陶瓷等新品种的出现，最终在 20 世纪初实现了陶瓷材料的工业化大批量生产。

产业革命后，陶瓷研究冲破保守秘密禁令，工匠们流向中心城市，陶瓷生产日益机械化。英法等国采用改进成形和涂釉等新技术，用氧化铋和氧化硼作为添加剂，成功研制出乳浊釉。

从现代的分类角度来看，所谓的工业陶瓷主要包括以下五个方面：①建筑-卫生陶瓷，如砖瓦、排水管、面砖、地砖等(图 1.40)；②化工陶瓷，用于化学工业的各种耐酸容器、管道、泵体、槽体等；③化学瓷，用于化学实验的各类瓷坩埚、瓷管、瓷容器、瓷舟等；④电瓷，用于高低压输电线路的绝缘子、绝缘部件、电机套管、支柱、插座等；⑤耐火材料，用于冶炼炉、高温窑炉结构的各种部件。

图 1.40　耐火陶瓷

七、硫化橡胶成功

硫化橡胶是高分子材料或聚合物材料中橡胶类的重要代表。橡胶是一种天然材料，是人类现代文明不可或缺的材料。但是它的成功应用与一位美国工匠的艰辛奋斗密不可分。橡胶虽然是天然物质，但在 1839 年美国工匠古德伊尔发明硫化橡胶后，才成为实用材料。

然而人们很快发现，仅仅靠橡胶园是满足不了各种行业对这种特殊材料的需求的，所以橡胶很快成为人类合成的三大材料之一。在合成橡胶的探索中，法拉第又一次走在前面，他于 1826 年分析出橡胶成分为 C_5H_3；1860 年，C. G. 威廉斯从天然橡胶热裂解产物中分离出 C_5H_8，定名为异戊二烯；1879 年，G. 布查德用热裂解法制成了异戊二烯，并制成弹性体，证明了合成可能性；1900 年，俄国科学家孔达科夫用丁二烯聚合成革状弹性体；1910 年，德国化学家哈里斯测定出天然橡胶结构是异戊二烯的高聚物，为合成奠定基础；1910 年，俄国化学家列别捷夫以钠为引发剂使丁二烯聚合成丁钠橡胶，从此合成橡胶如雨后春笋般出现。

19 世纪，随着自行车和汽车先后被发明，人们很快想到用橡胶来减少振动和颠簸，后来轮胎确实成了橡胶最主要的用途(图 1.41、图 1.42)。其实除了轮胎外，人们普遍对于具有高弹性的材料，抱有极浓厚的兴趣，如人们会对有很高弹性的钢制刀剑产生具有优良性能的联想，因为这是材料力学性质的最形象的展示。20 世纪 30 年代合成橡胶算是比较成熟，其中比较有代表性的橡胶品种有：德国法本公司于 1935 年生产的丁二烯与丙烯腈共聚制得的丁腈橡胶；于 1937 年开发的丁二烯与苯乙烯共聚制得的丁苯橡胶。丁苯橡胶由于综合性能优良，至今仍是合成橡胶中最大的品种；而丁腈橡胶是一种耐油橡胶，目前仍是特种橡胶的主要品种之一。

图 1.41 19 世纪的自行车及橡胶轮胎

图1.42 1907年巴黎—北京汽车拉力赛时使用充气硫化橡胶轮胎

八、塑料——合成材料问世

19 世纪不仅是科学的世纪，而且是充满发明的技术世纪。德国科学家在 19 世纪末发现的苯酚甲醛，到了美国发明家手里竟发生了改变材料历史的大事件。从此，世界上多了一个以烃类化合物为主体的庞大材料家族——塑料。

1871 年，德国化学家 A. 拜耳在研究酞染料时，发现了苯酚甲醛树脂。但 1905 年拜耳获得诺贝尔化学奖的主要原因却是他于 1883 年在靛蓝和芳香烃化合物方面的贡献。1907 年，美国贝克兰提出酚醛树脂加热固化方法，使酚醛树脂实现工业化生产，开创了人类合成高分子化合物的新纪元。

酚醛塑料具有一系列优良性质，如绝缘、耐热、耐腐蚀、不可燃、稳定性强等。贝克兰称这种塑料为“千用材料”。特别是在迅速发展的电力工业、汽车、无线电行业中，它可被制成插头、插座、收音机和电话外壳、螺旋桨、阀门、齿轮、管道等。在日常生活中，它出现在台球、把手、按钮、刀柄、桌面、烟斗、保温瓶、电热水瓶、钢笔和人造珠宝上。有人称这项发明是“20 世纪的点金术”：从煤焦油那样廉价的原料中，得到有如此广泛用途的材料。1924 年，《时代》周刊的封面故事称：那些熟悉酚醛塑料潜力的人认为，数年后它将出现在现代文明的每一种机器设备里。当然，像任何材料一样，酚醛塑料也有自己的缺点，如受热变暗，只有深褐、暗绿等三种颜色，而且比较脆。

九、第一金属——铝的出世

铝是地壳中含量第一的金属元素，在各类元素中含量占第三位，是人类文明发达时期发现的重要元素之一。铝材料开发极具典型性，回顾它的发现、应用历程具有特殊意义。

1825 年，丹麦的奥斯特利用无水氯化铝制得几毫克纯铝粉；1845 年，德国的沃勒制得 15 毫克的纯铝珠，测定了密度、延性和熔点等性质。

1854 年，法国的德维尔受拿破仑之命制得纯度为“999”的铝，同年铝被应用于工业生产。翌年，铝出现在巴黎博览会上，价超白金。1854 年，本生将熔融 NaA1Cl，电解制得了纯铝。

1886 年，美国的霍尔和法国的埃鲁特同时发明了电解法制铝，从此走进了工业化制铝新时代。1892 年，奥地利的拜耳发明提取氧化铝的新方法，使制铝成本大幅度降低。

自 19 世纪初制得纯铝以来，铝只用不到一个世纪时间就实现了工业化，到了 20 世纪初，铝终于以其低密度、高导热性、高导电性、高耐腐蚀性等优势赢得了人们的高度认可。纯铝很软，如果能把强度提高上去，铝合金必将会大有可为。德国工程师维尔姆完成了这一伟大使命，他于 1906 年发现含 4%铜的铝合金淬火后会在室温下实现硬化，发明了“杜拉铝”，即硬铝，其屈服强度可达 400MPa，相当于低碳钢，这一发明震惊了世界。后经研究，“杜拉铝”的综合性能不断提高，成为第一种工业铝合金，现属于美国铝业协会的 2000 系列。此后，他又开发出铝-硅、铝-镁、铝-锌-镁等系列，使铝合金成为仅次于钢铁的第二大金属材料系列群。

十、不锈钢发明

进入 20 世纪初，钢铁材料仍然被寄予了人们无尽的期望。虽然当时大量使用的只是综合性能优越的低碳钢，但人们一直在持续追求发明具有新性能的钢铁材料，其中不锈钢的发明最具象征意义。

英国科学家 H. 布雷尔利在研究枪管用合金钢时，于 1912 年意外发现含 13%Cr 钢的不锈特征，成就了材料史的佳话。哈特菲尔德继承布雷尔利的工作，在 1924 年发明了 18-8 型奥氏体不锈钢，使不锈钢的性能水平不断提升。美国发明家、企业家海恩斯是一位全能型人才，他因发明甚多被尊称为美国的“不锈钢之父”。他在 1911 年研制成不锈钢，于 1919 年申请了专利。德国科学家曾在合金钢钝化方面做过细致工作，冶金专家本诺·斯特劳斯和爱德华·毛雷尔在 1912 年也发现在钢中加入铬、镍可制成不会生锈的钢材。他们与英国的布雷尔利同时起步，也对不锈钢的发展做出了重要贡献。

20 世纪，不仅钢铁材料、铝合金等结构金属材料获得了重大发展，而且以各种物理性能为主要特征的功能材料也显示出极大的重要性。从 20 世纪初的软磁材料、永磁材料和超导材料研究发明开始，功能材料已经崭露头角。

1936—1948 年，法国物理学家尼尔提出反铁磁性和亚铁磁性的概念，深化了对物质磁性的认识。1895 年，法国物理学家居里发现了顺磁物质磁化的温度定律，即居里定律，揭开磁性研究的序幕；1907 年，法国物理学家外斯提出分子场理论，引领了国际现代磁学的发展。1914 年，旅美瑞士学者埃尔曼发明了磁导率远大于硅钢的 Fe-Ni 合金，后被称坡莫合金。后来，工程师对其不断加以改进，一直沿用至今。1916 年起，日本的本多光太郎多次发明、改进永磁材料，发明了 KS 磁钢，使日本在世界永磁材料领域处于领先地位。

十一、高硬度材料的发展步伐

提高工具的硬度是材料工作者的永恒目标，19 世纪末主要是以高碳合金钢、高速钢为高硬度材料。到 20 世纪初，以司太立合金为起点，开始了新一波高硬度材料探索。最具有代表性的进步，就是硬质合金材料的发明和氧化铝陶瓷切削刀具的开发(图 1.43)。

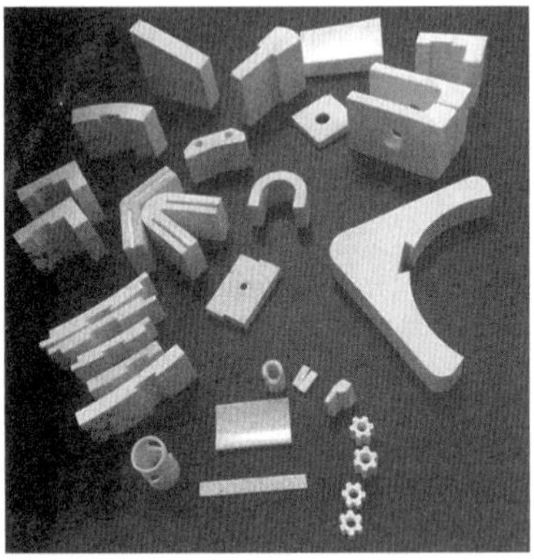

图 1.43　耐腐蚀氧化铝陶瓷切削工具

海恩斯发明了司太立合金(Stellite)。这是一种耐磨损、耐腐蚀、耐高温氧化的高硬度合金，也称钴铬钨合金或钴钨合金。这是熔铸生产的以碳化钨起主要硬化作用的合金。其红硬性高于高速钢，是后来粉末冶金硬质合金的前身。

人类认识硬度是从天然矿物开始的，到 19 世纪初，人们已经知道最硬的物质是金刚石。1812 年，德国矿物学家莫斯首先提出了一种表示硬度级别的方法，称为莫氏硬度。当时人类发明的最硬材料是合金工具钢，但已无法用莫氏硬度来精确表示。合金工具钢淬火后硬度可以达到 HV800 左右，HV 是 20 世纪的一种维氏硬度符号。19 世纪末，美国工程师发明了高速工具钢，使钢在 600℃左右温度下的硬度仍能维持在很高水平，即所谓红硬性，但室温硬度仍在 HV800 左右。为进一步提高工具硬度，美国发明家海恩斯在 1907 年发明了司太立合金，这是一种高碳的钴铬钨或钴钨合金。这种合金虽然宏观硬度没有超过 HV800，但它却让人们认识到：合金中碳化物体积分数可以大幅度提高，又不至于像生铁一样脆。这个认识很重要，人们已在力图选择其他方式超越钢铁材料的硬度。

20 世纪 30 年代，合金钢继续发展，钢的热处理也成为改善钢性能的重要手段。对于尺寸不同的合金钢需要用淬透性来表示其接受淬火的能力，这是对钢的性质认识的一大进步，并依此原理开发出具有高淬透性的 Ni-Cr-Mo 合金钢等一系列钢种。美国科学家格罗斯曼深入研究合金钢的淬透性，提出表征淬火特性的格罗斯曼临界直径，该直径可评价各种合金钢接受淬火的能力。

十二、发明尼龙

1920 年，德国科学家斯陶丁格的聚合物理论提出后，各国高分子材料开发的热潮持续高涨。1928 年，美国杜邦公司聘请年仅 32 岁的卡罗塞斯博士担任基础化学研究所有机化学部负责人。1935 年，卡罗塞斯等完成了三大合成材料之一的人造纤维尼龙的发明(图 1.44)。

图 1.44　高强尼龙丝

1935 年，美国化学家卡罗塞斯发明的尼龙是尼龙 66，即合成聚己二酸己二胺，从而完成了三大合成材料的最后一项——合成纤维。尼龙使纺织品焕然一新，而且是工程塑料的第一品种，具有强度高、耐磨性好、综合性能优越、无毒、易于改性加工、适合复合填充等特点。但卡氏得出的己内酰胺均不能聚合的结论有误，卡氏逝世后翌年，德国的施拉克便发明了尼龙 6，尼龙 6 比尼龙 66 生产更简单，成本更低，是几十种尼龙中产量最多的品种。

尼龙的出现标志着三大合成材料的最后一个，即合成纤维的发明完成。尼龙学名为聚酰胺(PA)，是美国杜邦公司最先开发出来的人造纤维，因此有“第一人造纤维”的美称，于 1939 年实现了工业化。不仅如此，20 世纪 70 年代塑料因为开发出“工程塑料”这个升级版而挑战金属时，尼龙又一马当先走在了最前面，在工程塑料市场中一直占据首位，所以又被称为“第一工程塑料”。

十三、复合的意义

高分子、陶瓷、金属都有难以克服的弱点，20 世纪 30 年代末纤维化使人们找到克服这些弱点的新途径——由纤维构成复合，担起重任的竟是脆弱不堪的玻璃。材料纤维化居然有如此神奇的效果，在材料界也始料未及。这里才是复合材料的起点。20 世纪 50 年代，爱舍比的缺陷与异物力学成为复合材料的基本理论。

20 世纪 60 年代，第 5 代战机开始考虑改进复合材料的增强纤维部分，如高性能的碳纤维、硼纤维、芳纶纤维等。最先关注纤维增强复合材料(FRP)的是航空业，1944 年美国莱特空军发展中心设计制作了以 FRP 为机身和机翼的飞机并试飞成功。此后汽车等行业也积极试用，FRP 成为船艇类材料，形成巨大产业。1946 年开发出玻璃纤维增强尼龙，1951 年开发出玻璃纤维增强聚苯乙烯。

早在史前人类和泥筑墙时，有时会加入切成段的干草，用来提高泥土的强度。但这只是原始人的生活经验，可以说它是人类智慧的起点，却无法说它是新型材料的起点。"复合材料"的真正科学起点应该是：当人们把块体玻璃拉成细丝时，发现强度会呈数量级地提高。拉伸强度可以比块体玻璃提高 40 倍，达到 1500 至 4000 兆帕。为什么纤维化能够使玻璃强度有如此巨大的提高呢？这有不同的理论解释，被广泛认可的解释是"微裂纹残留说"。这种观点认为，微裂纹无所不在地分布于玻璃中，应力集中大大降低了其强度，使其远远低于理论强度(约 7000 兆帕)，其中尤以表面裂纹危害最大。随着玻璃纤维化，表面裂纹尺寸和数量会大大减少，拉伸强度因此得以大幅度提高。

1938 年，欧文斯科宁玻璃纤维公司成立，标志着玻璃纤维工业的诞生。块体玻璃很难测出拉伸屈服性能，弹性变形也很小；玻璃纤维不仅能够弹性变形，而且有很高的屈服强度，可以达到 2000 兆帕，这完全颠覆了人们对玻璃的印象。一碰就碎、一拉就断的玻璃，居然能像丝线一样缠在线轴上，原因就在一个细字。玻璃纤维直径只有 10 微米左右，约是头发丝的 1/10。弯曲时的弹性变形取决于直径，直径越小，弹性变形越小。所以，细丝轴向的弹性变形比粗玻璃棒小多了，也就变得柔顺了，这是细丝在弹性上的优势，这也是人们一次认识到材料维度变化的神奇功效。

第三节 材料的历史演变与建筑形式的变化

一、天然材料构造演变的传统体系

近两千年来，木框架一直都是用木材建造房屋的原材料。人们将来自森林的木料经手工砍伐成为正方形原木，并用榫眼、凸榫、楔形榫头或木钉接合件进行连接。在那些有茂密丛林的地方，例如欧洲、日本、中国以及印度等地，采用木材进行建造的方法变为一种工艺，每个地区都发展出各自的风格与工序。17 世纪，手工业行会发展起来，专门教授木构架艺术以及细木工手艺，学徒们都以此职业为荣。

17 世纪，当殖民者来到北美时，他们带来了各种关于制造木构架的地域性方法。丰富的树木资源使新移民者比较容易就能获得供应充足的建造材料，因为在 1600 年时，美国土地总面积约有 46%被森林所覆盖。至 19 世纪中期，由于线钉和圆锯的发明以及能廉价生产小型木料的锯木厂的出现，大型木框架开始衰落。19 世纪 30 年代的芝加哥，一种叫做轻骨构造的新型建造方式逐渐发展起来，与木框架相比，这种方式所需要的建造技术难度低、时间短。同时，它还可以使用更为常见的小型树木。随着迅速增长的人口和快速建造的需求，轻骨构造得到了普及。曾经有人指出，这种方法的普及也与它易于建造谷仓和附属建筑有关。最终，轻骨构造发展成为立筋构造，也就是我们目前所使用的、更为人们所熟知的平台式构筑，它同时也能使较小的树木适合尺寸的模数系统。与传统的木框架制造方式相比较，这种建造方法显得快速、有效和经济。

中国独特的木构造建筑体系，代表了东方典型的传统样式。这种构造由于承重系统由柱与梁组成的框架承担，所以墙体可以随意设置，从而赋予了内部空间最大的自由(图 1.45)。单个建筑的群体组合变化，演变出中国建筑室内丰富的空间内涵，造就了动静统一、内外交流、含蓄多变的空间形式。例如山西的北岳恒山悬空寺、应县木塔，它们体现了中国木构造建筑艺术的辉煌(图 1.46)。始建于 1500 多年前北魏时期的悬空寺，作为国内仅存的佛、道、儒三教合一的独特寺庙，整个建筑因地制宜，充分利用峭壁的自然状态，将一般寺庙平面建筑的布局、形制等建造在立体空间中。建筑面朝恒山、上载危岩、下临深谷、背岩依龛、楼阁悬空、结构巧奇。全寺呈木质框架式结构，依照力学原理，半插横梁为基，巧借岩石暗托，梁柱上下一体，廊栏左右紧联，曲折出奇，虚实相生，犹如一面高浮雕镶嵌在万仞峭壁间，以“奇、悬、巧”成为中国古代建筑技术及建筑美学的经典之作。而始建于辽代的应县木塔，则是世界现存最古老、最高大的纯木结构楼阁式建筑。这座屹立近千年的木塔充分利用传统建筑技巧，广泛采用木质斗拱结构，没有使用一颗铁钉，全靠木构件和 54 种斗拱榫卯咬合，将梁、坊、柱构成一个整体，使每层均形成一个八边形中空结构层，堪称一座既有民族风格、宗教特征，又设计科学、构造完美、巧夺天工的木构建筑艺术杰作。

图 1.45　中国传统的木质结构

图 1.46　北岳恒山悬空寺

以木构造体系为主要材料的建筑及内部装修，同样成为室内空间特殊的设计语汇。藻井、斗拱、隔扇、罩、架、格等成为内部空间划分极富装饰性的构件，其工艺的精致、结构图案的精美与变化都是独树一帜的。在木构造梁架基础上发展起来的中国传统室内装饰陈设艺术，以其深邃的文化内涵达到了相当高的境界。明清江南园林建筑则是典型代表之一，其空间处理开敞、流通，连廊、空门、漏窗、透空屏风、隔扇的运用和灵活的空间组合，使建筑内外空间有机地融合为一体。

以明式家具为代表的中国传统家具，以质地坚硬、纹理美丽、色泽柔润的黄花梨、紫檀等为材料，结合工匠的精湛技艺，造就了造型洗练、构造科学、选材精到、雕刻细腻的中国气质，再加以优美象形的方块文字作为装饰室内的艺术语言，成为世界上别具特色的范例。无论贵州阶层的宅院，还是平民百姓的家居，无不以对称的家具陈设布置最重要的厅堂，加上匾额、对联、书画、太师椅、八仙桌、条案和象征平安吉祥的瓶镜陈设，构成一幅完美的装饰图画。可以发现，中国古代建筑、室内及家具在材料运用方面上少有突破，更多的还是风格样式及工艺的变化。

二、中国建筑材料的演进与变化

我国已知的最早的人类住所是天然的岩洞，自从我们的老祖先从巢居和穴居的栖身处走出来的时候，就开始了居住空间的建设。在建筑材料的选择上，由于受到生产力条件的限制，最早的古代建筑以夯土(中国古代以重物夯制的方式把松软的土变平整和压实)和木材为主，确切说是夯土墙和木构架。

在中国古代的氏族社会，至今发现的建筑遗址数以千计，甚至出现了房屋的遗址。由于我国地域之大，在不同的地理、气候、材料条件的影响下，建筑的营建方式和建筑材料的选择也各种各样。在浙江余姚的河姆渡村发现了至今 6000 年到 7000 年的建筑遗址，这是目前已知的最早采用榫卯技术构筑木结构的房屋。目前发掘到的遗址部分显示为长在 23m 左右，进深约 8m 左右的木构架，专家进行相关推测，认为可能是一座长条形状的体量巨大的干阑式建筑。

这一建筑遗址出土的木构件显示，其柱、梁、枋、板等结构已经使用了榫卯方式，且很有可能是使用的石器进行加工，专家推测有可能当时长江下游的木结构建筑技术略高于别的地区。而在同时期的黄河流域则流行所谓的“木骨泥墙”式房屋，由于黄河流域有广阔而丰厚的黄土层，土质均匀细腻，且含有一定的石灰质，经过加工不易倒塌，因此便于人们通过挖掘来建立洞穴，至今陕西地区仍然有居民居住在窑洞当中。陕西西安的半坡村目前已经发掘面积为南北大约 300 米，东西大约 200 米的遗址显示，仰韶文化时期后期的建筑已经发展为地面建筑，其建筑立面主要使用木骨架上扎结植物的枝条然后涂泥浆的方法，而屋顶的制作方法也近似相同。为了防止屋顶坍塌，在房间内会用木柱子做支撑，根据房间的大小，所使用的木柱子的数目也不等。为了防潮，人们会使用火来烧烤建筑的内墙壁和地面，使之陶化，有的建筑铺设了地面防水层，使用材料仍然是木材或者植物。

在手工艺制陶技术发展的基础上，建筑用的瓦出现了，瓦的出现是建筑发展史的标志，标志着建造工艺的提升。大约在西周时期，瓦第一次出现在建筑上，使得当时的建筑从"茅茨土阶"的简陋阶段发展到了比较高级的样式阶段。到了春秋时期，建筑上大量使用了瓦，瓦当时也逐渐成为艺术创作的样式，瓦钉也随之出现，用于瓦与屋顶的固定。

值得一提的是，此时的铁开始应用于建筑活动，但仅仅是作为配角而存在，主要用来固定木结构。到了战国时期，铁质工具用来进行农业生产的同时，还可以对建筑用的木材进行更加精细的加工，也因此出现了斧、锯、锥、凿等工具。同时，战国时期我国出现了大块的空心砖，到了西汉出现了楔形的和有榫的砖，大大促进了石材建筑的发展。

两汉之后的上千年间，我国建筑材料出现了一个稳定发展的阶段，除了木材、石材、铁器，基本没有新的材料以供使用，以至于中国古代的建筑有所谓的"大木作"之称。到明代，砖作为建材开始广泛被使用，据记载明代大量使用"空斗墙"。明代出现了琉璃面砖和琉璃瓦，用于建筑立面和屋顶的装饰，到清代随着中西交流的逐渐加深和西方工业革命的开展，开始有一些新型材料被中国建筑师和匠人所采用，例如清代乾隆年间从国外引进了玻璃，玻璃的出现使得原本纸糊的窗户得到了极大的改进，室内空间开始变得明亮。石材在建筑中的使用也有所突破，新型的建筑材料和建筑手法总是首先应用到皇家建筑中，清朝皇室曾经大量兴建皇家建筑和园林，除了京师北京之外，这些建筑和园林遍布承德、热河等地。在一些皇家园林中，如圆明园的长春园里出现了巴洛克风格的欧式建筑，其大量使用石材，在周围的中式传统建筑群中显得别具一格。

鸦片战争之后，西方的建筑材料随着帝国主义的枪炮也来到中国，钢铁技术、钢筋混凝土、玻璃、金属等都逐渐成为中国新式建筑的有力支撑点。随着清政府颐和园的修建以及最后几座皇家陵墓的修建，中国绵延千年的以木结构为主的建筑体系，在官方工程系统中终止了活动，虽然在民间仍然有所延续，但已经逐渐退出主流舞台。

此时远在欧洲法国巴黎的一些高等建筑艺术院校中，开始出现折衷主义的建筑风格，这种风格也逐渐漂洋过海来到近代中国。20 世纪 30 年代以后，中国开始出现一些时尚的新型住宅，如上海铜仁路的吴同文宅，这些新住宅广泛采用了钢筋混凝土结构和大片玻璃等新型材料，采用新的建筑结构，装置了电梯，弹簧地板，采用了玻璃顶棚等新的设施，整体建筑空间在新材料的作用下显得通透和流畅。这些新型建筑材料在一些沿海城市首先登陆和普及，1929 年至 1933 年的世界性经济危机中，很多西方国家在远东地区的商行极力向中国倾售新型建筑材料，客观地说，这也加快了中国建筑的发展。

总体来说，中国的建筑材料的发展规律是从天然材料开始，发展到各种新型的人造材料，且人造材料的种类越来越多，性能越来越良好。新型材料满足了各种建筑风格的需求，也催生建筑形式风格发生新的变化。

三、材料的发展给中国建筑与室内风格带来的影响

建筑形式往往由生产力水平、建筑思潮和建筑材料来决定，古代生产力水平低下，因此只能使用自然材料来完成建筑，而近代生产力发展水平大大提升，新型建筑材料也带来了新的建筑思潮，钢筋混凝土砖混结构和钢筋混凝土框架结构使得建筑从跨度到高度上，都有了一个质的飞跃。从近代开始，建筑设计师成了一个受人尊重的职业，不再像古代的工匠那样社会地位低下。所有的建筑也不像原来那样千篇一律，在近代新式的建筑中，几乎找不到两栋一样的建筑。

中国建筑风格与生产力发展水平、中国哲学思想、建筑装饰材料等密切相关。在原始社会中，劳动人民居住在天然的岩洞内，这是由于生产力水平低下，人们改造自然的能力极其有限，因此只能因地制宜地去发挥智慧创造安全的居住空间。

距今 6000 年到 7000 年前，当我国进入氏族社会时，开始有人造房，代表的样式一种是长江流域河流密集的地区由巢居发展而来的干栏式建筑，比如河姆渡村发掘出土的河姆渡房屋；另外一种是北方黄河流域由穴居发展而来的木骨泥墙建筑。这一时期的房屋已经出现了相对精细的建筑结构，木构件遗物有柱、梁、枋、板等，而且很多构件上都有榫卯，这大大增强了建筑的耐风性和抗震性，人们居住在一起更加安全。这些榫卯由当时的石器工具加工，可见当时的手工艺技术也达到了一定的水平，木材从这一时期开始在古代建筑中发挥了决定性作用。同一时期，北方黄河流域的仰韶文化的龙山文化中，广泛采用木骨架上扎结枝条后涂以泥浆的做法来制作房屋，为了安全起见，房屋的室内使用数量不等的木柱子作为支撑。为了巩固房屋，立面和地面会采用细腻的泥土涂抹或者烧烤，使之陶化，可以在一定程度上降低潮湿。室内地面上出现了防水层，材料为木材或者植物，由于在室内生活，因此，这些房屋设计的有烧火的坑穴和相关的排烟口。在这些建筑的建设中，木材和泥土发挥了决定性作用。

与此同时，高品质的室内环境也随着经济的快速发展和人们生活水平的日益提高而飞速发展，而装饰材料则是其空间的物质基础。设计的整体效果、功能的实现，都是通过运用材料及其所依附的形态、质感、色彩、肌理、功能等体现出来。在室内设计中，因使用材料、构造及工艺的不同，会导致材料用量的差别、工程造价的悬殊及工程质量的优劣。在确定好空间的造型后，我们应该选用适当的材料和合理的构造方法来表现它，形成材料、构造与空间的有机统一。在室内风格流派不断飞速发展的今天，大量新型材料的出现，也推动了室内设计的发展，并使之成为独立的带有专业性和综合性的学科。

思考题

1. 材料的演变如何影响建筑的美学特征？请讨论不同材料在建筑外观和室内设计中的作用。

2. 工业革命带来了哪些新材料？这些材料的出现如何改变了建筑设计和施工方法？

3. 材料的选择如何反映一个社会的文化和价值观？请讨论不同历史时期的建筑材料与当时社会背景之间的关系。

第二章　材料的特性

随着社会经济的持续发展和科技水平的快速提升，室内设计与装饰材料领域正迎来深刻的变革。经济的增长推动了建筑和室内空间需求的不断扩大，而传统材料在功能性、美观性及文化表达上的局限性，已难以全面满足现代设计日益多样化的要求。作为室内设计的物质基础，装饰材料不仅是实用功能的载体，更通过其特性赋予空间丰富的视觉语言和情感深度，成为设计师实现创意与表达意图的关键媒介。为此，装饰材料的特性研究已从单一的功能需求转向综合性考量，涵盖物理性能、审美效果及文化内涵等多重维度。

与此同时，消费者对空间品质的要求也日益提高。装饰材料不再仅限于基础的装饰作用，人们期待它们通过质地、色彩、肌理和光泽等特性，营造出个性化的空间氛围体验。例如，木质材料传递温暖与质朴的自然气息，金属展现冷峻与现代的工业感，而织物则带来柔软与亲切的触觉享受。这种多样化的需求推动了材料应用的创新，使其在塑造空间主题、传递文化意蕴方面发挥了更加重要的作用。从天然的木材、石材到人造的树脂板、金属网，材料的多样性为设计师提供了广阔的创作空间。此外，随着可持续理念的深入，竹材、再生木材等环保材料的应用日益广泛，既体现了生态友好性，又延续了传统材料的自然美感与文化价值。

科技的进步显著提升了材料的性能。例如，金属通过合金化和表面处理技术显著改善了腐蚀与耐久性问题，而透光混凝土、智能调光玻璃等新兴材料凭借优异的光学与热学特性，拓宽了设计应用的边界。相较于传统材料，现代装饰材料展现出显著优势：它们不仅在物理性能上更为优越，如高强度、耐腐蚀、易清洁，还通过质感与形式的创新提供了丰富的审美可能性。这些特性使材料能够超越传统局限，适应现代设计的多样化需求，为空间注入独特的艺术魅力和实用价值。

这种技术驱动的材料革新已在市场上得到了生动体现。酸蚀金属板以其独特的纹理赋予空间工业美感，再生混凝土通过环保特性呼应可持续理念，竹片组合则以轻盈与自然的特质丰富视觉层次，而陶瓷浮雕则通过立体质感提升空间的文化深度。这些材料在室内设计中扮演着不可或缺的角色，它们不仅通过肌理与色彩丰富空间层次，通过光泽与透明性调节环境氛围，还将技术优势转化为设计语言，推动室内设计向功能性、美学性与文化内涵兼具的方向迈进，为现代空间注入了无限的创意与活力。

第一节 材料的功能特性

装饰材料是室内设计的物质基础，作为设计的物化作品，无论是使用功能的实现，还是精神功能的满足，都是通过对材料的选择与构造来实现的。材料的选择与搭配，蕴含着设计师所要表达的情感和创造力。好的装饰材料能给设计师好的创意，因此，装饰材料在室内设计中所发挥的作用是不可忽视的。

德国现代主义建筑大师密斯·凡·德·罗认为："每种材料都有其特性，如果我们要使用它，必须了解这些特性，钢铁和混凝土也是如此。"材料影响着人们对室内环境的视觉及触觉感受，进而引发一系列的情绪反应，形成丰富的联想、深刻的寓意。室内装饰材料品种繁多，每一种材料都有自身的特性，主要通过质地、色彩、肌理、光泽等方面表现出来，呈现出不同的视觉效果。室内设计离不开装饰材料的组合搭配，装饰材料的组合运用可以表现某个主题、营造特定的氛围，使空间富有明显的个性色彩，传递不同的环境信息。只有充分了解或掌握装饰材料的性能，按照使用条件合理地选择所需材料，充分发挥每一种材料的长处，做到材尽其能、物尽其用，才能满足现代室内设计的各项要求。

每个设计项目都有其独特主题，这要求设计师不仅要尝试和探索不同的材料，还要深入了解它们的特性。在室内设计中，材料的选择和应用极大地影响着空间的视觉效果和感官体验。相同的空间形式或装饰造型，若使用不同的材料，便会产生截然不同的视觉效果和空间感受。例如，木质和金属材料虽然可以用于制作相同的家具，但它们各自带来的视觉效果和心理感受是截然不同的。即使在使用同一种材料的情况下，改变其组合形态、比例尺度或色彩搭配也可以创造出独特的视觉空间效果。这种多样化的应用不仅反映出不同的审美取向，还能体现出特定的文化特征。因此，设计师在选择和应用材料时需要考虑的不仅是材料本身的特性，还包括它们如何与设计主题、空间的整体氛围、特定的文化特征相协调。

在室内装饰与设计领域，设计师对材料的物理特性的理解和应用是至关重要的。材料的物理特性通常包括强度、隔声性、隔热性、耐水性、阻燃性、耐腐蚀性和环保性等。通过深入理解材料的这些属性，设计师能够明晰不同材料的优劣性能，从而有针对性地选择和应用材料，最大化发挥其在设计中的美学潜力。以金属为例，它是一类在多个领域中具有广泛应用的材料，其特点在于其独特的物理属性。金属的主要优势包括高强度、优异的导电和导热能力，以及出色的耐磨损和抗腐蚀性，这些属性使金属在建筑、机械制造和电气工程等领域中发挥重要作用。但金属也存在一些局限性，在特定环境条件下容易发生腐蚀，如铁在湿润环境中易生锈，在温度波动较大的环境中可能导致结构稳定性问题。针对这些局限性，科研人员和工程师们采用了多种改良策略。例如，合金化是一种通过将不同的金属元素组合，以改善原有金属物理性能的方法，不锈钢便是一个代表性例子，它通过添加铬和镍元素来提高铁的耐腐蚀性。在提高金属耐久性方面，表面处理技术如镀锌或应用防腐涂料也起着关键作用，这些技术通过在金属表面形成一层保护膜，减少金属与其周围可能导致腐蚀的环境进行直接接触，从而拓展了该种材料在建筑室内、景观设计中的应用。

随着科技的发展和新材料的不断涌现，室内设计领域的材料选择变得日益丰富。新材料带来的是更广泛的应用范围、更新颖的施工工艺、更经济以及更多样的组合搭配。

材料的世界充满了无限可能性。无论是传统的还是新兴的材料，都拥有独特的特性和潜能。这些特性不仅可以被了解，还可以被创造性地利用。重要的是，并非所有新材料都优于传统材料。事实上，材料的价值和效用在很大程度上取决于我们如何使用和处理它们。当我们以创新的方式应用材料时，它们就能展现出惊人的变化和效果。形式设计的本质在于赋予材料一种特定的形态，使其具有特定的意义和价值。这种形态不仅体现了材料的物理和视觉特性，也反映了设计师的意图和创造力。因此，材料的选择和应用在设计中扮演着决定性的角色。

当欣赏历史上优秀的设计作品时，我们通常首先被其形式和色调所营造的氛围所吸引，深入观察这些作品，可以发现它们呈现出一种和谐统一的关系。这种关系体现在整体与局部之间，局部与细部之间，也体现在细部与整体的相互呼应上。每个部分的设计都相互呼应，形成了一个有机的整体，这种统一性不仅来源于设计的构思，还源于对材料特性的深入理解和精心运用。因此，材料在设计中不仅仅是构成元素，它们通过各自的特性和形态，共同塑造出独特的空间氛围和文化特征。设计师的任务是找到这些材料的最佳表现形式，将其融入设计理念中，创造出既美观又实用的空间，从而使材料成为设计作品的鲜明特征和永久价值(图 2. 1~图 2. 12)。

图 2.1　木质椅子给人以温暖、质朴的感觉

图 2.2　金属椅子给人以冷峻、硬朗的感觉

图 2.3　金属网制作的肌理感

图 2.4 织物椅子给人以柔软、亲切的感觉

图 2.5 简单的竹片组合构成丰富的视觉肌理

图 2.6 金属材料制作的花椰菜造型装置

图 2.7 由陶瓷材料制作的有机形态

图 2.8 由织贝壳片制作的台灯

图 2.9 喷涂铝合金树叶吊顶

图 2.10 由木材和麻绳组成的坐凳

图 2.11 用新材料打造的“传统”坐具

图 2.12 采用同一种材料的不同颜色制作的椅子

一、美学功能

一直以来，实用性是装饰材料应用所追求的关键，因此其美学价值被严重忽视，导致室内设计单调、缺乏艺术感，人们的审美意识也无从提高。随着装饰行业的不断发展，建筑装饰材料在质地、颜色、形状等方面的转变，人们内心的审美需求被激发，加强了对审美特征的探索。而且现今所倡导的经济性、实用性、安全性与审美性的统一，不仅满足了人们对于建筑环境的更高要求，也符合室内装饰行业的发展趋势。

每一种材料都有不同的特点以及自身独特的语言，主要通过形态、质地、肌理、纹样和色彩共同作用于室内环境，不仅具有实用性，还赋予空间独特的美学特征。材料的质地和肌理是塑造空间质感的关键要素。质地是指事物的性质或结构，装饰材料的质地是指材料本身的结构与组织，属于材料的自然属性。而装饰材料的质感是其物理性质、结构给人的视觉感知。装饰材料表面的质感不同会引发视觉、触觉的不同，使得装饰材料在质感上主要体现为粗糙与光滑、硬与软、冷与暖、光泽与透明等。一般材料要经过适当的选择和加工才能满足人们的视觉审美要求。如花岗石只有经过加工处理，才能呈现出既可光洁、细腻，又可粗犷、坚硬的不同质感。

材料的固有颜色和纹理蕴含了独特的自然美感，为了充分利用这些自然属性，在室内设计中应充分运用材料的天然特点和优势，或通过技术手段对材料进行二次加工，从而创造出独特的视觉效果。例如酸蚀处理后的金属板材呈现出独特的纹理和色泽，可以用于墙面装饰或家具制作。这种材料既有金属的现代感，又增加了一种粗犷的工业美，适合用于具有个性的空间设计。树脂艺术板以其丰富的颜色和图案设计而闻名，可用于墙面、吊顶或家具表面。这种材料不仅具有高度的透光性和鲜艳的色彩，还能根据设计需要定制各种图案，为室内空间带来现代和创意的风格。

很多日常生活中平凡的材料，在经过巧妙的设计和处理后，可以展现出意想不到的装饰和审美价值。例如，旧木材或回收金属等再生材料。原本可能看起来普通甚至破旧的材料，但在创造性地重新利用时，它们能展现出一种独特的美感和质朴韵味。同样，简单的混凝土和砖块，当被精心排列和组合时，也能创造出既现代又有质感的空间效果。这些材料的再利用不仅体现了设计的创新性，也反映出人们对环境的尊重和可持续发展的重视(图 2.13~图 2.17)。

在室内设计中，当面对各式各样的装饰材料时，设计师要合理运用装饰材料的色彩、质感、肌理、规格等艺术特征，去表现空间中不同的艺术审美形态，传达空间意境、氛围及情感。还可以利用更新、创造、改变的手法使装饰材料服务于设计意图，突破常规使用方法，为室内空间注入无限的趣味与魅力，满足个性化的审美需求。装饰材料的色彩与肌理特征，可以在材料的图形组合上进行创新设计的探索。装饰材质表面的

图 2.13 用废旧的罐子制作而成的装置

图 2.14 石材天然的纹理之美

图 2.15 重组和排列的砖也能成为空间立面的亮点

图 2.16 亚克力片组合颇具形式感和装饰性

图 2.17 用铁锹和金属链条制作而成的空间悬挂装置

色彩和肌理本身就富有变化，尤其善于形成图形元素，从而构成装饰材料的表面图形。利用装饰材料不同的肌理组合可以形成表面图形的变化。肌理纹路往往具有大小之别或方向性的特征，设计中使其按照比例、节奏等艺术手法重新组合成新的图形，能使呆板的空间富于变化和活力。例如，利用石条镶嵌，形成方向感强烈的线条图案，从而改变原有的平衡感并产生视觉上的运动感。此处，设计师还可以打破材料固有的图形因素，利用其色彩、肌理的特征，运用拼接、镶嵌、重复等图形构成手法，对材料表面图形符号进行重组。这样做才能使材料的图形构成更加丰富、更有层次，进而为空间的表达形成丰富的设计语言。

装饰材料的质感体现出事物的真实性，是视觉艺术的再现性特征。创新的途径则应该把握其表现性的特征，运用“改变”的创新手法进行设计创造。例如使用传统建筑中常见的材料——瓦，瓦的质感是硬质、冰冷的，如果将瓦的质感通过艺术创新的手法转变成柔软、温暖的，那将会突破常规视触觉感知的框架，引发观众全新的审美意境。可以设想将瓦大面积地按照曲线排列，使其整体面貌超越单独形态的质感而以集合体的面貌呈现柔软如丝绸般的质感。这就是装饰材料的质感转换设计，即将其原本的质感特征通过排列、变化，集合成另外一种相反的材质感受，从而达到创新的设计体验。质感创新的转换往往更能提升材料的艺术表现力，增加其对环境信息、空间情感上的表达。

二、安全与保护功能

装饰材料用于建筑室内空间或室内构件基层与面层，主要起到保护建筑物体、装饰室内空间等作用。详细来说，装饰材料是指铺设、粘贴或涂刷在建筑物内墙、地面、柱面、顶棚表面的材料，同时它还起到保温、隔热、防火、防潮等作用，并美化建筑室内环境。

建筑在其生命周期中面临多种内部和外部环境影响，如紫外线照射、降雨侵蚀、风力作用及温度变化等。装饰材料会直接受到这些不利因素的影响，可能导致材料的粉化、裂缝、霉变甚至脱落，从而影响建筑的耐久性。因此，在室内装饰材料的选择和应用中，需要综合考虑材料的耐久性、安全性以及维护成本。合理选择材料不仅能提升空间的装饰效果，更能长期保持其性能，减少维护和更换的频率和成本。

材料的保护功能是由其内在的化学成分和物理性能共同决定的，这些属性为材料赋予了特定的功能和适用范围。从微观角度来看，材料的分子结构和化学成分影响了其抵抗外界环境因素(如水分、温度变化、化学腐蚀等)的能力。材料的物理性能，如硬度、密度、热稳定性等，也决定了其在特定环境应用中的表现。例如，材料的选择和应用需考虑其承载的功能要求，如力学强度、防水、防滑、阻燃、耐腐蚀、易清洁等。在建筑设计领域，在卫生间或厨房地面铺设防滑地砖是提高安全性的一种有效手段，这些地砖的设计考虑了表面粗糙度和摩擦系数，以确保在湿滑条件下仍能提供足够的抓地力，防止滑倒。在户外环境，如露台或花园中，通常会选择耐候性强的材料，如耐腐蚀的合金或经过特殊处理的木材，以抵御自然环境中的变化和侵蚀。在地铁车厢内部，通常选用轻质、耐磨和易清洁的材料，如铝合金板或硬质塑料。这些材料能够应对高频的使用和磨损，同时便于清洁和维护。铝合金板由于其轻质和强度特性，有助于提高车辆的能效和降低运营成本，而硬质塑料则提供了多样化的设计选择，满足视觉和触觉需求。

三、环境调节功能

材料在塑造空间的视觉感受和传递特定美学属性方面起着至关重要的作用。它们不仅影响着空间的美学效果，还在控制环境因素方面发挥核心作用，如光线、声音和温度等。材料的声学、光学和热学特性，如吸音、隔热、保温、隔音、反射光线和透气等，能够有效改善室内环境条件，满足不同空间的使用要求。

考虑到声学效果的改善，尤其是在对音质和声音清晰度要求极高的场所(例如音乐厅和会议室)，挑选合适的吸声材料变得格外重要。例如，矿棉板和泡沫吸声板通过减少声音的反射和回声，大幅提升了空间的声学品质。它们通过改变声波的传播路径和强度，提高了语音的可辨识度和音乐的纯净度。此外，在居家环境中，虽然地毯和窗帘的吸声效果相对较弱，但它们通过吸收部分声波，也能在一定程度上提高声学性能，提升居住的舒适度。

在温度调控和光线管理方面，材料选择同样关键。双层玻璃窗不仅能有效地隔离热量，降低能量损耗，还能减轻外部噪声的入侵，从而改善室内的声环境，这种特性使其在节能建筑设计中发挥着重要作用。另外，智能调光玻璃通过自动调整透光度来应对外部光线变化，改善了室内照明条件和温度控制，这不仅提高了居住和工作空间的舒适度，也有助于能源效率的提升和环境保护。实际上，某些材料具备多重综合功能，兼具保护性、环境调节能力和装饰效果。以竹材为例，这种材料不仅因其自然美感而被广泛用于装饰，还因其结构强度和灵活性在建筑中发挥着重要作用。竹材的天然纤维结构使其具有良好的抗震性和承载力，同时也有很好的隔音和调湿作用。此外，竹材的轻质特性使其易于加工和运输，且竹材的生长速度快，是一种可持续的环保材料。因此，当我们面对多种材料选择时，系统地了解每种材料的基本特性至关重要，这有助于我们在设计过程中综合考虑功能性和美观性，做出更合适的选择(图 2. 18、图 2. 19)。

图 2.18 浴室采用了防滑地砖的设计

图 2.19 音乐厅采用了矿棉板和泡沫吸声板

四、空间分割与组合功能

材料的分割包括划分和尺度两方面，两者是相互联系的、相互作用的。划分是指单一的材料被分成多个分块拼接在一起，有密缝和明缝两种。密缝讲究材料边缘的平直和表面平整，纹理对接自然。明缝讲究分块的尺寸，要与空间的尺度相适宜。划分要尽量符合材料的规格，例如瓷砖的大小都有一定的标准，如果设计的分割尺寸差异太大，会造成施工难度加大和材料的浪费。“模数”的方式也影响了空间设计的具体尺寸。尺度是空间造型的主要特征之一，所研究的是建筑整体和局部构件与人或者人所见的某些特定标准之间的比例关系。材料的尺度是通过划分后，与空间造型的尺度及人体尺度相互比较所获得的一种大小印象。合理运用材料的尺度概念，能增强和烘托出适宜的空间感。

饰面材料的艺术感主要在平面上表现，因此其组合方式属于一种构成形式。构成强调形与形之间的组合关系，运用大小、形状、色彩、肌理等视觉元素来实现形象化的表达。形成组合关系的元素包括方向、位置、空间、重心，决定了视觉元素在面上如何组织、排列的，一般有以下几种方式：(1)分离：形与形之间不接触，有一定距离。(2)接触：形与形之间的边缘正好相切。(3)覆叠：形与形之间是覆盖的关系，由此产生上下、前后的空间关系。(4)透叠：形与形有透明性的相互交叠，但不产生上下、前后的空间关系。(5)结合：形与形相互结合成为较大的新形状。(6)减缺：形与形相互覆盖，形成覆盖的地方被减掉。(7)差叠：形与形相互交叠，交叠部分生成一个新形状。(8)重合：形与形相互重合，变为一体。材料的组合方式在视觉上会形成三种基本感受：横向、竖向、点式。前两种具有明显的方向感，并能扩展空间的视觉深度。而点式可分为点阵式和中心式。点阵式表现界面的均匀，中心式表现界面元素的聚集。

第二节　材料的视觉特性

室内设计的本质在于创造和优化环境，其目的是满足人们的需求和提升生活质量。在这个过程中，室内设计不仅是一种装饰艺术，而且是一门综合性的创造艺术，它的目标是将自然环境和人造环境融合在一起，创造出一个既和谐又统一的空间。在这个空间中，每个元素都应该有其特定的目的和意义，否则，设计本身就失去了其存在的价值。

室内空间设计从提出到发展至今，除了包含界面设计的视觉美感，还涵盖了更广阔、更深的层面，如听觉、味觉、嗅觉、触觉等多元感官体验。营销大师马丁·林斯特龙提出过“五感”营销法，即利用人的五种感觉器官，以立体的感官体验取代简单的信息推送，实现以“色”悦人、以“声”动人、以“味”诱人、以“情”感人的目标，让人得到全面的感官体验和情感体验。

材料的光滑与粗糙、柔软与坚硬、色彩与光泽体现了自身的特性。装饰材料的色彩、质感、肌理、规格等都有它们自身的艺术特征，人们在捕捉并解读这些环境信息时，从视觉刺激中提炼出相关特征，形成对环境的感觉。因此，室内设计除了打造视觉效果，还应考虑材质的触感、空间的声学特性、环境的气味和味觉元素，使其成为一种全方位激发和满足人体感官的重要手段。

不同材料深刻影响着空间的视觉和感官体验，如乳胶漆的细腻和纯净，木材的天然纹理，以及石材、玻璃和陶瓷的光亮度和清洁感。材料的选择不仅是对美学的考量，也是对功能和实用性的考量。质地、颜色、光泽、纹理和形状，都是构成室内空间视觉特性的关键要素。视觉美感的创造不仅来自空间形态的动态平衡和实体造型的张力，也来自视觉对象所呈现的材质、色彩和光线。这些元素共同构成了评价室内空间设计成功与否的重要标准。因此，设计师在追求视觉效果的同时，也需要考虑如何综合运用材料和设计元素，打造出一个既美观又符合人体感官体验的空间。

一、颜色

在室内设计领域，装饰材料不仅是实现视觉效果的基本媒介，而且是构成视觉艺术表现的基础。而色彩在视觉艺术中具有重要作用。从心理学和感知学的角度来看，色彩在视觉处理过程中往往优先于图形，为观者提供了直观且鲜明的印象。这种优先性在传达情感和氛围方面尤为显著，色彩能够激发深层的情感反应，从而在无言之中传达设计师的意图和空间的情感氛围。

每一种材料都有其固有颜色，不仅塑造了空间的视觉感受，还深刻影响着使用者的心理和情感体验。材料的固有颜色涉及物理学、生理学和心理学等多学科知识，其形成主要取决于三个关键要素：材料的光谱反射、照射在材料上的光线光谱组成，以及观看者眼睛对光谱的敏感性，这三者共同作用，形成了我们所见的颜色。其中，光线尤为重要，因为在没有光线的地方就看不出什么颜色。

材料的固有颜色依赖于其光谱反射特性。这是物理学的基本原理，即材料表面如何反射、吸收或透过不同波长的光线。这种反射不仅定义了材料的视觉外观，还影响着空间的氛围和风格。观察照射在材料上的光线的光谱构成也对颜色感知有重要影响。不同的照明条件下，相同的材料可能呈现出完全不同的颜色。人眼对光谱的敏感性也是决定颜色感知的关键因素，因为每个人对同一颜色有不同的感知和情感反应。

材料颜色的表现主要分为两种形态：一种是材料自身的天然本色，即材料未经任何加工处理便展现出的颜色；另一种则是通过技术处理改变材料的固有颜色以适应特定设计需求。室内设计中，对于材料颜色的选择和应用是一个综合考量的过程，涉及色彩理论、心理学、物理学及环境设计等学科。色彩是室内设计的灵魂，装饰材料的色彩搭配是室内设计最重要的元素之一。利用材料色彩特征去塑造空间氛围意境时，要根据使用人群、使用功能、空间形态选择空间的色彩基调及色彩搭配关系，同时也要精准把握装饰风格的特点，或柔和淡雅，或华丽庄重，或活泼欢快。应充分利用装饰材料的色彩特性，渲染出个性化的氛围，使室内空间具有情感内涵（图 2.20~图 2.23）。

图 2.20 冷蓝色调的展厅通道设计

图 2.21 街头潮流品牌店采用统一的冷灰色调强调空间主题

图 2.22 “太空探索”装置采用橙色调表达火星空间氛围

图 2.23 运用特殊光色所表达的展厅空间

二、光泽

材料是空间形体的表皮，巧妙地运用材料可以增添空间的艺术魅力。材料是可以触摸、可以品味的。同时，它也以特定的方式完成与外界环境的互动，但这一切如果离开了光都无法完成。光不仅赋予材料颜色、质感、明度等基本特性，还可以将外界环境以反射的方式映照在材料上，从而在材料表面留下环境的印记。

光泽作为材料表面的一种特性，反映了材料与光线相互作用的能力，它决定了材料如何反射光线，从而影响材料的视觉外观和感知，其重要性仅次于颜色。光线照射到物体上，一部分被反射，一部分被吸收。物体光泽度的不同主要由两类光线反射决定：镜面反射和漫反射。镜面反射发生在光滑表面，如抛光的金属或玻璃，反射光线集中在特定角度，产生明亮、清晰的反射效果。相比之下，漫反射多见于粗糙或哑光表面，如未经处理的木材或哑光瓷砖，反射光线在多个方向分散，导致光泽度降低但颜色更均匀自然。

在室内装饰设计中，光泽度的选择与空间的功能和氛围密切相关。高光泽度材料通常用于现代和奢华的空间，如高端餐厅或展示厅，营造出光亮、干净的感觉；而低光泽度材料则适用于自然和舒适的环境，如家庭客厅或卧室，创造温馨、放松的氛围。此外，光泽度的不同还影响着颜色的感知和空间的视觉深度，高光泽度可以增强颜色的饱和度和对比度，而低光泽度则使颜色更加柔和、减少视觉上的刺激。

材料的透明性也是与光有关的：既能透光又能透视的物体称为“透明体”，如清晰的玻璃允许光线完全穿透，创造出明亮和开放的空间效果，常用于窗户和隔断，以增加空间的连续性和视觉深度。常见的玻璃大多是透明的，而磨砂玻璃和压花玻璃等，只能透光而不能透视，则为“半透明体”。如磨砂玻璃或薄纱窗帘，则允许部分光线通过，同时提供适度的隐私保护，使空间充满柔和的光线，适用于创造温馨和宁静的环境。不透明材料，如木材、金属或石材，完全阻挡光线，有助于定义空间和增加结构稳定性，适合用于墙面、地板和家具等(图 2.24~图 2.27)。

图 2.24 顶部的镜面反射清晰成像扩大了空间大小

图 2.25 透明玻璃作为立面墙体使得空间开阔

图 2.26　材料的光泽与色彩设计共同呈现丰富的层次

图 2.27　透明砖与金属材料光泽对比

充分展现材料的本性，是室内设计的重要内容之一。设计师的任务是营造一种理想的光环境，将材料的本性和魅力淋漓尽致地表现出来。每一种材料均有不同的特点与内在语言，材料的本性决定了它有属于自己的最好构造方式和质感表达。

三、纹样

在室内设计中，纹样是材料表面装饰的重要组成部分，其种类繁多，主要包括天然石材的花纹、木材的天然纹理，以及人为设计的花纹图案（如壁纸、彩色砖、地毯等）。

常见的材料纹样包括水纹、云纹、木纹、石纹、毛皮纹、几何纹等。这些纹样不仅为材料增添了视觉吸引力，而且在很大程度上影响了材料的应用及其所营造的空间整体氛围。例如，自然木纹带来温暖和质朴的感觉，适合营造舒适的居家环境；大理石纹则赋于空间奢华和高雅的格调，常用于宾馆和高端商业空间；几何和抽象纹样则能够创造现代和动感的空间氛围，适用于办公空间和公共区域。

在选择和应用这些纹样时，设计师需周全考虑纹样的视觉表现力，如纹理的大小、方向和颜色，以及与空间其他元素的协调性。纹样的尺寸大小和重复频率会影响空间的感知，大型和醒目的纹样能成为视觉焦点，营造出强烈的视觉效果；而小型和细致的纹样则能够创造精致、和谐的空间感。纹样的颜色和对比度也不容忽视，它们可以影响空间的明暗感和深度感。此外，通过不同材料的纹样搭配，可以创造丰富多样的空间效果。如今，随着技术的发展，设计师能够在各种材料表面创造个性化的纹样，而不再局限于传统材料。这不仅提高了设计的灵活性，也为室内空间带来了前所未有的个性化可能性(图 2.28、图 2.29)。

图 2.28　天然石材所呈现的纹理

图 2.29　树脂材料桌面纹样

四、肌理

物体表面的一切现象都可以称为肌理，无论这种现象是自然形成的还是后天创造的。在室内设计中，无论是空间装饰或设计师的艺术创作，营造空间氛围时常使用材料的肌理语言。

肌理即材料表面的肌理纹路，是一种客观存在的物质表面形式，使材料的质感体现更加具体、形象。不同材料表现出不同的肌理，如木质纹理、大理石纹理。另外图案肌理、物体所体现的质感均属肌理范畴，如均匀刷的色块与用点绘制的形象，有不同的肌理效果。

从室内设计的角度，肌理存在“一次肌理”和“二次肌理”两个层次。“一次肌理”可以说是材料的质感，是天然材料的自身组织结构的一种表面材质效果，也叫自然肌理，如木材、石材等。而在物体表面的肌理上，通过特定的手段使之造成起伏、凹凸并达到一定程度的组织“密度”时，原有肌理效果淡弱，产生出另一种新的肌理效果，这种肌理效果为“二次肌理”，也称“人工肌理”。通过现代科技手段加工而成的仿自然纹理，如大理石、花岗岩石纹理等；运用现代工业技术成型的各种材料上凹凸的肌理，如陶瓷面砖、墙砖、玻璃砖、金属浮雕等；在各种基体或饰面材料上，采用印、染、扎、压、喷、镀、镶嵌、腐蚀切割等技术手段进行表面工艺处理形成的纹理；材料自身在运用加工、拼接过程中形成的凹凸变化和接缝等肌理变化，均可称作“二次肌理”。在设计中，“一次肌理”属于人为追求的或偶然或规律的纹理效果，若需要在构成空间肌理的整体效果时体现出更多设计美和技术美，一般应采用两种肌理的综合对比的手法。

在平面材料的表面用凹凸纹理、色彩、透明度、光泽度、明暗效果等，体现出平面视觉的肌理效果，如各种抛光石材花纹、木质装饰面板、压花玻璃、装饰布面料、仿石材等材料，主要在视觉上对人的生理和心理上产生肌理特征的反应。由于光线照射视觉角度、视觉距离的不同，会产生细微的肌理变化。立体感丰富的材料，通过其显著的凹凸特征，创造出强烈的视觉和触觉体验。这种凹凸效果不仅在视觉上引人注目，而且在不同光线角度的照射下会产生变化的视觉感受。然而，这种立体感的完整体验往往需要通过触觉来深化，使得观察者能够更加真实地感知其三维特征。立体材料的应用形式多样，包括但不限于压花(例如发泡壁纸)、浮雕(如浮雕装饰板和波浪板)、植绒技术以及雕塑等。这些技术不仅丰富了室内空间的细部设计，还增强了材料本身的肌理美感。

一般而言，室内空间的设计很少依赖单一材料，而是通过不同肌理的材料进行拼接、调和与对比，以此创造独特的视觉效果和空间感。这种肌理上的变化不仅增强了空间的视觉层次，也丰富了用户的感官体验。综合来看，肌理主要聚焦于材料的表面表象，而不过多涉及材料的内部结构组成。它代表了材料作为一个实体在视觉感知上的显现。肌理作为一种表面特征，反映了材料的外观属性，如纹理、光泽和色彩。这些表面特征是材料与外界环境相互作用的直接结果，也是人们对材料特性认知的主要依据(图 2.30、图 2.31)。

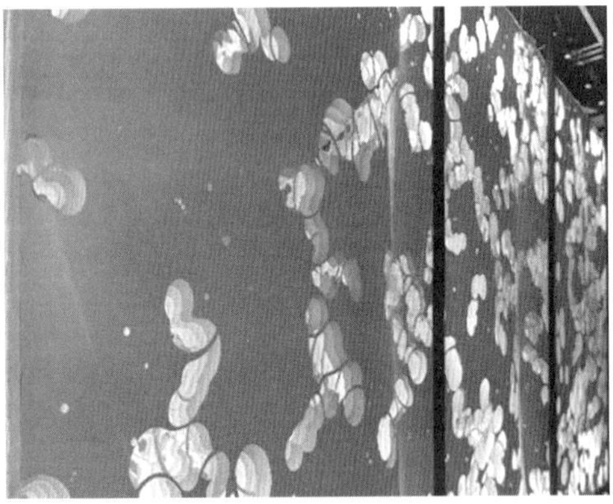

图 2.30　纸雕与灯光组合营造的表面肌理

图 2.31　木头肌理

五、质感

质地是指事物的性质或结构，装饰材料的质地是指材料本身的结构与组织，属于材料的自然属性。而装饰材料的质感则是其物理性质、结构给人的视觉感知。装饰材料表面的质感不同会引发视觉、触觉的不同，使得装饰材料在质感上主要体现为粗糙与光滑、硬与软、冷与暖，以及光泽感与透明感等。装饰材料的质感和人的触觉是紧密联系的。要使艺术作品产生真实的效果，与观众产生共鸣，就必须激发欣赏者的触觉想象，从而引起欣赏者身临其境的真实情境感受。装饰材料质感就具有这种内在张力和视触觉的传达力，这是装饰材料重要的艺术特征。不同质感的装饰材料决定了材料的独特性和相互的差异性，它对人们产生的触觉心理差异也比较大，比如金属质感坚硬、强大、冷漠，具有强烈的现代感；石材大气沉稳、略有凝重之感；天然木材带给人亲切、安全、温暖之感；毛皮质感会给人舒适、典雅、豪华之感等。

材料的质地与材料的色相、明亮度和受光照影响程度以及加工处理方式有很密切的关系。明度亮、纯度低的颜色给人细致、轻松、舒畅的感觉；明度暗、纯度高的颜色给人坚实、厚重的感觉。在受到光照射时，材料表面质感也会受到影响，当透明玻璃、有机玻璃被光直接透过时，其质地细腻、柔和；抛光金属面以及抛光塑料面受光后产生空间反射，使材料的质地光洁平滑、不透明、明暗对比强烈、高光反射明显；而喷砂玻璃面、裁切木质面、混凝土面和一般织物面受光后产生漫反射，使得反射光扩散，材料质地柔和，使人感到纯朴、大方和素雅。

在室内空间界面和空间内物体的表现中，适当地选择和利用材料，使材料的质感得到充分体现，才能创造舒适、和谐，又具有个性的室内空间环境。设计师在运用材料时应充分发挥自己的触觉能力，以一种审美的态度和创造精神来对待材料的质感。例如，在空间中，墙面和柱子被刻意处理得粗糙不平，露出石块，强烈的质感形成鲜明特色（图 2.32~图 2.34）。

图 2.32　光滑的陶瓷材质模拟不同的石头形态

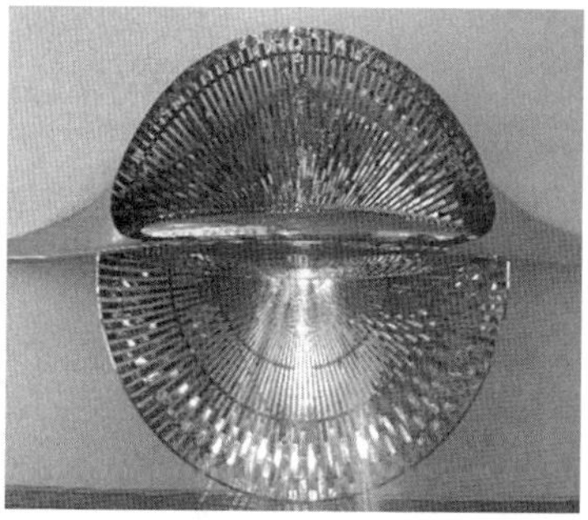

图 2.33　灯光设计结合金属材料构成的高光泽感装置

图 2.34　柔软的织物装置

六、形状和规格

在室内设计领域，材料的选择是一个关键因素，但仅仅选择合适的材料类型并不足以确保达到最佳的空间效果。材料的形状和尺寸必须与空间的比例和尺度相协调，若比例不匹配或者过于夸张，可能会导致空间效果的失衡。例如，在厨房和卫生间中，很少使用超大规格的墙地瓷砖，这是因为小空间使用大尺寸瓷砖可能会造成视觉上的不协调和压迫感。同样，客厅地面铺贴马赛克也不常见，因为马赛克的繁复小块效果可能与客厅宽敞、舒展的空间氛围不符。

无论是天然的还是人工的装饰材料，都是以"规格"的形态出现的，均呈现出大小的区别。小到马赛克、卵石，大到地砖、玻璃，所有装饰材料具有尺度大小之分，而规格的大小因素则属于视觉辨析度和艺术图形的范畴，因此，研究装饰材料的规格是必不可少的一环。就材料的规格而言，其大小尺寸需要符合一定比例，空间画面才会协调。不同的设计风格、不同的功能空间对材料的规格要求是不一样的，空间面积大，则倾向使用大规格的装饰材料；空间面积小，则相应缩小材料的规格。总体来说，装饰材料的规格要符合空间形态要求。装饰材料规格大小的对比，在一定程度上赋予室内空间形式美感。利用规格在图形尺度上大小的变化，可以塑造不同的视觉感染力。即使是同样的材料，如果改变材料规格的比例尺度，也会形成或高调奢华、或低沉静谧等具有鲜明差异的感官体验。

除了柔性的卷材可以根据需要进行剪裁和切割外，大多数装饰材料都具有特定的形状和规格。这些几何形状的多样性允许设计师组织出各种图案和纹样，并在空间中以合理的比例和尺度体现，以此塑造出丰富的视觉效果。比例和尺度是室内设计中的两个核心概念。比例是指空间中各个环境要素（实体和空间）之间的尺寸关系，包括局部与局部、局部与整体、要素与要素之间的数学关系。尺度指的是人与空间各环境要素之间的大小比较关系，是人们识别和测量环境要素的依据。人们通过与空间要素的相互比较来审视、感知和评判环境。

总的来说，各种材料都能以其独特的特性展现审美属性，这些特性不仅赋予了空间独有的风格和特色，还显著地表达了空间的性格。追求自然状态是人的本能体现，因为人在自然环境中的视觉神经通常处于较为放松的状态。将人工环境的视觉感受调整至类似自然状态是环境艺术设计的目标之一，这种有节制、自然的视觉状态既不会造成视觉饥渴，也不会导致视觉污染。然而，需要警惕的是，单纯的模仿或过度设计可能导致视觉疲劳或视觉污染。视觉污染指的是材料堆砌、内容过多、缺乏设计理念、品位低下的环境，这种环境无法产生具有美感的空间，反而会导致人产生眩晕、烦躁、沉重、压抑等不良心理感受，损害身心健康。特别是在现代城市的景观和室内空间中，视觉污染的问题日益显著，这需要设计师在创造美感的同时，也要避免造成视觉上的负担。在设计过程中，寻求视觉环境的和谐和平衡至关重要，这样才能创造出既美观又促进身心健康的空间环境。

第三节　材料的时代演变、文化地域特性

一、材料的时代性与动态性

文化是一个多元素的综合体，它随着时空的流转而衍生变化。一方面，它常呈现断裂的特征；另一方面，它又具有延续的特征。室内空间文化的延续常常表现为一种继承关系，即空间文化价值观不断充实、完善的渐进过程；断裂则表现为空间演变的进程发生了突变，即新的装饰语言取代旧有格式。事实上，这两种现象常常是互相交织的。

中国文化的深度与广度在材料使用方面表现得尤为显著，其中木材、石材、泥土、青铜等材料的运用已经达到了艺术和技术的高度融合。这些材料不仅构建了实用性的物质空间，还承载了丰富的历史、文化和哲学思想。以木构建筑为例，它不仅仅是一种建筑形式，更是中国传统文化和审美理念的生动展现。中国传统木结构营造技艺，以木材为主要建筑材料，以榫卯为木构件主要连接方法，以模数为设计和加工生产的尺度标准，以“八大作”①为主要施工内容。柱、梁、枋、斗拱等大木构件，形成了建筑的框架结构。虽然木材作为一种传统材料可能与现代的可持续发展理念存在一定的矛盾，但它的视觉和感官特性仍然在现代设计中得以延续和再现，表现在新的空间设计和功能应用中，继续散发其天然、亲切和时尚的魅力。

材料的时代性不仅反映了它们所处时代的审美偏好，而且表达了当时的社会价值和文化观念。在古代中国，木构建筑占据主流地位，这不仅体现了工艺的成熟，还反映了与自然和谐相处的传统文化观。现代的建筑设计中，木材的使用比例在全球范围内上升，尤其在可持续建筑领域，这体现了现代设计对传统材料的新解读和应用。以北京国家大剧院为例，其外观采用大量玻璃材料，内部则广泛使用木材。木材的运用既体现了现代建筑技术的发展，又展现了对传统文化的尊重。国家大剧院内部木质装饰的使用，不仅创造了温馨舒适的观演环境，还体现了对中国传统木构艺术的传承。

材料的时代性并不局限于特定时代或风格的体现，它们同样展现出动态和适应性的特征。传统材料通过创新的设计手法和现代技术的融合，能够转化为具有现代感的新形态，创造出不同于传统的视觉和触觉体验。新型材料和技术的运用，不仅是对传统材料的有效补充和替代，也是对资源使用和环保理念的响应。在这一过程中，材料不仅仅是

---

① 所谓“八大作”，即木作（含大木作、小木作）、瓦作（含砖作）、石作、土作、油漆作、彩画作、搭材作、裱糊作。

功能性的选择，更成为表达时代精神、审美趣味和设计创新的载体。例如竹子本是天然材料，竹编又是我国的传统工艺，如今人们在材料和工艺方面已经有了一些创新途径，例如采用手编、麻绳捆扎、竹钉固定、放样模型等传统手法，同时融入一些新技术和新材料，如3D打印、金属构件、数控造型等，让竹制品与现代技术接轨。通过这样的创新和转化，竹编材料不仅注入了新的活力，还成为表达当代设计理念、时代精神和审美趣味的重要载体。

随着社会的发展和文化的演变，即便是同一种材料，在不同的时代和地域中也会呈现出不同的审美偏好和价值评判。随着时代的变迁，审美也越来越多元化，以往的日常用品也成为如今珍贵的文物，旧时的流行元素也可能在未来被重新解读和欣赏。例如，二十世纪七八十年代流行的化纤服饰和现代对天然材料的偏爱，反映了人们审美和生活方式的变化。这表明材料的审美价值不仅体现在其时代特征上，还具有随着时间推移而演变的动态特性(图2.35、图2.36)。

图2.35 故宫中的木构建筑群凝结了中国文化的精髓

图2.36 传统木构在现代空间中的运用

二、材料的地域性与文化性

在历史长河中，建筑空间的装饰是文化传达的重要媒介，其演变过程从古典时代至神权时代，经历文艺复兴至现代主义，再到后现代思潮及当下的多元化潮流。这一过程不仅跨越了时间的维度，也横跨了地理的界限，从西方延伸至东方。建筑空间的装饰，不仅是文化因素的产物，更是文化形态的表现。人类对空间的理解与利用、对形式的评价以及对艺术的欣赏，均是文化表达的一部分。因此，空间的组合与布局在本质上反映了当地的文化特质。在室内空间设计的层面上，装饰材料扮演着至关重要的角色，特别是在对地域性文化进行解读与表达方面。

室内设计作为一种特殊的文化形式，尤其是建筑文化的一部分，是具有地区性的，它反映了不同地区的风土、气候等自然环境及人文环境的差异，并包容不同的文化内涵，这些因素共同影响了材料的选择、加工方法和应用方式，使得同一种材料在不同地域可能呈现出截然不同的特性和使用方式。基于这一点，不同地区、不同民族、不同的生活方式都逐渐赋予了材料独特的文化特征。在全球化日益加深的背景下，挖掘材料的地域性和文化性差异成为寻找文化多样性的有效途径，同时也是探索新材料语言的重要资源。比如，黏土砖在各地的制作和使用方式都有所不同。在中东地区，由于气候干燥，黏土砖通常不需烧制，而在多雨地区，则需要经过高温烧制以提高其耐候性。又如，红木在东南亚地区广泛使用，它不仅因其耐用性和美观性受到欢迎，还因其在当地文化中的重要地位而被用于传统家具和建筑的制作。此外，玻璃虽然是一种全球化的工业产品，但通过在不同地区的艺术加工，也能展现出独特的地域文化特征。

第四节　材料的依附特性

在室内设计中，材料的选择和应用尤为关键。室内设计是一个多维度的创造过程，它要求设计师不仅要有艺术感知，还要有对材料属性和应用方式、构造工艺的深刻理解。室内空间所展现给我们的就是各种装饰材料组合的不同结果，室内设计作为一门综合艺术，它营造和改变原有无序的环境，使自然环境与人造环境达到高度统一。而材料并不能孤立地存在，它们必须与空间中的其他元素相结合，通过合理的组织和重构，与不同的实体构件或形态相依附。这种依附关系不仅是物理上的结合，更是艺术和技术的结合，因此我们需要对装饰材料在室内设计中的使用进行详细的分析、论证。一个功能完备、体验良好、具有视觉美感的空间能够将材料的技术美和内在美巧妙结合，这不仅包括材料的物理属性，如质地、颜色、形状、肌理、规格等，还涉及其施工工艺和构造方法。室内设计和材料的选择，构造的合理性，施工工艺的规范性，三者是紧密相关的。不建立在材料、施工基础上的室内设计只是“无源之水”。同时，室内装饰工程的实际预算、报价以及与客户的交流，无时无刻不考验着设计师的材料和施工知识。

一、材料与构造

在室内设计中，材料不仅是构成空间的基本元素，更是传达设计理念和情感的媒介。每种材料都有其独特的质感、色彩、强度和耐久性，这些特性决定了材料的应用和构造方式。构造不仅指物理组装或结构建造的过程，更是一种设计思维方式，涉及对材料特性的理解、应用和创新。构造是将设计理念转化为实际和功能空间的桥梁，它要求设计师不仅考虑美学，还要考虑结构完整性、耐久性和功能性。

空间有三个面，即墙面、地面和顶面。每个面层有不同的材料装饰方式，每种材料又有不同的构造处理方法。我们可以从宏观和微观两个层面来探讨构造的概念。在宏观层面上，构造指的是建筑空间的细部构成元素，如门窗、楼梯、梁柱等。这些元素是空间设计的基础，决定了空间的基本结构和功能分布。而在微观层面，构造涉及空间界面和细部处理，不同材料或材料与结构基层之间的相互连接关系。了解材料与构造之间的相互关系和规律对于图纸的有效表达和合理施工至关重要。在室内设计领域，构造不仅影响着室内空间的整体效果，而且在材料的细部形式和处理方法上起着决定性作用。材料的细部构造方式，对于塑造空间的整体特色和增强人们对空间细部的感知体验具有显著影响。例如，常见的乳胶漆墙面以其色彩纯净和形式简洁为特征，这要求其背后的基底构造必须坚固。木材以其天然纹理和温暖感触著称，突出其易于加工的构造特性至关重要。石材、玻璃、陶瓷等材料因其光滑质感对空间效果的影响极大，因此在材料与界面的比例、尺度，以及接缝处理和与基层的连接方法上需要特别注意。金属材料以其冷峻之感而知名，其构件造型和工艺美感突出了细部特征。织物面料则因其柔软细腻、图案丰富和附着性强，需要在材料选择和邻近材质的过渡交接上进行细致处理。

室内空间的细部构造通常体现在与建筑主体及界面相关的元素上，如门、窗、梁、柱、楼梯等。这些元素的不同形式和风格展示了丰富多样的设计理念，无论是中国各时期的传统样式还是西方古典流派，都通过具体的材质与细部处理展现其独特魅力。中国的传统样式强调对称和谐，注重装饰性和象征意义，而西方古典风格则更加注重比例和形式的完美，追求装饰的华丽和精致。精细的细部处理不仅体现了设计师的匠心独运，还能够提升空间的整体品质。例如，门窗的造型、梁柱的装饰细节、楼梯的线条和材质选择等，都能深刻影响空间的视觉效果和使用体验。

空间主要由六个面围合而成，具体是由地面、天花、立面墙体以及一些功能性的固定设施构成，如居住空间的定制柜体、洗手台；商业空间中的接待台、餐饮空间的吧台等。而界面与界面，或界面与设施之间的细部连接构造是体现空间质感的关键部分，需要考虑材料的搭配、造型的处理、色彩组合、照明设计等因素，尤其需要重点关注材料界面细部节点的处理。室内设计师不仅需要了解并运用常见的装修构造和细部处理方法，还应在此基础上进行创新设计，以促进设计创意和施工技术的整体进步(图 2.37~图 2.41)。

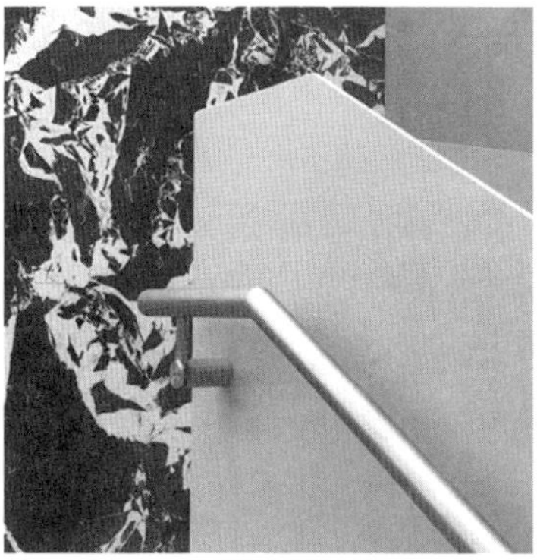

图 2.37　楼梯特别的金属杆件构造处理

图 2.38　桌面特定的构造处理

图 2.39　木材通过组织连接展现其构造之美

图 2.40　特定的功能和材料需要特定的构造处理

图 2.41　构造运用充满着形式美、功能美和技术美

二、材料与工艺

在室内设计中，材料与构造的巧妙结合是实现良好设计愿景的基石。仅有一个好的设计想法尚不全面，想要方案落地时达到理想的效果，还得依靠精细的施工工艺。室内设计是一门综合性专业，从设计的初期到最终落地需要多方专业的协调和配合，其中涉及排水、采暖通风、电气、消防等专业系统的整合。

目前国内装修行业的一线施工人员文化素质普遍不高，往往缺乏专业的技能培训，导致许多施工工艺粗糙，返工现象严重。同时，许多设计师对施工工艺了解不足，虽然设计图纸制作得很优秀，但在实际施工过程中难以有效实施。

在室内设计中，即使拥有最具创造性的想法和最优质的材料，如果缺乏精细的技术工艺支撑，这些创意和材料也无法得到充分展现。以巴黎卢浮宫的玻璃金字塔为例，它的实现依赖于精确的工程技术和材料的创新应用。如果没有精确的工程计算、材料选择和施工技术，这个现代与古典完美结合的结构就无法实现。由此可见，室内设计的成功不仅取决于材料的选择、功能性设计、美学设计，还在很大程度上依赖于技术工艺的精确实施。

中国在施工工艺方面与国外先进水平之间确实存在一定的差距，但是通过不断学习和借鉴国外优秀技术依然可以弥补。设计师和建设者都应该认识到这一差距，并积极学习国际上的先进技术和管理经验，才能逐步提升国内的施工工艺水平。这不仅涉及技术层面的提升，还包括工艺流程、质量控制、材料应用等方面的改进。事实上，中国在这方面已经取得了明显的进步，这表现在更多精细化、标准化的施工方法，以及对新材料和新技术的应用上。持续的学习和改进不仅能提高施工质量，还能促进整个室内设计行业的健康发展，使之更加符合国际标准，提升国际竞争力。

室内设计中，装饰材料与施工工艺的协同配合至关重要，这不仅影响设计方案最终实施的效果，还直接关系到设计的质量和后期的维护成本。为了实现装饰材料和施工工艺的有效协同，可以采取以下措施：首先，在设计的早期阶段，与装饰材料供应商和施工团队进行密切沟通，了解装饰材料和施工工艺的特点和要求。这种合作有助于确定材料和工艺的选择，确保设计概念与实际可行性相匹配。其次，在设计过程中，综合考虑装饰材料的美观性、功能性和技术性，以及施工工艺的可行性和可操作性。这样做可以确保设计不仅满足美学需求，也能在施工过程中顺利实施。此外，根据项目计划，提前采购所需的装饰材料以及施工所需的设备和工具，以确保材料能够按时到位，施工工艺能够顺利进行。同时，结合装饰材料的特点和施工工艺流程，合理安排施工的先后顺序和时间节点，确保不同工艺能够互相配合、交叉作业，避免装饰材料与后续施工发生冲突或干扰。最后，与施工团队进行技术交流，明确装饰材料的特性，向施工人员介绍施工工艺的要求和操作技术，并对施工人员进行必要的技术培训，以提高材料与施工间的协同性。通过这些策略，可以有效提升室内设计项目的整体质量和效率。

三、材料与技术

随着科学技术的发展，许多新型材料逐渐运用到室内设计中，一些难以实现的设计构思变为现实，材料及施工工艺技术也得到了很大的提升。同时，一批具有高科技含量的装饰材料也应运而生，像新型大理石、透光混凝土、水波纹玻璃砖、泡沫铝材、岩板等被广泛应用于室内设计中，为设计师提供更广阔的设计思路及传达新颖独特的设计理念创造了条件。此外，不锈钢、金属板材、尼龙拉丝、彩色涂料、PVC 板等作为现代科学技术的派生物，也被广泛应用于室内设计中，尤其是近几年来，中国建筑装修装饰材料迅猛发展的今天，以有机材料为主的化学装饰材料异军突起，一些具有特殊功能的新型材料不断涌现。

如今，装饰材料的来源越来越广泛，曾用于军事、航天等领域的材料也被用于开发新型的现代装饰材料，新的技术成果也运用在材料的加工处理、复合等环节中，使装饰材料能够跟得上时代的脚步。例如泡沫铝，是在纯铝或铝合金中加入添加剂后，经过发泡工艺而成，同时兼有金属和气泡的特征。它具有轻质高强、吸音降噪、防火性能强、抗腐蚀、导热率低、电磁屏蔽性高、易加工安装、肌理优美等特点。

近20年来，随着科技的突飞猛进，很多高科技、智能化的装饰材料涌现出来。如今，智能家居成了现代生活中的热门话题，它们给住宅公寓领域注入了新的概念，成为帮助人们节省时间的“利器”，也使家庭更为舒适、安全、高效和节能。物联网技术的成熟、智能手持设备的普及，都让智能家居行业迎来了发展的春天。随着科技的发展，传统的天然材料正在被现代的人工材料所取代，施工手段也从传统的现场手工操作变为机械施工和工业化装配。从最早出现的轻质吊顶及铝合金门窗等装饰材料，到现在的金刚板地板、铺墙板、整体厨房、整体浴室、电器智能一体化等，都突破了传统的装修模式。特别是近年来，现代建筑和室内材料的种类和性能越来越多，无论是对自然材料的进一步生产和加工，还是现代装饰材料的应用，都达到了前所未有的高度，为室内装饰材料的设计、选择和利用提供了丰厚的材料基础，为人类社会的居住环境创造了更好的生活条件(图2.42~图2.45)。

图2.42　泡沫铝材料在室内空间的运用

图2.43　发泡陶瓷空心砖作为室内隔断

图 2.44 透光混凝土在室内空间的运用

图 2.45 玻璃砖在室内空间的运用

装饰材料的质感组合对环境整体效果营造的作用不容忽视，从各类空间的陈设艺术到采光照明、室内家具、室内声学、绿化配置及水、电等，这些共同构成了室内环境的方方面面。

随着科技的发展，新媒体技术也逐渐渗透到这些传统的室内设计领域中，为行业带来了新的可能性。专项技术领域的新媒体技术正在普及，装饰材料的质感表现与新媒体技术融合运用正成为新世纪装饰行业的新的焦点。没有新媒体元素的介入，室内装饰材料展示仅仅是一个静止的、放大的平面，通过新媒体技术加持，室内装饰能进行立体且多层次的展示。随着人们对生活体验的个性化及信息化要求越来越高，新媒体技术在室内材料中的应用主要体现为智能家居系统。智能家居是一个多功能的技术系统，它以住宅为平台，利用集中布线技术、计算机技术、嵌入式技术、无线射频技术、网络通信技术、X10 电力载波技术、基于 ZigBee 无线组网技术的智能家居系统计划方案等将家居生活有关的设施集成无缝连接各功能模块，包括智能家居控制网关、信息发布及社区服务系统、智能家居报警系统、远程家电控制、智能灯光控制系统等，强调家居生活环境的安全性、实用性、高效性、易用性、专业性，实现真正的家居控制智能化，使人们感受和领略到科技时尚生活的完美、简捷和高效。

当今，创新、可持续发展与环境保护成为社会发展的关键词及重点。健康、环保的绿色材料的问世促进了室内装饰材料的更新与发展。而我们未来的建筑需要高效地、循环地利用材料。除了考虑材料的来源之外，建筑师更需要探索使用材料的创新方式来实现建筑的可持续发展，同样，如何最大限度地利用材料，减少原材料对环境的破坏，也是未来建筑材料发展的重点。

除此之外，室内装饰材料的智能化和个性化趋势也日益明显。随着大数据和人工智能技术的发展，设计师能够通过分析用户行为和偏好，为每个空间定制独特的设计方案。例如，通过使用智能传感器收集环境数据，设计师可以创造出能够响应居住者需求的动态空间，如自动调节室内光线和温度的智能窗帘和空调系统。此外，虚拟现实

（VR）和增强现实（AR）技术的应用，使得用户能够在施工前预览设计效果，甚至在虚拟空间中体验和互动，这不仅提高了设计的准确性，也极大地增强了用户的参与感和满意度。

随着科技的不断进步和人们环保意识的提升，未来的室内设计将更加注重材料的创新、智能化和可持续性。设计师将不断探索新的可能性，以创造出既美观又环保，既舒适又智能的居住空间，满足人们对美好生活的追求。

思考题

1. 材料特性在室内设计中的作用是什么？结合文中提到的功能特性，试举例说明不同材料特性如何影响空间氛围和使用体验。

2. 结合文中“材料的视觉特性”部分，简述色彩、光泽、纹样和肌理如何共同作用于室内空间的感官体验？

3. 根据文中“材料的时代演变与文化地域特性”内容，分析传统材料在现代室内设计中的应用趋势，并探讨新材料与传统材料结合的可能性及其对设计创新的意义。

第三章 材料的分类

在建筑和室内设计中，装饰材料不仅是构成空间的基本元素，更是传达设计理念、营造氛围和提升美感的重要工具。随着建筑技术的进步和设计理念的演变，装饰材料的种类和应用范围不断扩展，呈现出多样化的发展趋势。

本章将对建筑装饰材料进行系统的分类，主要包括天然材料与人造材料、传统材料与现代材料、功能性材料与装饰性材料等多个维度。通过对这些材料的特性、应用场景及其在建筑设计中的作用进行深入探讨，读者将能够更好地理解材料选择对建筑整体效果的重要性。

在现代设计中，装饰材料的选择不仅反映了设计师的创意和审美观念，也体现了对可持续发展的关注。越来越多的设计师开始探索环保材料和再生材料的应用，以减少对自然资源的消耗和环境的影响。因此，了解装饰材料的分类及其特性，对于实现设计目标、提升空间品质和满足用户需求至关重要。

通过本章的学习，读者将掌握装饰材料的基本分类及其应用原则，为后续的设计实践打下坚实的基础。同时，我们也将探讨材料在空间设计中的创新应用，激发设计师对材料的创造性思维，推动建筑与室内设计的不断发展。

第一节 石材类

自然界中存在大量的石头，许多石头几千年前就被人们广泛使用。人们使用石材主要是因为石材产量大、分布广、加工制作简单方便。最早石材主要作为工具和建筑材料，随着生产力的不断发展，生产工具越来越先进，石材主要被当成装饰材料，受到人们的追捧。

一、石材的分类与性能

石材分天然石材和人造石材。具有装饰性能的，加工后可供建筑装饰使用的石头称为装饰石材。装饰石材强度高、装饰性好、耐久性强、来源广泛、地域性强，自古以来就被广泛应用。特别是近些年来，随着与世界各地的经济交流越来越多，大量的优质石材被引进，以及先进的机械加工技术不断发展，石材作为一种新型的饰面材料，正被广泛应用于建筑室内外装饰。

（一）石材的分类

岩石按地质形成条件不同，可分为三大类：

1. 岩浆岩

岩浆岩又称为火成岩，它是熔融岩浆由地壳内部上升后冷却而成，是组成地壳的主要岩石，占地壳总质量的 89%，可见，其分布量极大。根据岩浆冷却条件不同，又分成深成岩、浅成岩、喷出岩和火山岩。

2. 沉积岩

沉积岩又称水成岩，它是由原来的母岩风化后，经过搬运沉积等作用形成的岩石，其特点是结构致密性差、密度小、孔隙率及吸水率大、强度小。沉积岩虽仅占地壳总质量的 5%，但其分布占地壳表面积达 75%，且层浅，易于开采。常见的沉积岩有被称为机械沉积岩的砂岩、页岩、火山凝灰岩和被称为化学沉积岩的石膏、白云岩、菱镁石等以及生物沉积岩的石灰岩、硅藻土。

3. 变质岩

在地壳形成和发展过程中，早先形成的岩石包括沉积岩、岩浆岩，由于后来地质环境和物理、化学条件的变化，在固态情况下发生了矿物组成调整、结构构造改变甚至化学成分的变化，而形成的一种新的岩石，这种岩石称为变质岩。

（二）石材的技术性能

1. 表观密度

天然石材按其表观密度大小分为重石和轻石两类。表观密度大于 1800kg/m^3 的为重石，主要用于建筑的基础、贴面、地面、路面、房屋外墙、挡土墙、桥梁以及土木构筑物等。表观密度小于 1800kg/m^3 的为轻石，主要用于墙体材料，如采暖房屋外墙等。

2. 抗压强度

天然石是以 100mm×100mm×100mm 的正方体试件，用标准试验方法测得的抗压强度值作为评定石材强度等级的标准。一般分为 9 个等级。

3. 吸水性

常用岩石的吸水性用吸水率表示：花岗岩小于 0.5%；致密石灰岩一般小于 1%；贝壳石灰岩约 15%；石材吸水率大直接导致石材的强度和耐水性降低。

4. 抗冻性

石材的抗冻性用冻融循环次数表示，一般有 F10、F15、F25、F100、F200 几个等级。致密石材的吸水率小，抗冻性好。吸水率小于 0.5%的石材，可认为是抗冻的石材。

5. 石材的安全性

天然石材是构成地壳的基本物质，因此可能含有一定的放射性物质。人们在一段时间内对石材的放射性往往谈虎色变，但实际情况并非如此。天然石中放射性物质的含量是微乎其微的，只要按国家标准进行检验，就不会有太大的危险。石材中放射性物质主要是指镭 226、钍 232、钾 40 以及在衰变中会产生对人体有害的物质氡。

二、建筑装饰常用石材

在现代建筑中，石材几乎全部作为建筑装饰材料使用。目前，我国在生产石材方面与水泥、玻璃、钢材、石膏一样，在世界上属于生产大国，产量居世界第一。天然石材具有较高的强度、硬度和耐磨耐久等优良性能，以前常作为结构材料。天然石材经表面处理可以获得较好的装饰性，对建筑及室内空间起到保护作用，作为饰面材料早已司空见惯。近年来发展起来的人造石材，无论在材料加工生产、装饰效果还是产品价格等方面都显示出其优越性，成为一种颇具发展前景的饰面材料。下面介绍几种常用的天然石材。

(一)大理石

大理石是变质岩，所谓变质岩就是地壳中原有的岩石经过地壳内高温高压作用下形成的，它由方解石、石灰石、蛇纹石和白云石组成，呈弱碱性，主要成分是碳酸钙。天然大理石的主要化学成分为 CaO 和 MgO，其含量占总量的 50%，属酸性石材，其主要成分为 $CaCO_3$。大理石颗粒细腻(指碳酸钙)，表面纹理分布一般较不规则，硬度较低。空气和雨水所含的酸性物质及盐类对它有腐蚀作用，除个别品种(如汉白玉、艾叶青等)外，它一般只适用于室内空间。采石场开采的大理石块称为“荒料”，经锯切、磨光后，制成大理石装饰板材。

我国所产大理石依其抛光面的基本颜色，大致可分为白、黄、绿、灰、红、咖啡、黑七个色系。目前应用较多的有单色大理石、云纹大理石、彩花大理石这三类(图 3.1)。

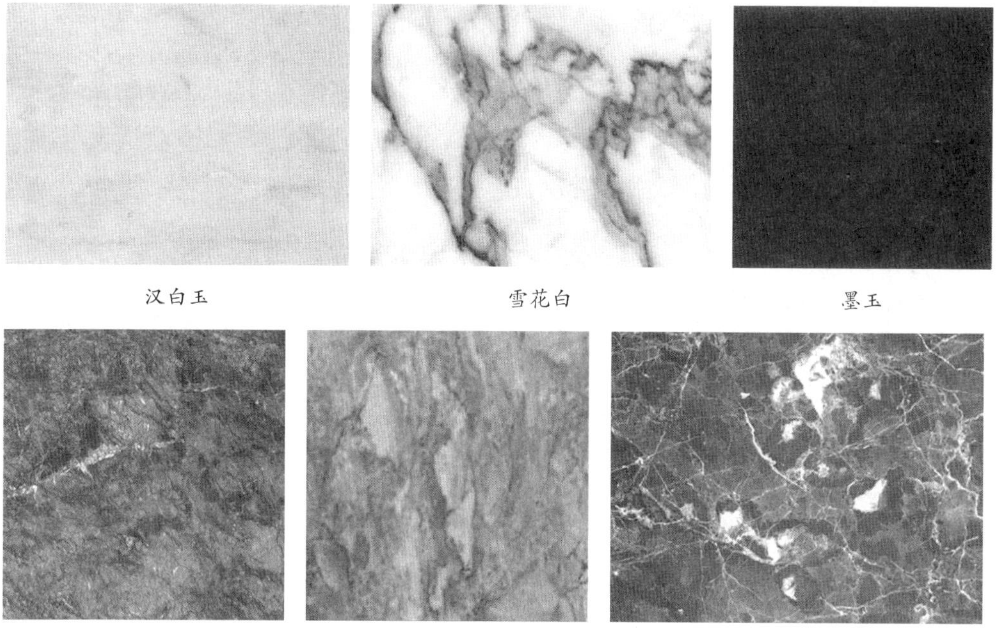

汉白玉　雪花白　墨玉

风雪　艾叶青　深咖网

图 3.1　大理石的色彩和纹理丰富多样

单色大理石：如纯白的汉白玉、雪花白、米黄等，是墙面装饰的重要材料，也作为各种台面。

云纹大理石：此类大理石以底色作为底面，上面常有天然云彩状纹理，或带有水波纹。云纹大理石纹理美观大方、加工性能好，是饰面板材中使用较多的品种。

彩花大理石：彩花大理石是薄层状结构，经过抛光后，呈现出各种色彩斑斓的天然图画。

大理石的产地很多，目前以意大利生产的大理石最为名贵。大理石板材对强度、容量、吸水率和耐磨性等不做要求，以外观质量、光泽度和颜色花纹作为评价指标，如天然大理石板材多根据花色、特征、原料产地来命名。各种大理石自然条件差别较大，其物理力学性能有较大差异，如天然大理石质地致密但硬度并不大，容易加工、雕琢和磨平、抛光等。大理石抛光后光洁细腻，纹理自然流畅，有很强的装饰性，常常用于大型的公共空间，也较常用于家具台面和室内外小品中（图 3.2、图 3.3）。

图 3.2 大理石背景墙

图 3.3 意大利卡塞塔宫殿大理石

(二)花岗石

花岗石为火成岩，以石英、长石和云母为主要成分，构造致密，强度和硬度极高，为全结晶结构的岩石。花岗石常呈整体均粒状结构，按结晶颗粒大小，可分为细粒、中粒、粗粒及斑状等。它的二氧化硅含量较高，属于弱酸性岩石，具有良好的抗酸碱和抗风化能力。但某些花岗石含有微量放射性元素，这类石材应尽量少用于室内空间。

图 3.4 地铁站内的花岗石铺装

花岗石结构致密，抗压强度高，吸水率低，表面硬度大，化学稳定性好，耐久性强，但耐火性差。花岗石板材以花色、特征和原料产地来命名。花岗石常用于酒店、饭店、商场、银行、展览馆、影剧院等公共空间以及一些碑刻使用(图 3.4)。

最常见的花岗石按其颗粒特征可分为灰麻、白麻；按颜色可分为红色系列如四川红、石棉红、岑溪红、虎皮红、樱桃红、平谷红、杜鹃红、连州大红、玫瑰红、贵妃红、鱼青红；黄色系列如虎皮黄、云南的木纹砂岩、山东的金沙黄、陕西的玫瑰黄；青色系列如芝麻青、蓝珍珠、贵顺青、草原绿、济南青、蝴蝶蓝等；花白系列如花白石、四川花白、吉林白、济南花白、黑白花、芝麻白等；黑色系列如芝麻黑、山西金沙黑、中国黑、山西北岳黑等。

(三)天然文化石

近年来在装饰工程中使用的天然大理石，除常见的大理岩外，板石、板岩、砂岩等也被大量应用于各类室内空间中。这类石材保持着天然的色泽和自然的纹理，看似未经加工，却蕴含着浓厚的自然气息，适应了人们崇尚自然和注重文化性的审美取向。因此，这类石材又被称为“文化石”。天然文化石包括板岩、砂岩板、石英板等，它们是自然界经亿万年地壳运动而形成的，是一种天然艺术品。天然文化石强度高(抗折程度数倍于花岗石)，抗压强度、肖氏硬度和耐磨率介于花岗石和大理石之间，更具有吸水率低、耐磨度高、不易风化、耐火、耐寒等优点；常见文化石有板岩、锈石、蘑菇石等。

(1)板石：包括青石板、锈板、彩石板、瓦板等，可用于室内地面、墙面等处；

(2)板岩：由黏土页岩变质而成的变质岩，有黑、蓝黑、灰、蓝灰、紫、红及杂色斑点等不同色调；

(3)砂岩：表面多孔，具有一定的硬度，抗冲击性较好，其中硅质砂岩性能接近花岗岩，质量最佳，多用于室内外墙面装饰工艺品，常用的有硅质砂岩、钙质砂岩和铁质砂岩；

(4)石英岩：属于硅质砂岩的变质岩，强度更高、硬度强，主要用于室内外墙地面；

(5)蘑菇石：是一种对不同石材进行特殊加工后形成的石材，因凸出的装饰面如同蘑菇而得名，具有很强的立体感，给人一种粗犷或是怀旧的感觉。当然此类材料使用恰当能烘托空间的情调和趣味，但如果选择不合理，则会使“文化石”徒有虚名，显得极没品位(图3.5)。

图3.5 板岩

(四)常用人造石材

人造石材是用人工合成的方法，制成具有天然石材花纹和质感的新型装饰材料，又称合成石。由于天然石材开采困难、加工成本高，且部分石材含有放射性成分，在现代建筑装饰工程中时常被人造石材所取代。而人造石材以其生产简便、产品重量轻、强度高、耐腐蚀、耐污染、施工方便等优点，在装饰装修工程中得到广泛使用。

1. 水泥型人造石材

水泥型人造石材是以水泥为黏结剂，砂为细骨料，碎大理石、花岗岩、工业废渣等为粗骨料，经配料、搅拌、成型、加压蒸养、磨光、抛光等工序制成。作为黏结剂的水泥因其矿物成分不同会直接影响人造石材成品的外观。例如采用铝酸盐水泥为黏结剂制成的人造大理石具有表面光泽度高、花纹耐久、抗风化、耐磨性和防潮性高等优点，水磨石、人造文化石多属此类。

水磨石就是一种水泥型人造石材，掺和料可以是各种不同的石子或大理石碎粒，色彩掺和剂也可以任意搭配。水磨石的表面光滑、平整、易于洗刷，耐磨且强度高。

2. 树脂型人造石材

树脂型人造石材是以有机树脂为黏结剂，将石粉、天然碎石、颜料及少量助剂等配制搅拌混合，经成型、固化、脱模、烘干、抛光等工艺制成，又称聚酯合成石，俗称亚克力，主要以人造大理石、人造花岗岩居多。此类产品光泽性好，颜色鲜艳，是目前装饰装修工程中应用最多的人造石材。按成型工艺可分为浇注成型聚酯合成石、压制成型聚酯合成石、人工成型聚酯合成石。

3. 复合型人造石材

复合型人造石材是先将无机填料用无机胶粘剂胶结成型、养护后，再将坯体浸渍于有机单体中，使其在一定条件下聚合。由于板材制品的底材采用无机材料，所以性能稳定且价格低。其面层可采用聚酯和大理石粉制作，以获得最佳的装饰效果。

4. 烧结型人造石材

烧结型人造石材的生产工艺与陶瓷相似，是将石英、辉绿石、方解石等石粉及赤铁矿粉、高岭土等混合，以一定比例制成泥浆后，再以注浆法制成坯料，然后用半干压法成型，经 1000℃左右的高温焙烧而成。此类制品性能接近于陶瓷，可采用镶贴瓷砖的方法进行施工。

5. 微晶石

微晶石又称微晶玻璃、微晶陶瓷、结晶化玻璃，是由一定组成的玻璃颗粒经高温烧制结晶而成的材料。它既有特殊的微晶结构，又有玻璃基质结构，质地坚实且细腻，外观晶莹亮丽，柔美均匀。微晶石吸水率低，不易受污染，耐候性优良，比天然石材更坚硬耐磨，不含放射性元素，可弯曲成型。

三、石材饰面的构造

石材饰面板可应用于室内外各界面的不同部位，安装施工构造做法也是各有不同。石材饰面板安装于墙面时，根据石材自身的重量、尺寸等条件，通常采用的构造方法包括聚酯砂浆固定法、树脂胶粘贴法、灌挂固定法和干挂法四种。

石材的柱面饰面构造与墙面构造基本一致，但是柱面面积相对较小，因此除采用干挂、粘贴法之外，也可采用钢筋网绑扎法。钢筋网绑扎法施工较为简单，是一种较传统的铺贴石材的施工方法。绑扎法的施工程序大体如下：设置钢筋网→试拼编号→板材背面开槽→绑扎板材→找平吊直并临时固定→灌浆→养护→嵌缝。

石材地面铺设的基本构造方法通常是在混凝土基层表面刷一遍素水泥，随即铺15~20mm厚的1∶3干性水泥砂浆找平层，然后按定位线铺石材，待干硬后，再用白水泥稠浆填缝嵌实。

第二节　混　凝　土

古罗马人在采掘石灰石制作灰泥时发现了混凝土。他们发掘出一种含有硅石和矾土的矿石，当它与石灰石混合并燃烧时就形成了水泥。这种水泥就是我们现在所知硅酸盐水泥的一种早期形式。它比古罗马人所见到的任何材料都具有强得多的胶合力和快速熟化能力，同时，它也彻底改变了古罗马人的建造技术。在125—135年间建造于罗马城附近的宫殿-哈德良别墅的无钢筋穹顶上，就可以看到这种水泥的早期形式。随着罗马帝国的衰落，混凝土技术知识失传了。直到1756年，英国工程师约翰·斯米顿对水泥进行首次科学研究时，混凝土技术才重新得以发现。继英国硅酸盐石灰石之后，约瑟夫·阿斯普丁于1824年获得了由他命名的波特兰水泥（硅酸盐水泥）的专利。从那时起，硅酸盐水泥已经成为混凝土制作过程中使用的主要水泥品种。

19世纪50年代，一群来自不同国家的工程师同时发明了钢筋混凝土。1854年，J. L. 莱姆伯特在巴黎运用铁条、金属丝和金属网等材料制成了钢筋混凝土小船。然而，直到1867年，法国园艺工人约瑟夫·莫尼尔为由铁丝网制成的钢筋混凝土花盆申请专利后，钢筋混凝土技术才得以广泛应用。此后，他又将其制造过程发展到建筑混凝土水箱、桥梁，最终用于梁和柱。1854年，来自英格兰纽卡斯尔的威廉·威尔金森开始在房屋结构中使用钢筋混凝土，并申请了“防火住宅、仓库、其他建筑”的建造专利。从1850年到1880年，法国建筑师弗朗索瓦·夸涅在法国和英国利用熟铁加强的桁条来建造钢筋混凝土房屋。1870年，美国人撒迪厄斯·怀特制造并检测了钢筋混凝土梁。怀特的研究成果现在被誉为我们使用钢筋混凝土的基本原则。1875年，在纽约彻斯特港，W. E. 沃德建造了一幢具有钢筋混凝土墙、梁、楼板和台阶的房屋，这幢房屋被认为是美国第一座钢筋混凝土建筑。同样，在19世纪70年代，法国建筑师弗朗索瓦·埃纳比克申请了一项建造混凝土房屋的钢筋混凝土系统专利。他在法国、比利时、意大利和南美在内的许多国家，都设有建造混凝土建筑的特许经销企业。20世纪20年代，法国工程师尤金·弗莱西奈建立了预应力混凝土的科学基础，这项发明使得混凝土可以被应用在大规模的结构上。弗莱西奈研究和设计了公路、桥梁和大型港口以及建造了巴黎奥利机场飞机库。

混凝土作为一种被广泛应用的建筑材料，同样是展现丰富内涵和艺术表现力的重要元素。当人们站在经典的混凝土作品前，它的纯净、朴素之美引起了人们的注意，那些在空间中静静伫立着的混凝土体块所蕴含的力量让人震撼。在光与影的交织中，它们有的冷静、严肃，有的端庄、柔和，有的敦厚、大方。在喧嚣的世界里，可以看见它们不卑不亢地与周围环境进行着无声的对话……

一、混凝土的基本概况

混凝土厚重而坚固的特性源于一种硅酸盐水泥、水和骨料(通常由碎石或砂砾及细沙组成)的混合物。作为一种材料，它具有强耐压性，而且当加入钢筋进行加固时，它也能具有很强的张力。混凝土通过筑造可以形成任意形态，并能具备多种表面肌理、面层和色彩。

混凝土在建筑中使用较多且种类多样。它可以用来制造结构构件，包括柱、梁、屋顶、楼板、基脚和基础，也可以用来作为覆层和铺面。由于混凝土不会燃烧或腐烂，所以它是一种防火的建造材料。同时，它的价格也相对低廉。混凝土最优越的特性也许是其可塑展性，它是一种形状、大小和质地都必须进行设计的无定形材料。

混凝土的性能根据其制造时水泥、水和骨料的不同比例与特征而变化，其强度取决于水与水泥的比例：一般来说，水越少，强度越大。此比例同时也会影响混凝土材料的防水性和耐久性。掺合料，即加入水、水泥和骨料基料的材料，可以被掺入混凝土，用以提高其可使用性或改变其特性。例如，增加混凝土的强度，加速或延缓其熟化，或者改变其色彩和质地。

骨料约占混凝土全部材料容积的3/4，它赋予材料主要的结构性能。因此，混凝土混合料的强度主要取决于骨料。在大多数的应用中，最理想的状态是粗、细骨料均匀分布的混合料。硅酸盐水泥是一种均匀的灰色粉末，由许多原材料加工而成，包括石灰(出自石灰石、大理石或贝壳)、铁、硅土和矾土(均出自泥土或页岩)。当水与水泥相混合，一种化学胶粘剂随骨料产生，并散发出热量，即为人们所熟知的水化热或熟化热。它是混凝土固定与硬化过程中的副产品。混凝土的特定耐压强度通常在定位后的28天内逐步形成，但其强度则会随着水化过程继续增加。

图3.6　透光混凝土

随着行业的发展、技术的推进及创新意识的提高，预制混凝土板及透光混凝土板应运而生。这既提高了施工效率，也极大地拓展了材料设计的创新理念。比如2010年世博会意大利馆使用的透光混凝土(图3.6)，这种半透明材料由大量的光学纤维和精致的混凝土组合而成(也就是在传统混凝土中加入玻璃质地成分)，这种混凝土不仅具有常用混凝土的物理特性，还可以增加室内光线，实现不同透明度的渐变，营造出梦幻的色彩效果，同时还可以调节室内温度。

二、混凝土的类型

(一)钢筋混凝土

钢筋混凝土是钢和混凝土的结合物，可以使材料增加强度。钢在混凝土的保护下免受侵蚀，而混凝土则获得抗张强度(其本身并不具有这种特质)。钢筋混凝土适用于同时需要抗拉强度和耐压强度的情况。钢筋、高强钢索或钢丝网被放置在承受拉力的混凝土区域。预应力混凝土通过钢绳预加拉力，将压力应用于混凝土。在先张混凝土中，混凝土被浇筑在绷紧的高强度钢索周围并熟化，然后放松钢索的外部张力，压力随即利用其内在的压缩力传给混凝土。大多数预制混凝土构件预加了应力。后张混凝土是在混凝土熟化后，由加压润滑钢绳制成的。现浇混凝土支撑体系例如梁和楼板，则通常是后加拉力的。先张混凝土和后张混凝土都要比常规加强的混凝土更薄，装配更有效。

钢筋混凝土最常应用于结构梁、柱、墙面板、桥梁、公路等其他结构构造中。钢筋混凝土建筑的设计师必须谨慎地进行设计，并高质量地建造，否则钢筋可能会腐蚀或生锈，并发生断裂。有些建筑规范要求在潮湿和冰冻条件下，必须使用环氧涂层钢筋或者密封层来排水以防止出现裂缝和破坏。

(二)现浇混凝土

现浇混凝土又称现场浇筑混凝土，它是一种直接在现场灌筑的混凝土。这种现场制作方法的一大优点在于混凝土是为一个任务专门浇筑的，因为精确浇筑在其所在之处，所以可以没有大小或形态的限制，具有很强的可塑性。然而，由于现场建造及调整模板需要更多的时间，所以施工过程缓慢。此外，由于现场制造模板在有些情况下不能再次使用，所以成本更高。如果使用预制、可再利用的模板，这些成本则可以控制在能够承受的范围内。现场浇筑具有一定风险，因为环境条件会影响浇筑，而且控制温度和湿度也会增加成本和难度。

浇筑混凝土的模板起到模具的作用，它保持混凝土的形态直到硬化并产生足够支撑自重的力量。模板是主要的成本考虑因素，它可以为每个工程进行特定的施工，也可以成为标准木材、胶合板、金属、纤维板或加强合成纤维可再利用的预制单元。典型模板的关键在于它必须足够坚固和坚硬，以承受湿态混凝土极大的重量和流体压力。模板形状也必须紧密，以防止流体或水泥浆的流失。一般来说，模板质量越高，所产生的混凝土质量就越好。在混凝土浇筑以前，通常要给模板涂一层适合的脱模剂或其他材料，以防止水吸附作用或模板与混凝土之间发生不必要的粘接。模板拉杆是在施加塑性混凝土横向载荷时，用来防止模板移动的金属装置。去除模板之后，金属线或连杆虽然仍保留在原位，但通常已经扭曲、破坏、转动或者脱开，这要视模板拉杆的类型而定。模板的外形和模板拉杆的位置对于墙体外表而言是重要的设计考虑因素。

（三）预制混凝土

预制混凝土通常在被运到现场进行安装之前就已经在工厂中制作完成。它可以浇筑成面板、楼板、梁以及结构或围合构件的复杂形态，甚至可以成为建筑构造中的其他任何形式。预制建造系统是一个急速发展的行业，使用该系统可以加快施工过程，同时也可以成为飞机场、停车场或体育场等使用统一大规模构件工程所采用的省时而划算的方法。具有迷人饰面、包含绝缘层和一些建筑设施的预制混凝土骨架填充板材正变得更具有切实性。

预制混凝土浇筑的模板通常由优质钢材、涂层塑料或木材制成，可以多次使用，产生更为统一和更易操控的混凝土构件。由于模板不在现场制作或不只使用一次，这样就降低了混凝土产品的单位成本。同时，由于不需要在现场制作和去除模板，所以也节省了时间。预制单元通常通过蒸汽养护来为混凝土创造理想的水量和热量，从而使混凝土快速固化。预制混凝土产品可以在 24 小时的周期中，高质、高效地进行浇筑、固化，并从模型中脱开。在施工现场，预制混凝土构件能像钢筋一样十分快速地建造起来。它们同样也可以在恶劣的气候条件下进行建造，而不必等到混凝土完全固化，这与现浇混凝土形成了鲜明的对比。

因为预制混凝土必须运输到现场，所以存在许多需要考虑的实际问题。工厂与施工现场之间的公路和铁路线法定容量都明确规定了混凝土的单位尺度，但混凝土单元通常会相当沉重且体积巨大，这就给运输到施工现场增加了难度。混凝土的可塑性同样受到这些运输条件的制约。由于局部的尺寸、形状或运输和建造的后勤问题，一座建筑的某些部分实际上是不能预制的。基础、等级板及其他大型构件都不能进行预制，而对重复、一致以及尺寸可操控的部件进行预制则相对可行。

预制混凝土也可以先在现场进行浇筑，再移到最终的位置上。这些实际操作中最常见的一种叫作立墙平浇混凝土。这种方法消除了将预制构件需要运输到现场的限制，但和现浇混凝土一样，这种预制混凝土也需要处理气候和建造合适模板的问题。

（四）混凝土砌块

混凝土砌块在技术上被认为是砌块的一种类型，但它是由预制成模板的特殊混凝土制造而成的。典型的混凝土砌块是加工成 203mm×203mm×406mm 的空心块。它们通常在金属模具中浇筑，直接脱离，然后用蒸汽养护达到特定的含水量。砌块可以由不同密度的混凝土制作而成，这主要视砌块的预期用途而定。它们常用作砖石的辅墙，但越来越多地单独作为一种经济合理的结构墙体来建造，其空心处可以加入钢筋和水泥浆使得墙体能够承重。

确立建造材料标准的美国试验与材料学会专门对承重构件中混凝土砌块的使用进行管理。C90 是普通的、中空承重单元，同时也是人们可用于建造的最经济的砌体墙。在其他混凝土砌块中，C129 是中空、非承重单元，C145 是实心承重单元，C55 的浇筑则采用了普通砖的尺寸。美国试验与材料学会同时还给每种砌块规定了不同的级别、类型和重量。混凝土砌块是建造承重墙相对快速和简单的方法中较经济的一种。当填充空心或建造空心墙时，人们同样可以采用混凝土砌块制成保温墙体，用混凝土和钢填充混凝土砌块可以增加其强度。混凝土砌块可以形成多种不同的色彩、纹理和尺寸，这为设计师提供了很多的选择。混凝土砌块的缺点包括单元的重量以及对施工现场熟练做工的依赖性。如果混凝土砌块墙体建造得不好，那么它可能会漏水、毫无吸引力，甚至产生结构问题。

(五)蒸压多孔混凝土

蒸压多孔混凝土或 ACC(也称为蒸压加气混凝土或 ACC)是一种质轻、隔热效率高、可用作结构的混凝土。20 世纪中叶以来，它一直被用于欧洲许多国家的建筑建造中。而它在美国却没有如此流行，主要是因为建造加工设备需要大量的经济投资。它是一种富硅质的材料，含有砂、粉煤灰(煤燃烧时产生的一种副产品)、石灰、普通水泥、铝粉和水。出于有效性和质量控制的考虑，通常不用粉煤灰制作蒸压多孔混凝土。铝粉与其他材料发生化学反应生成微小的氢气气泡，使混凝土体积扩大到原来体积的近两倍。之后，这种混合物被移入一个高压炉，那是一个不透气并充满加压水蒸气的小室，通过 12 小时左右的化学反应，多孔材料可获得强度、耐久性和硬度。蒸压多孔混凝土可应用于较低矮建筑的承重墙和较高建筑的幕墙。它有非常高的含气量，这使其重量仅为标准混凝土的 2/3，同时，其隔热值几乎是常规混凝土的 2 倍，密度约为标准混凝土的 1/5，抗压强度则约为标准混凝土的 1/10。蒸压多孔混凝土可以加工成不同的密度，较高密度产生更高的抗压强度，但是所产生的绝缘值却更低。与通常需要附加绝缘处理的普通混凝土不同，蒸压多孔混凝土自身就能起到结构保温墙的作用。整体绝缘值的差异取决于气候、R 值和热效应数值。蒸压多孔混凝土可以用于砖块、面板、门楣或楼板，同时，由于它可以由传统木工工具塑形，所以也可以成为木材的替代品。此外，它相对较轻，不会腐烂或燃烧，且拥有相当好的吸音能力和防虫效果。蒸压多孔混凝土的某些缺点缘于它的高耗能量，这是由蒸压器的高能量需求所致。它的性能也可能不会像在较温暖气候下的常规构造类型那样好。蒸压多孔混凝土需要避免与护墙板、石膏、灰泥或其他相配饰面的环境和表面发生摩擦。

(六)夯土

夯土构造是进行有力夯实，从而将泥土和水泥的混合物压紧成为模板体系，制作致密的结构稳定墙体的方法。专业构造的夯土需要使用带有橡胶和钢条的重型机械化风动设备来有效压紧土壤。这一混合物的成分包括约 8%的水、3%的水泥以及 89%的土壤。理想的土壤应同时含有砂和黏土，但不应含有诸如泥炭或砂质黏土等这些易分解的有机物质。模板必须牢牢加固以承受压实机的冲击力。模板可以是有纹理的，也可以是光滑的，从而使最终面层具有不同的品质。典型墙体通常制作成一英尺(30. 48cm)厚，使得压实设备能使每次“升降”达到 10. 16～30. 48cm 土壤。如果希望在最终外观上带有凹槽，那么每次升降都可以有所差别，或者为了达到一种整体式外观效果，每次升降量可以最小化处理。夯土墙是一种良好的隔热实体，它具有高能效、防火的特性，被认为是环保的。其缺点包括不能确保土壤混合物成分是否存在危险性以及其所需劳动力会比其他结构类型更高等问题。

(七)纤维混凝土

纤维混凝土是一种人造产品，越来越多地用作墙板材料。纤维混凝土是纤维素纤维材料、普通水泥、二氧化硅、砂、水和其他添加剂的复合物。这种纤维混凝土在提供抗拉强度的同时可以防止开裂。它可以制成薄板并经过高压蒸汽处理，是热量和蒸汽在压力下使产品干燥的一种固化过程。这一过程使纤维水泥保持低含水量，使它成为很少发生翘曲或移动的稳定产品。这是一种在潮湿或可能有白蚁的地方用来代替木材的优质产品。它可以制成用于横向互搭板壁的板条，或用在镶合板上，比例类似用于墙板的标准胶合板。纤维混凝土可以以类似木制外墙的方法使用。但是，其重量较大，使它相对于木制产品来说更难进行处理。纤维水泥产品通常可以用其光滑的面层或压花纹理来模仿真实的木材。

三、砂浆饰面

建筑砂浆是由胶凝材料、细骨料和水按一定比例配制而成的建筑材料。按胶凝材料可分为石灰砂浆、水泥砂浆和混合砂浆，按用途可分为砌筑砂浆、抹面砂浆、特种砂浆等。抹面砂浆包括普通抹面砂浆、防水砂浆、装饰砂浆等。

水泥是一种良好的矿物胶凝材料，它可以在空气和水中硬化。在水泥中加入砂、石或其他骨料，便形成了水泥砂浆和混凝土。水泥砂浆要求有良好的和易性，容易抹成均匀的薄层，还要有较高的黏结力，不致开裂或脱落。有时也在水泥中加入发泡剂或密实剂，这样水泥砂浆和混凝土的孔隙率和疏密就会有所不同，再加上一些饰面工艺的处理，可塑造成粗糙或较细腻的质感和肌理，带给人们不尽相同的心理感受。水泥砂浆和混凝土作为饰面材料，已被广泛运用于环境设计中(图3.7)。

图3.7 特雷维索市旧别墅改造(安藤忠雄设计)

装饰砂浆有着普通抹面砂浆无法比拟的优点，其质感丰富、颜色多样、艺术效果鲜明，主要用于墙面喷涂、弹涂或墙面抹灰装饰，包括彩色砂浆、石粒类砂浆和聚合物水泥砂浆等。常见的传统工艺做法有：拉毛灰、洒毛灰、搓毛灰、墙面喷涂抹灰、墙面滚涂抹灰、墙面弹涂抹灰等。

(一)拉毛灰

拉毛灰是在水泥混合砂浆的抹灰中层上，抹上纸筋石灰浆、水泥石灰浆或者水泥混合砂浆，然后用拉毛工具(棕刷子、铁抹子或麻刷子等)将砂浆拉成波纹斑点装饰层面。这是一种传统的装饰工艺，内外墙面都可以采用(图3.8)。

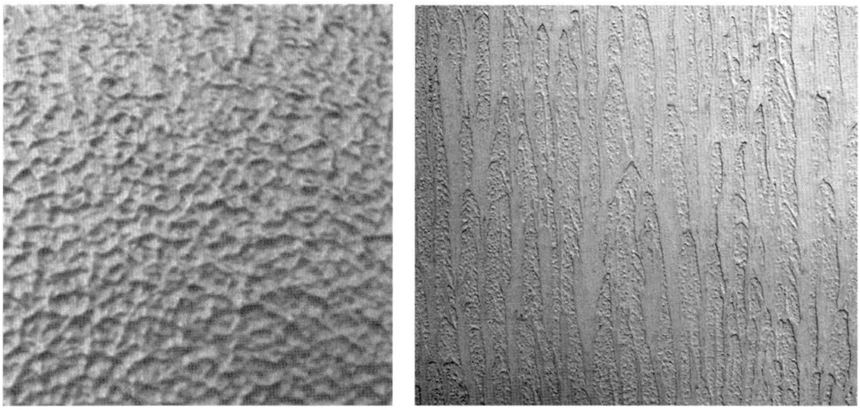

图3.8 拉毛灰饰面肌理

(二)甩毛灰

甩毛灰的施工方法和适用范围与拉毛灰基本相同，甩毛灰是用茅草、高粱穗或竹条等绑成的20cm左右的茅草帚蘸罩面砂浆均匀地洒在抹灰中层上，形成云朵状、大小不一但有规律的饰面。甩毛砂浆一般采用带色的 1：1 水泥砂浆，稠度以能蘸上浆，墙面上不流淌为宜，甩毛时，应由上往下、用力均匀(图 3.9)。

(三)搓毛灰

搓毛灰是用木抹子在罩面上搓毛而形成的装饰面层。它适用于外墙装饰抹灰，其基本处理、底层抹灰、中层抹灰和面层抹灰的操作方法和一般抹灰相同，搓毛时若罩面过干要边洒水边搓毛，不能干搓，抹纹要顺直，搓得均匀(图 3.10)。

图 3.9 甩毛灰肌理

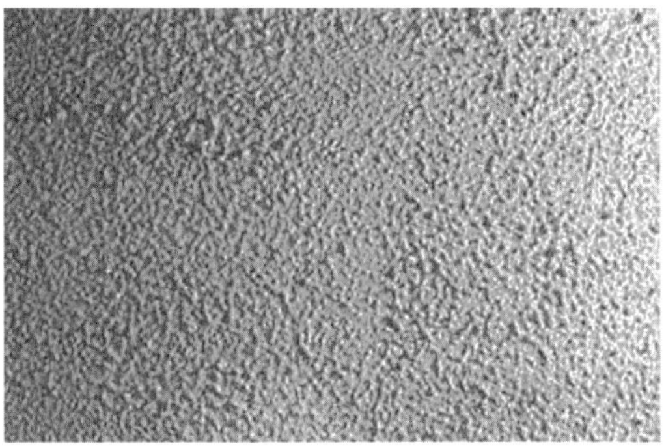
图 3.10 搓毛灰饰面

(四)喷涂

喷涂是用挤压式砂浆泵或空气压缩机通过喷枪将砂浆喷涂于抹灰中层而形成的饰面层。其工艺流程为：基层处理→抹底层、中层砂浆→粘贴胶布分格条→喷涂→喷憎水剂罩面。

(五)滚涂

滚涂是将砂浆抹在墙体表面后，用滚子滚出花纹而成。其工艺流程除滚涂外，均与喷涂相同。滚涂分为干滚和湿滚，干滚法要求上下一个来回，再自上而下走一遍，滚的遍数不宜过多，只要表面花纹均匀即可，滚出的花纹较粗；湿滚法滚涂时将滚子蘸水上墙，注意控制蘸水量，应保持整个滚涂面水量一致，以免造成表面色泽不一致，它的花纹较细(图 3.11)。

图 3.11 滚涂肌理

(六)弹涂

弹涂是在墙面涂刷一遍砂浆后，用弹涂器分多遍将不同色泽的砂浆弹涂在涂刷的基层上面，结成大小不同的色点，再喷一遍防水层，形成相互交错、相互衬托的彩色饰面。弹涂的工艺流程为：基层处理(抹灰底层或中层)→刷底色浆→弹分格线、粘贴分格条→弹浆两道、修弹一道→罩面(图3.12)。

图3.12 弹涂

第三节 陶 瓷 类

陶瓷是一种历史悠久的材料，是人们对于陶和瓷的总称，在拉丁文中"陶"译为"烧过的黏土"。从远古时期起，陶就被当作墙面基本装饰材料或瓦使用，黏土烧至700℃就可以成陶，能装水，烧到1230度就可以瓷化。最早出现的陶器距今已有一万多年。

关于彩陶最著名的就是仰韶文化，仰韶文化出土的最有名的陶器就是鹳鱼石斧图，它是一个彩陶缸。鹳鱼石斧图彩陶缸1978年出土于河南省临汝县，也就是今天的汝州市，2003年被国务院确定为64件不可出国展出的珍贵文物之首。通过这件文物的出土，我们能够很直观地了解到当时烧陶技术已经相当成熟了。

慢慢地，陶瓷已经发展到成为广大民众的生活器具，陶的建筑用途在秦汉时期达到了前所未有的高度，所谓"秦砖汉瓦"也是伴随中华文明走过了两千多年的岁月。

先秦时期，开始出现了带釉的硬陶，随着冶炼技术的发展，瓷也开始出现。东汉中后期，开始有了青瓷。南北朝时期，江南制瓷业迅速发展，陶瓷也开始慢慢作为茶具使用。自从瓷的出现，每个朝代都留下了精品，比如唐代的唐三彩、越窑等，到了宋代可以说是我国陶瓷的一个鼎盛时期，也留下了许多宝贵的陶瓷精品。宋之后就是元明清的彩瓷，比如元青花瓷，就非常精美。所以说中国的陶瓷也见证了华夏文明的产生与繁荣。

陶瓷制品主要有装修陶瓷砖和卫生陶瓷两大类，现今陶瓷砖已是室内空间中不可缺少的材料，主要用于建筑物内外墙面、地面。它的形状、尺寸、质地、色彩选择较多，其质感可配合不同的设计。这几年陶瓷墙地砖产品朝着大尺寸、多功能、豪华型的方向发展，出现了许多边长在500mm左右，甚至大到1000mm的大规格板砖，使陶瓷地砖的产品规格与石材的常用规格一致。砖瓷化程度也越来越高，仿金属光泽、石材、木材、织物等色彩，甚至完全瓷化和呈玻璃质地，成品的陶瓷制品也具有强度高、耐火、耐久、耐酸碱腐蚀、耐水、耐磨、易于清洗等优点。

一、陶瓷的种类与特点

陶瓷可以分为陶器、瓷器和炻器三类。陶器吸水率较大，断面粗糙无光泽，不透明，可施釉或不施釉；瓷器基本不吸水，强度高，坯体致密，耐磨，半透明，通常施釉；炻器也称半瓷，是介于陶器与瓷器之间的产品。与陶器相比，炻器坯体较密实，孔隙率低，与瓷器相比，炻器多带颜色且无透明性，成本低，热稳定性好。

陶器分粗陶和精陶两种。粗陶的坯料由砂黏土组成，含较多的杂质，建筑装饰中的砖、瓦及陶管等属于粗陶类产品。精陶多以塑性黏土、高岭土、长石和石英等原料组成，装修中的釉面砖等属于精陶类产品。

炻器分粗炻器和细炻器两大类，外墙砖、地砖等多属于粗炻器。

二、陶瓷的加工

陶瓷是将高岭土、石英、长石和腐植酸钠等原料经过筛选、搅拌、压制、高温烧结和冷却等多道工序加工而成。石英在高温下会体积膨胀，可部分抵消坯体烧成时产生的收缩，同时，石英还可提高釉面的耐磨性、硬度、透明度及化学稳定性。长石可作为助熔剂，在生产过程中降低陶瓷制品的烧成温度。另外，长石与石英等一起经高温熔化后形成的玻璃态物质，即陶瓷釉彩层的主要成分。近年来，滑石、硅灰石也渐渐被作为陶瓷的原料来应用。滑石可以改善陶瓷釉层的弹性、热稳定性，并可在坯体中形成含镁玻璃，防止后期龟裂。硅灰石的作用是改善坯体收缩，提高强度，降低烧结温度，且使釉面不会因气体析出而产生气孔和釉泡。

陶瓷坯体的表面粗糙、易沾污、装饰效果差，因此，大多数陶瓷制品表面均需进行艺术性的装饰加工。陶瓷表面装饰主要通过改变坯体颜色或在坯体表面施釉两种方式，前者多用于无釉陶瓷制品，如陶瓷锦砖、无釉地面砖等；后者是陶瓷表面装饰最常用的方法。

釉可使陶瓷制品具有表面平滑光亮的效果，增加美感，同时还可增强耐腐蚀性、抗沾污性和易洁性等。

三、陶瓷装修制品

在装饰装修工程中，陶瓷制品主要分为陶瓷面砖、琉璃制品和卫生陶瓷制品。

(一)釉面砖

釉面砖就是表面用釉料一起烧制而成的，主体又分陶土和瓷土两种：陶土烧制出来的背面呈红色，称为“磁砖”；瓷土烧制的背面呈灰白色，则叫“瓷砖”。通常瓷土烧制出来的效果好，所以比较常用。釉面砖表面可以做各种图案和花纹，比抛光砖色彩和图案丰富，但因其表面是釉料，所以耐磨性不如抛光砖。它属于精陶制品，具有颜色丰富典雅、表面光滑、耐急冷热、防火、耐腐蚀、防潮、不透水、抗污染且易清洁等优点，主要用于厨房、浴室、卫生间、实验室、手术室、精密仪器车间等室内墙面。

釉面砖正面施釉，背面有凹凸纹，便于粘贴。釉面砖易冻融，导致剥落，不适宜用在室外。由于釉面砖吸水率较大(通常大于10%)，内部多孔，强度不高，因此不适合用于地面装饰。

(二)通体砖

其表面不上釉，而且正面和反面的材质和色泽一致，故得此名。通体砖是一种耐磨砖，但花色比不上釉面砖，一般常用于厅堂、过道和室外走道等普通装修项目的地面。大多数防滑砖都属于通体砖。

(三)玻化砖

它是一种强化的抛光砖，采用高温烧制而成，质地非常坚硬，很耐磨，表面如镜面般光亮、光滑，色彩艳丽、柔和。玻化砖的专业叫法为“瓷质玻化石”，呈弱酸性，性能稳定，耐腐蚀、抗污性都比较强。目前在公共空间及家装中都较为常用(图3.13)。

(四)马赛克

译自MOSAIC，原意是用镶嵌方式拼接而成的细致装饰。陶瓷马赛克就是以优质瓷土烧制成的小块瓷砖。它具有抗腐蚀、耐磨、耐火、吸水率小、强度高和易清洗等特点，可做出不同的表面光泽度效果和不同的颜色。按表面性质，可分为有釉和无釉两种，其产品边长小于40mm，又因有多种颜色和多种形状，所以又称“锦砖”(图3.14)。

图3.13 玻化砖

图3.14 陶瓷马赛克

(五)建筑琉璃制品

建筑琉璃制品属于精陶制品，是以难熔黏土为原料，经配料、成型、干燥、素烧、表面施琉璃釉、烧结等工序制作而成。琉璃制品具有质地致密、表面光滑、不易沾污、经久耐用、色彩丰富、极具中国传统建筑构造的特征。

琉璃制品的品种很多，主要有琉璃瓦、琉璃砖、琉璃兽、琉璃花窗、栏杆等装饰制品以及琉璃桌、绣墩、花盆、花瓶等陈设工艺用品，另外还有琉璃壁画等。

按用途可分为传统建筑琉璃制品和现代建筑琉璃制品，前者多用于我国古典建筑中的构件和屋面，后者主要用于现代建筑室内外立面的装饰装修。

(六)卫生陶瓷制品

卫生陶瓷是指由黏土、石英粉、长石粉等原料经注浆成型至烧制施釉等一系列过程制作而成的卫生洁具及配件。它具有结构致密、气孔率小、吸水率小、耐腐蚀、易清洁、热稳定性好等特点，多用于厨房、卫生间、实验室等空间。

我国生产的卫生陶瓷制品多属半瓷和瓷质。近年来，卫生洁具所使用的材料开始由传统陶瓷发展到玻璃钢、亚克力、玻璃、金属等多种材料，为人们提供了更多的选择。常用的陶瓷洁具有洗面器、便器、洗涤器、浴缸等。

四、墙面砖湿贴工艺

墙面砖在安装构造方法上大致分为湿贴和干挂两大类，最为常见的就是湿贴。

(一)基层抹灰底

底灰为 1∶3 的水泥砂浆，厚度为 15mm，分两遍抹平。

(二)铺贴面砖

先做粘结砂浆层，厚度应不小于 10mm。砂浆可用 1∶2.5 的水泥砂浆，也可用 1∶0.2∶2.5 的水泥石灰混合砂浆。如在 1∶2.5 的水泥砂浆中加入 5%~10%的 107 胶，粘贴效果会更好。

(三)做面层细部处理

在瓷砖贴好后，用 1∶1 的水泥细砂浆填缝，再用白水泥勾缝，最后清理瓷砖表面。

第四节 玻 璃 类

玻璃是一种硬而易碎、透明的材料，这种材料是由经过燃烧变形的土元素构成的。加工过程需要加热原材料直到完全熔化，然后快速冷却，不经过结晶过程就使之变得坚硬。由此产生的材料同时包含了晶体（机械刚性）和液体（任意而无序的分子排列）的特性，但实际上它又有别于其中的任何一种状态。玻璃可以以多种方式成形，最普通的方式是浇筑、吹制、转动、挤压和压缩。在细胞层面上，玻璃纤维可以制成绒毛状，用作声音和热量的绝缘材料。玻璃也可以被用在电子线路以及高度专业的设备零件上。

玻璃改变光线外表和强化色彩的能力赋予了它一种与其他材料不同的艺术价值。虽然玻璃在许多行业和普通物体中都得到使用，但对于建筑来说，它既有着深远意义，又具有实用价值。玻璃是一种具有无穷魅力和丰富功能的材料，并且由于100%可循环和无可比拟的抗腐蚀性而特别受到欢迎。

建筑玻璃一般为建筑物开口所使用的门窗玻璃，在有些情况下，也可以作为墙体和屋顶使用。这种门窗玻璃有着多种类型、色彩以及形态。了解建筑师们所用玻璃的基本品质及其诸多类型，就可以在建筑设计中实现更为广泛、更具创造性的搭配协调。

玻璃的可操作方式非常多，熔融玻璃可以被吹制，灌注到模具中或挤压成形。冷却的玻璃可以慢慢加热塑形，然后经过处理做成其他形状，也可以黏附在玻璃的其他部分或通过工业胶黏剂粘贴在其他材料上。

熔融材料缓慢冷却直至固态的过程称作退火。与熔化的钢或银相比，玻璃的退火十分缓慢，但这是玻璃造材中一个不可缺少的步骤。熔融玻璃如果冷却太快，就会受压于房间温度，并很容易碎裂。对大片玻璃来说，这种压力或张力是相当危险的。如果受到机械或热量的冲击，即便高强度的玻璃也很容易破裂。

玻璃是建筑工程中为数不多的利用透光、透视性控制、隔断空间的建筑材料。随着现代建筑发展的需要和玻璃制作技术的飞速进步，玻璃正在向多品种、多功能方面发展。由过去单纯的采光和装饰功能，逐渐向着控制光线、调节热量、节约能源、控制噪声、降低自重、改善建筑环境、提高建筑艺术等多种功能发展。如今，具有高度装饰性和多种适用性的玻璃新品种正不断出现，为室内设计提供了更多选择的可能性。

一、玻璃的分类

（一）常见商业性玻璃

根据玻璃的功能形式可分为普通平板玻璃、安全玻璃、特种玻璃、有机玻璃等，如今可制作出的商业性玻璃共有六种基本类型，它们在构成和用途上均有所不同。

(1)钠钙玻璃是最廉价的玻璃品种，并且也是最普通的玻璃，共占所有已制成玻璃的90%，在瓶、罐等普通消费产品中最为典型。几乎所有的建筑玻璃都是某种类型的钠钙玻璃，它通常由60%~75%的硅石、12%~18%的苏打以及5%~12%的石灰构成，不能承受高温或抵抗突发的温度变化。

(2)铅玻璃是一种相对柔软的玻璃，具有高比例的铅氧化物，可用于电子应用和某些艺术玻璃。它要比钠钙玻璃贵一些，也不能承受突发的温度变化或高温。

(3)硼钛酸盐玻璃是一种含至少5%硼氧化物的硅酸盐玻璃。它对温度变化和化学腐蚀具有很强的抗性。这些特性使它非常适合应用在电灯泡、汽车前灯、导管、实验室玻璃器具以及烤盘等产品上。

(4)铝硅酸盐玻璃通常用于电路，它包含铝氧化物，与硼钛酸盐玻璃相似，但具有更强的抗高温性和更好的化学耐久性。

(5)96%石英玻璃是一种硼钛酸盐玻璃，已经被熔融去除了几乎所有的非硅酸盐元素。它是一种耐热玻璃，能够抵抗热冲击到1652℉(900℃)。这种玻璃包含7%~15%的硼氧化物，并且具有低系数的热延展性。由于它的抗热疲劳性较高，所以通常被用在需要防火的地方。

(6)熔融石英玻璃在非晶体状态(液态)下是一种纯二氧化硅，由于非常昂贵和极难制造而很少被使用。它的用途通常是高度专业化的，例如医疗和化学设备的特殊部件。

(二)根据生产类型分类

20世纪末，随着新涂层和各种层压板的开发，建筑玻璃的技术发展水平迅速提高。玻璃产业广阔而多样，这使人们很难一一列举出现有玻璃的种类。另外，制造玻璃的方法也有许多，其中有三种基本种类：厚玻璃板、平板玻璃以及浮法玻璃，这三种如今都还在制造，其中浮法玻璃占了绝大多数。

(1)平板玻璃于17世纪末产生于法国，是首次大规模生产光滑、纯净玻璃的结果。在平坦表面上对玻璃进行压铸和磨光，之后经过滚压、碾磨和抛光，从而获得相对不失真、纯净的清晰度。1851年，约瑟夫·帕克斯顿在伦敦设计的水晶宫就主要使用了平板玻璃。

(2)玻璃板或拉制玻璃于20世纪初在比利时首次开发出来。大面积透明玻璃的生产需要将熔融玻璃在平坦表面上进行拉制，再用滚筒使它平滑，然后在两边碾磨和抛光。玻璃板具有内在的变形性，并随尺寸的增大而增大。此过程劳动强度较大，但它一直被人们使用到半个世纪后浮法玻璃发明之前。如今，玻璃板仍然在小型的窗户上使用。

(3)浮法玻璃从根本上改变了建筑中使用玻璃的方法。浮法玻璃的制造是通过将熔融玻璃漂浮在锡液表面，然后使之缓慢退火来生产出平整透明的薄片。它的生产通常在连续的传送带上进行。其表面光滑且经过热磨光，同时不需要像玻璃板或平板玻璃那样进行任何的碾磨或磨光。通过这种方法，不同的质地、纹理、厚度以及色彩都可以生产出来。

(4)冕玻璃的制造技术在中世纪就已经比较完善，此过程为通过一根中空长铁棒口吹熔融玻璃，来形成一头开口呈弓形的大气泡，接着再旋转和重新加热直到它展开成为扁平的圆盘。之后，这种熔融玻璃断裂脱离，并被放在窑(或玻璃韧化炉)上慢慢冷却防止碎裂。一旦冷却，玻璃板或玻璃条会从玻璃上平坦的区域被切割下来。板中央粘贴的地方要比外部边缘更厚、更不规则一些。这被称为"牛眼"或"锭形玻璃"，然而在17、18世纪，这种玻璃被认为是劣等的，通常用来做下层社会住宅的窗户玻璃。冕玻璃可以是纯净的，也可以艺术性地盘旋上色。中世纪许多工匠都曾使用冕玻璃作为有色玻璃窗。如今，只有专门研究玻璃历史工艺的艺术家才会使用这种玻璃。

(5)压铸玻璃的制作方法是将熔融或液态玻璃倒入模具中，在其尚未冷却，与模具松开之前形成特殊的形态。压铸玻璃是玻璃历史上最古老的制造方法之一，所采用的早期容器可以追溯至公元前15世纪的埃及与美索不达米亚。如今，这种压铸玻璃的典型方法主要由工匠使用，或用于装饰和特殊设计用途。在建筑中，压铸玻璃可以用在槽式玻璃产品、玻璃砖、压花玻璃或定制的玻璃系统中。玻璃的厚度、形状以及表面纹理因容纳玻璃的模具而各不相同。

(三)其他玻璃类型

为了提高性能，人们制造出具有不同品质的玻璃，其专业性更强，每一种都具有很高的可开发性。

(1)回火玻璃通常也被称为钢化玻璃，被认为是一种安全玻璃。它要比"普通的"退火玻璃坚硬4~5倍，而且打碎后会破裂成许多小型方块颗粒而不是危险的碎片，可以通过加热和迅速冷却来增加浮法玻璃或平板玻璃内在的强度和延展性。它可以用在受强风压或极度冷热的窗户上，也可用在人们有可能发生碰撞或跌倒的门窗上。几乎所有大型的建筑玻璃板都是经过淬火的，从而降低玻璃所需的厚度。这种玻璃要比退火玻璃贵一些，而且在淬火的过程中会产生一些变形。

(2)夹层玻璃采用胶黏剂，在两层或多层平板玻璃之间夹入一层透明的聚合体，例如聚乙烯醇缩丁醛。这种玻璃具有持久性，并有多种用途，可以被用在多种环境中。在其他用途中，夹层玻璃可以被用在天窗中使日光发生折射，在录音棚中起隔音作用或被用于有防弹、防火需要的安全设施中。它在天窗或沿街店铺中非常有用，因为即使表面的玻璃发生碎裂，这种产品依然会留在原处(图3.15)。

图3.15 展厅中常用的夹层玻璃

(3)玻璃砖是大块的玻璃单元，它在尺寸、形状、质地以及色彩等方面具有极大的选择范围。像单元泥瓦工砌法一样，这些玻璃砖都是由熔融玻璃生产而来的，之后浇注在框架内，两个框架合在一起制造出一块玻璃砖，有时候还会在中央产生真空。有些玻璃砖墙还能够满足消防规范要求。

(4)槽式玻璃是一种具有纹理和半透明表面的自支撑、U形玻璃系统。它通过浇注产生，而且通常垂直放在铝制框架系统中。这种玻璃系统提供了可以自我支撑的墙面和大面积的光传导。它几乎可以用于所有用途，不需要垂直或水平的框架构材，只需要外框部分。

(5)绝缘玻璃是两层或多层玻璃被密封空间隔离的玻璃，用于热绝缘或冷凝控制。可以在制造过程中向玻璃片之间的空隙填充干燥空气或低传导气体，例如六氟化硫。这种气体可以提高12%~18%的热功效，而且也能帮助隔音。双层玻璃或三层玻璃窗的隔热性能可以通过在玻璃单侧或两侧面层上增加低辐射涂层来得到进一步改善。

(6)夹丝玻璃是将钢丝卷进玻璃板内制造而成。在平板玻璃中嵌入金属丝网，从而使玻璃即使在开裂时依然能粘在一起。它在有些应用上可以取得安全玻璃的效果，并可以被用作防火门窗玻璃。虽然它并不比不加金属丝网的玻璃更牢固，一旦裂开或破碎，金属丝能将玻璃牢牢固定在一起。

二、部分装修玻璃制品的施工工艺

空心玻璃砖在室内有很好的装饰效果，它具有抗击打、保温绝热、不结露、防水、耐磨、透光不透视等优点，主要应用于商场、公共空间或居室空间的非承重墙、隔墙、天棚、地面、门窗等部位。下面介绍玻璃砖的施工工艺。

(一)测量放线

玻璃砖墙体施工前，将基础面或楼层结构面按标高找平，依据施工图纸放出墙体定位线、边线和洞口线。

(二)玻璃砖排列

按弹好的玻璃砖墙位置线，核对排列图进行现场排砖，核对玻璃砖墙长度尺寸是否符合排砖模数，如不符合，应适当调整砖墙两侧的槽钢或木框的厚度及砖缝的厚度，墙两侧调整的宽度要一致，同时也要与砖墙上部槽钢调整后的宽度尽量保持一致。

(三)布置横竖钢筋

墙脚、侧边条和上边条，每个用两根钢筋，所有钢筋都直通到边条为止。

(四)砌筑

用砌筑灰浆砌筑空心玻璃砖。

(五)勾缝

用勾缝灰浆勾缝。

(六)密封胶嵌缝

玻璃砖墙的连接缝和型材的接缝用塑性密封材料或外墙涂料密封。

三、玻璃的设计美学

在一个项目中选择玻璃的类型和使用方式时，设计师需要在美学和功能之间找寻最佳的平衡。商业用建筑玻璃的广泛种类加之设计师对于材料的多样化与创造性的探讨，使得设计过程变得激动人心且具有挑战性。对玻璃产业中广泛使用的基本性能以及术语进行理解，将使设计师以一种更有效的调和方式进行设计。

玻璃是一种本质上坚固的材料，这种坚固只有因为表面缺损时才会被削弱。淬火玻璃或经过热处理的玻璃，要比退火玻璃更坚固，更能对抗热压和热冲击。同时，玻璃也具有抗刮划和抗磨损的坚硬表面。受压时，玻璃会反弹回到以前的形状直至破裂点，如果玻璃已经过淬火过程，那么这个破裂点会高得多。玻璃具有抗化学性和抗腐蚀性，同时也不受大多数工业酸和食品酸的影响。它也可以抗冲击，并能经得起强热、强冷以及温度突变。

热传导性是测量材料通过其主体时传导热量能力的量度。玻璃并不是一个好的热绝缘体。但是，当两块或更多块的玻璃组合在一起并形成空域时，热损失则会明显减少。由两三块密封中空的窗格玻璃所组成的窗户是很好的绝缘窗，对于寒冷的气候来说尤其如此。此外，玻璃绝缘体的特性也可以通过在玻璃上使用一层低辐射涂层来加以改善。

玻璃的透明和半透明特质历史性地赋予建筑一种其他材料所没有的美学品质。它使建筑具有变化、运动和创造特定环境的能力。光线穿透建筑玻璃的方法可以成为建筑师的一种强有力的设计工具。光线如何在一天中变化，并且如何在空间中得以表现，经常成为一个被忽略的因素。设计师往往考虑光线通过建筑时其量的方面，而不是其质的方面。光束的色彩、肌理及它如何与建筑表面发生碰撞，都可以按照特定的目的加以控制和利用。玻璃能够以高度的准确性反射、弯曲、传导和吸收光线。当光线碰到玻璃时，一些从表面反射出去，一些穿透过去，而另一些则由玻璃吸收。

第五节 木 材 类

在建造史上，木材是最为变化多样、资源丰富的建筑材料之一，同时也是唯一有机的主要建筑材料。数千年来，木材与石头、泥土一起成为最常用的建筑材料。木材产量特别充足，并且便于人们进行建造。如今，它已经成为世界40%人口，尤其不发达地区的基本能量来源。几十年来，木材在道路系统、桥梁、铁路建设以及大多数建筑的建造过程中都起着重要作用。

木材建造的历史可以追溯至文明社会之初。在有关洞穴居所天然结构的考古学中，记载着在简单的土制结构上覆盖木料的建筑物被用作遮蔽所，其他早期的木结构包括圆顶帐篷、圆锥形帐篷以及披屋。之后，希腊、印度、北欧以及日本的早期结构建造了具有代表性的带有木屋顶的石墙。公元前 2 世纪，罗马建筑师维特鲁威就曾在其著作《建筑十书》中谈到原始的茅屋，这也许是关于在结构中使用木材的最早的书面历史记录。直到中世纪，刚性结构才开始被用在墙体上。曲木结构以及刚性结构的手工砍制经验，是两种在欧洲逐渐发展起来的早期木框架制造方法，为我们如今尚在使用的结构系统奠定了基础。

近两千年来，木框架一直都是用木材建造房屋的方法。人们将来自森林的木料经手工砍伐成为正方形原木，并用榫眼、凸榫、楔形榫头或木钉接合件进行连接。在那些有茂密丛林的地方，例如欧洲、日本、中国以及印度，采用木材进行建造的方法变为一种工艺，每个地区都发展出各自的风格与工序。例如在中世纪的英国，为了保存木材，较短的木材构件被用作填充墙体，这种技术现在被认为成形于 16 世纪的都铎王朝。17 世纪，手工业行会发展起来，专门教授木构架艺术以及细木工手艺，学徒们都以此职业为荣。

近几十年中，木材的使用已经引发了持续的生态讨论。一方面，它属于可再生资源；另一方面，人们意识到森林开垦以及如何开采木材值得关注。日益增长的环境责任感以及可选材料类型都使木材的优势不断减弱。现在，胶合板、塑料板以及仿木塑料已经占据了木材行业中的一大部分。

尽管存在这种竞争，但出于许多原因，木材仍然是最受欢迎的建筑材料。它是完全自然的、可循环的、可补给的，而且，如果开采合理，就不会破坏环境的生态平衡。借助于其温暖和自然的特性，它还可以与景观产生某种意义上的联系。这种具有触感的材料能吸引人们的心灵，引发不同的感觉，同时也可以通过在建造中所取得的对于环境的更多关注来满足可持续性的要求。

一、木材概述

木材是人类最早使用的建造材料之一，它的物理性能、表面装饰性能、加工性能都比较优异。从原始人的钻木取火、架木为巢；到利用木材制舟造船、扩大了人类的活动范围；再到秦代使用的竹木简、汉代以木材为原料造纸等，可以说木材是与人类最接近、使用历史最悠久、用途最广的材料。

木材以其温暖的质感，丰富的纹理，隔热、抗冲击、轻质高强、易加工等众多特点，一直被建筑工程行业所青睐。但由于其成材周期较长，加上各种天灾（森林火灾、虫灾等）或人祸（滥砍、滥伐等）的影响，木材的资源越来越紧张，价格越来越高，所以只有控制好采伐和种植的关系，才能使之可持续发展。因此，保护木材资源，合理应用木材是现代建筑工程行业应该重视的问题。木材的基本特性有：

（1）天然性。木材是一种天然材料，在人类常用的钢、木、水泥、塑料四大主材中，只有它是直接取自自然，这使得木材具有生产成本低、耗能小、无毒害、无污染等特点。

（2）质感好。木材具有易让人接受的良好触觉性能，远远优于金属和玻璃等材料。

（3）强重比高。木材虽然是轻质材料，但是它的某些强度与重量的比值比一般金属的比值都高，是一种质轻而强度高的材料。所以它的韧性强、抗震、抗冲击能力强。

（4）保温性。木材的导热系数低，同其他材料相比，铝的导热系数是它的2000倍，塑料的导热系数是它的30倍。因此，木材具有很好的保温性能，并且具有很好的吸声、隔音性能。

（5）耐久性好。木材材质硬密，抗腐蚀抗蛀性强，并且具有调节湿度的作用。气候干燥时，木材内部的水分会释放出，气候潮湿时，木材会吸收空气中的水分，特别是实木地板，它可以通过吸收和释放水分，把居室空气湿度调节到人体最为舒适的水平。有科学研究表明，长期居住木屋，平均可以延长10年寿命。

（6）易加工性。木材软硬程度适中，易于加工，可以进行锯、刨、钉等机械加工和雕、画、贴、涂等表面处理。

（7）装饰性。木材有天然的质地、纹理、色泽，具有温暖、亲切和回归自然的装饰感。

木材虽然有很多优良的性能，但也有瑕疵，例如树结、裂口、裂缝等都会影响到它的强度、级别和外观。这些缺陷大部分是自然特性所致，预备过程也会产生某种影响。树结与节孔也会影响木材构件的结构完整性，它们的大小和数量会影响一块木材的等级。加工过程也会产生许多缺陷，多为风干过程的结果　风干过程是减少木材构件中含水量的控制方法，其中收缩压力会使木材变形，例如变弯、起翘、扭曲和弯曲。知识广博的工匠能够对木材做出判断，确定木材构件的缺陷程度是否会影响其用途。

另外，湿度也会对木材的特性产生许多影响。当湿度比例上升时，木材会膨胀，而湿度比例下降时，木材则会收缩。设计和细化任何木结构时，通常需要考虑到这个因素，因为木材不可避免地会根据湿度比例收缩或膨胀。干锯材具有更大的强度，可以防腐、抗菌和防虫。这可以通过相对缓慢的空气干燥过程或是干燥炉来进行，目前对于大多数木产品来说，这两种方法均较具代表性。

如今木材行业中许多得到发展的木制品，例如胶合层积材、胶合板以及其他工程化木制品，它们在制造过程中弥补了材料的一些自然缺点和限制。这样的木材对酸、碱、盐以及其他化学品都具有较强的抵抗性能。在木建筑中，连接材料也必须考虑其对于化学品的反应和防腐性能。化学处理能提高木材防火、耐腐蚀以及抗虫害的性能。同时，围绕树木切割与砍伐的道德及环境问题，引发了许多关于对多种木材与自然栖息地进行保护的讨论，因此尝试仿造木材美感的塑料以及合成木产品产业也在不断增长，例如地板、外墙装饰板以及墙板。

二、木材的分类

大多数用作结构构件的木材是软木，而硬木则通常用于木工加工、家具以及精美的细部。软木，如松树、冷杉、云杉或雪松等，都不太昂贵，而且资源比较丰富；而硬木，如橡木、樱桃木、胡桃木、白杨木或桦树等，通常纹理优美、外表美观，但价格较贵。虽然从严格意义上说，根据产地、可用性以及品质来分类，全世界有上千种木材可用作不同的目的，但是我们依然很难下这样的结论。

(一)针叶树

针叶树属于软木材，如杉树、松树，它们树叶细长，树干通直，分叉较少，易取大材；它们的材质均匀，质地相对较软，易加工；密度小，强度较高，涨缩变形率较小，耐腐蚀性较强。主要树种有冷杉、松树、雪松、花旗松、红木、铁杉以及云杉等。主要用于一些承重构件、装修的构造骨架部分以及一些普通的建造。

(二)阔叶树

阔叶树属于硬木材，它们树叶宽大，树干通直但树干分叉多并且大多较短，不易取大材，质地坚硬，难加工(耐磨)；但是纹理丰富、翘曲变形大，密度大，易裂开。常见的硬木包括山毛榉、橡木、榆树、悬铃木、桦树、巴沙轻木以及胡桃木等，主要应用于室内空间界面、家具制作、地板和胶合板以及其他精饰构件等。有时硬木也会被切成薄片，并与更便宜的木材结合使用，以节省费用。

硬木和软木之间的另一个区别在于前者包含了一个更复杂的气孔或管束系统，而后者只存在大细胞的简单结构。硬木和软木都有坚固和耐久的品种实例，但硬木通常更为持久，主要表现在它更缓慢的生长速度和更紧密的年轮图案上。

木材按加工方式分，还可以分为原条、原木和锯材。原条就是伐倒的树木去除树根、树皮，但没按一定的规格尺寸加工的原始木材；原木是把原条按尺寸、形状、质量的标准规定或特殊规定截成一定长度的木段，这个木段称为原木，比如木结构房屋中常用的梁、柱、椽子、檩条等。锯材又分板材和方材，宽度为厚度的 3 倍以上的就叫板材。

三、木材装修制品的种类及特点

目前市场上将木材分为天然材料、人造材料、集成材料三类。

(一)天然材料

天然木材的用途之一是作隐蔽工程的龙骨使用，另一个则是作为装饰面板。根据加工形式，常见的有锯材、木板、规格材、方木、结构实木以及叠层木材等；常用的饰面木材一般有水曲柳、柞木、桦木、柚木、榉木、枫木、檀木、樱桃木、胡桃木、花梨木等，这些天然的装饰面板广泛应用于地板、门、门套、窗套、家具以及其他木作工程的表层装饰等(图 3.16~图 3.19)。

图 3.16 隐蔽工程

图 3.17 木质楼梯

图 3.18 木质柜体

图 3.19 瑞士西庸城堡里古老的木质屋顶

(二)人造材料

人造板产品可以对木材进行有效的利用，同时便于安装。它不太容易因湿度、温度的变化而膨胀或收缩。木质人造板产品有三种基本类型：胶合板、密度板和非单板类木质人造板。这些种类作为结构木板，是通过厚度和跨距等级来进行分类的，这两部分都会显示在每块木板的标签上。耐久度是结构板材承载能力的表现，同时它也为不同木材种类所制成的许多不同类型板材提供了普遍的行业标准。

(三)细木工板

细木工板也叫“大芯板”，是由两片单板中间黏压拼接木板而成，属于比较常见而便宜的基层板，抗弯度不是很好，目前在家具制作中比较常见。特别是现场施工的家具最常见的就是 18mm 的木工板，可以说有木工的地方就有木工板，它主要起到了基层承重的作用，形成一个木框架，一般配合装饰面板、防火板等面材使用，用于细木工板的材质以白松木、柳木、桉木为好，杨木、杉木次之，桐木较差。

特性：硬度强、强度高，质轻、易加工、稳定性好。

应用：各种家具、门、窗、墙面造型的基层材料。

木工板的常用规格：1220mm×2440mm，厚度为：12mm、15mm、17mm、18mm。

(四)胶合板

胶合板由多层木质单板黏合在一起组成，也叫“夹板”，是用 3 层、5 层、9 层或

12 层的 1mm 单板胶合热压而成。胶合板一般由板片构成，这些板片从原木上旋切下来，然后放入窑内烘干到水分含量约为 5%，之后对这些板片进行胶合，并在高温和高压下进行挤压，以制造出实木板，最后将这些胶合板经过整修、磨砂、分级和压印等工序处理。

胶合板的一大优点是与其重量有关的高强度。它所特有的交错式层状结构加之所使用的胶黏剂，使其具有高强度。它同时也要比实心构件更不易收缩、膨胀和弯曲。胶合板易于制作，并且是建造房屋时一种节约成本的材料。它同时也为工程设计中的曲面形态提供了一种制造方法。它的缺点在于笨重，并且除非选择高等级的胶合板，否则其结构中会存在空隙和不一致性。胶合板是一种环保材料，很好地利用了工厂的废料和木屑。同时，它也是一种具有吸引力的材料，因为它可以 100%被生物降解，而且生产过程也较环保。产品中用来处理和黏合的化学品日益受到关注，因为它们会在建筑内释放出有害气体，并会对环境造成其他不利的影响。

(五) 密度板

密度板也叫“纤维板”，是以木质纤维或植物纤维为原料，经破碎、浸泡后研磨成木浆，加入胶黏剂制成的人造板材。密度板具有不同类型的用途，其表面平整、抗弯性好、不易腐蚀、有很好的吸音、隔热和加工性能。板材可以根据建造时所使用的木材类型、厚度和结构性能来进行区分。一些密度板可以在板间加入绝缘层，或者将铝材等不同材料层附着在墙板上。

这里重点介绍一下澳松板和欧松板。澳松板用澳洲松木的碎屑直接压制制造，其制造过程中不使用黏合剂，可以理解为是一种进口的、环保的中密度板。其生产工艺比较先进，材料更加环保，板材的密度和结实度高，表面光洁度高，是胶合板、密度板的升级换代产品。澳松板有 3mm、5mm、9mm、12mm、15mm、18mm 等厚度。3mm 的澳松板用量最多、范围最广，可代替三合板直接用于门、门套、窗套等贴面；5mm 的澳松板用于做夹板门，不易变形；9mm 和 12mm 的澳松板可用来做门套、门档和踢脚线；15mm、18mm 的澳松板可代替大芯板，直接用于做门套、窗套，用于雕刻造型，也可以直接用来做衣柜门，环保且不易变形。欧松板也是一种新型环保材料，采用欧洲松木，以小径材、间伐材、木芯为原料，通过脱油、干燥、施胶、定向铺装、热压成型等工艺制成的定向结构刨花板。其内部采用高级环保胶黏剂，甲醛释放量几乎为零，并且有很好的易加工性和防潮性，是目前市场上较高级的环保板材。欧松板是目前世界范围内发展较为迅速的人造板材，在北美、欧洲、日本等国家已经广泛用于建筑、装饰、家具、包装等领域，是细木工板、刨花板、胶合板的升级换代产品。在室内空间中，这两种板材已成为最常见的人造板材，可直接用作门套、窗套、家具，甚至作为饰面材料运用到室内空间界面中。

(六)刨花板

刨花板也叫“碎料板”，是以刨花木渣、木粉、木屑为原料，利用胶料和辅料在一定温度和压力之下压制而成的人造板材。刨花板板质轻，具有隔音吸热、隔热保温、防虫蛀、经济实惠的特点，适用于墙壁、地板、家具、车厢和建筑物装修等。其强度低，属于中低档装饰材料。

根据刨花板结构，分单层结构刨花板、三层结构刨花板、渐变结构刨花板、定向刨花板、模压刨花板等；按制造方法，分平压刨花板、挤压刨花板。

(七)木丝板

木丝板是选定种类的晾干木料刨成细长木丝，经化学浸渍稳定处理后，木丝表面浸有水泥浆再加压成的饰面板。木丝板是纤维材料中的一种有较多开孔结构的硬质板，具有吸声、隔热、防潮、防火、防长菌、防虫害和防结露等特点，表面可做饰面喷色和喷绘处理，适合作室内吸声装饰材料，因此也称作“木丝吸声板”。

木丝板具有强度和刚度较高，吸声构造简单，安装方便等特点。这种价格不算便宜、采用先进工艺生产的新型木丝板，品种规格、材料性能及表面装饰均有很大的提高，符合了设计师回归自然的设计理念。

四、木材装修的构造

(一)木材饰面板的工艺与构造

一般在墙体上先通过木龙骨找平，然后用木工板(或胶合板、密度板等)做基层，最后在木饰面板背面带胶，用枪钉将其固定于基层板上。

(二)木地板的施工方法

实木条地板的铺设可分为实铺式和空铺式，实铺式的构造主要包括木龙骨、细木工板、实木条地板，主要工艺流程为：安装木龙骨→铺装毛地板→铺装实木地板→面层处理→安装踢脚板。

复合地板的铺设方法有悬浮式、粘贴式、打钉式，其主要工艺流程为：基地清理→铺衬垫(胶、膜或毛板)→铺复合地板(铺粘或铺钉)。铺装前，基层表面应平整、坚硬、干燥、密实、无杂质，条件允许的情况下最好做地面找平。铺设复合地板条时，应从墙的一边开始，铺粘企口复合地板，第一块板凹企口朝墙，离墙面8~10mm，并插入木楔，用胶水均匀涂在凹企口内，确保每块地板之间紧密粘连。铺设时，应由房间内退着向外铺设。

第六节 涂 料 类

涂料是指涂敷于物体表面，与基体材料很好地黏结并形成完整而坚韧保护膜的物质。由于在物体表面结成干膜，故又称“涂膜”或“涂层”。早期的涂料采用天然植物干性或半干性油，如亚麻、胡麻、桐油、松香、漆树、豆油、虫胶等作为原料，也可用动物的骨、血、皮等制成动物性涂膜涂料。涂料与其他饰面材料相比，具有重量轻、色彩鲜明、附着力强、施工简便、省工省料、维修方便、质感丰富、价廉质好，以及耐水、耐污染、抗老化等特点。如建筑物的外墙采用彩色涂料装饰，比传统的装饰工程更能给人以清新、典雅、明快、富丽的感觉，获得较好的艺术效果。常见的浮雕类涂料具有强烈的立体感，用染色石英砂、瓷粒、云母粉等做成的彩砂涂料又具有色泽新颖、晶莹绚丽的良好效果。使用厚质涂料经喷涂、滚花、拉毛等工序可获得不同质感的花纹，而薄质涂料质感更加细腻、更省料。

涂料是一个统称，有时候行业内也把涂料统称为“油漆”。俗话说：“三分木工，七分油工”，这也从一个侧面反映了涂料的重要性。就拿木制品来说，由于木制品表面属于多孔结构，不耐脏污，表面节眼很多，不够美观，油漆就能很好地解决这些问题。油漆的种类太多，这里介绍几种常见的。

在中国，涂料的利用已有几千年历史，漆树采割的大漆，早在殷商时期就已出现。而近代涂料的形成只有两三百年历史。18 世纪后，涂料在欧洲得到迅速的发展，人们开始使用天然树脂，干性植物油漆膜的性能得到了提高。20 世纪 20 年代，酚醛树脂的出现使漆的质量水平达到新的高度，以人工合成树脂和人工合成有机溶剂为主的乳液型的涂膜材料出现，油漆又有了新的代名词——涂料。

当今涂料工业最发达的国家有美国、日本、德国、英国。其中，美国是世界涂料生产大国，位居世界第一。美国生产的涂料主要有丙烯酸系列、聚醋酸乙烯（乳胶漆）系列。其中，丙烯酸系列涂料为室外墙的主要涂料，大概占外墙涂料的 65%，内墙涂料中聚醋酸乙烯涂料占 85%以上。日本涂料生产量仅次于美国，居世界第二位。日本的建筑涂料品种多、质量好，外墙涂料主要有层平滑涂料、丙烯酸乳液涂料、氯乙烯树脂涂料、环氧树脂涂料，丙烯树脂涂料、双组份聚氨酯树脂弹性涂料、含氟树脂涂料等。

20 世纪 70 年代，我国建筑涂料有了很大的发展，相继出现了聚乙烯醇水玻璃内墙涂料（106 涂料）和聚乙烯醇缩甲醛（107 胶）外墙涂料。在此期间出现许多涂料种类，如醋酸乙烯丙烯酸酯共聚乳液、苯乙烯丙烯酸酯共聚乳液、氯偏共聚乳液等，还有以苯丙乳液为基料的彩砂喷涂涂料、环氧双组份外墙涂料、用特殊喷墙喷制的水包油系列多彩喷涂涂料，以及利用丙烯酸和聚酯乙烯制成的内外墙涂料等。

一、涂料的基本知识

(一)基料(主要成膜物质)

基料是决定涂料性质的物质，其在涂料中主要起到成膜或粘结填料与颜料，使涂料在干燥或固化后能形成连续涂层的作用。建筑涂料中常用的基料有无机基料(如水玻璃、硅溶胶)和有机基料(如聚乙烯醇、聚乙烯醇缩甲醛、丙烯酸树脂、环氧树脂、醋酸乙烯-丙烯酸酯共聚物、聚苯乙烯-丙烯酸酯共聚物、聚氨酯树脂)两类。

(二)填料与颜料(次要成膜物质)

1. 填料(体质颜料)

填料是主要起到改善涂膜机械性能，增加涂膜厚度，减少涂膜收缩，降低涂料成本等作用的物质。填料分粉料和粒料两类，常用的填料有重晶石粉、轻质碳酸钙、重质碳酸钙、高岭土及各种彩色砂粒等。

2. 颜料

颜料是使涂料具有所需颜色，并使涂膜具有一定遮盖能力的物质。颜料还应具有良好的耐碱性、耐候性。建筑涂料中使用的颜料有无机矿物颜料、有机颜料和金属颜料，由于有机颜料的耐久性较差，故较少使用。建筑涂料中常用的颜料有氧化铁红、氧化铁黄、氧化铁绿、氧化铁棕、氧化铬绿、钛白、锌钡白、群青蓝、铝粉、铜粉等。

(三)分散介质(辅助成膜物质)

分散介质是主要起溶解或分散基料，改善涂料施工性能，增加涂料渗透能力等作用的物质。由于分散介质对保证涂膜质量有较大的影响，因此，要求其应具有较强的溶解能力，适宜的挥发率，同时，应注意克服无机溶剂易燃及毒性在应用中的不利影响。

涂料按分散介质及其对成膜物质作用的不同分为溶剂型涂料、水溶性涂料及乳液型涂料(乳胶漆)三种，其中水溶性涂料和乳液性涂料又称水性涂料，其属于绿色涂料。

(四)助剂

助剂是为了进一步改善或增加涂料的某些性能而加入的少量物质。主要有增白剂、分散剂、稳定剂、消泡剂、防霉剂、紫外线吸收剂、阻燃剂等。

二、涂料的分类

涂料品种很多，适用范围广，分类方法也不尽相同。一般可按构成涂膜主要成膜物质的化学成分、按构成涂料的主要成膜物质、按建筑物使用部位、按建筑涂料的主要功能等进行分类。

(一)按基料成分分类

1. 有机涂料

(1)溶剂型涂料：又称溶液型涂料，是以合成树脂为基料，有机溶剂为稀释剂，加入适量颜料、填料、助剂等经研磨、分散而成的涂料。溶剂型涂料形成的涂膜细腻光洁坚韧，有较高的硬度、光泽、耐水性、耐洗刷性、耐候性、耐酸碱性和气密性，对建筑物有较高的装饰性和保护性，且施工方便。但涂膜的透气性差，易燃，挥发出的溶剂对人体有害，施工时要求基层干燥，且价格较高。溶剂型涂料适用于建筑物的内、外墙面及地面。

(2)乳液型涂料：又称乳胶涂料或乳胶漆，是以合成树脂乳液为基料，加颜料、填料、助剂等，经研磨分散而成的涂料。乳液型涂料无毒、不易燃，对人体无害，价格较低，具有一定的透气性，其他性能接近于或略低于溶剂型涂料，特别是光泽度较低。乳液型涂料施工时不需要基层材料很干燥，但施工时温度宜在100℃以上，用于潮湿部位的乳液型涂料需加防霉剂。乳液型涂料是目前大力发展的涂料。

(3)溶性涂料：价格低，无毒无味，施工方便，但涂膜耐水性、耐候性、耐洗刷性差，一般适用于建筑内墙。乳液型涂料与水溶性涂料统称为水性涂料，属于安全涂料。

2. 无机涂料

无机涂料是以水玻璃、硅溶胶、水泥等为基料，加入颜料、填料、助剂等，经研磨、分散而成的涂料。无机涂料价格低，无毒、不易燃，具有良好的遮盖力，对基层材料的处理要求不高，可在较低的温度下施工，涂膜具有良好的耐热性、保色性、耐久性，且不易燃。无机涂料可用于建筑内、外墙面等。

3. 有机-无机复合涂料

不论是有机涂料还是无机涂料，在单独使用时，都存在一定的局限性。为了克服这个缺点，发挥各自的长处，出现了有机-无机复合涂料。因此，其既具有无机涂料的优点，也具有有机涂料的优点，且成本较低。有机-无机复合涂料适用于建筑内、外墙面等。

(二)按建筑物使用部位分类

按建筑物使用部位，可将涂料分为外墙建筑涂料、内墙建筑涂料、地面建筑涂料、顶棚建筑涂料和屋面防水涂料等。

(三)按建筑涂料的主要功能分类

按使用功能，可将涂料分为装饰性涂料、防火涂料、保温涂料、防腐涂料、防水涂料、抗静电涂料、防结露涂料、闪光涂料、幻彩涂料等。我国的涂料共分为 17 大类，每一类用一个汉语拼音字母为代号表示(表 3.1)。

表 3.1 涂料的分类和命名代号

序号	代号	名称	序号	代号	名称
1	Y	油脂漆类	10	X	烯烃树脂漆类
2	T	天然树脂涂料	11	B	丙烯酸漆类
3	F	酚醛漆类	12	Z	聚酯树脂漆类
4	L	沥青漆类	13	H	环氧树脂漆类
5	C	醇酸树脂漆类	14	S	聚氨酯漆类
6	A	氨基树脂漆类	15	W	元素有机聚合物漆类
7	Q	硝基漆类	16	J	橡胶漆类
8	M	纤维素漆类	17	E	其他漆类
9	G	过氯乙烯漆类			

三、部分涂料的组成与特点

(一)内墙涂料

内墙涂料也可用作顶棚涂料，它的主要功能是装饰及保护内墙墙面及顶棚，营造一个美观舒适的生活环境。内墙涂料一般色彩浅淡、明亮且具备耐碱、耐水、不易粉化、良好的透气性、吸湿排湿性、无污染等特点。为了保证施工人员和居住者的身体健康，内墙涂料不应挥发有毒气体及对人体刺激过大的气体，因此应采用水溶性好的水乳型涂料。

1. 合成树脂乳液内墙涂料

合成树脂乳液内墙涂料(又称乳胶漆)是以合成树脂乳液为基料(成膜材料)的薄型内墙涂料，一般用于室内墙面装饰，但不宜用于厨房、卫生间、浴室等潮湿墙面。目前，常用的内墙涂料有苯丙乳胶漆、乙丙乳胶漆、聚醋酸乙烯乳胶漆、氯偏乳液涂料等。

(1)苯丙乳胶漆：是由苯乙烯、甲基丙烯酸等三元聚乳液为主要成膜物质，掺入适量的填料、少量的颜料和助剂，经研磨、分散后配制而成的一种各色无光的内墙涂料。

用于内墙装饰，其耐碱、耐水、耐久性及耐擦性都优于其他内墙涂料，是一种高档内墙装饰涂料，同时也是外墙涂料中较好的一种。

(2)乙丙乳胶漆：是以聚醋酸乙烯与丙烯酸酯共聚乳液为主要成膜物质，掺入适量的填料、少量的颜料和助剂，经研磨、分散后配制而成的半光或有光的内墙涂料。用于建筑内墙装饰，其耐碱性、耐水性和耐久性都优于聚醋酸乙烯乳胶漆，并具有光泽，是一种中高档的内墙涂料。

(3)聚醋酸乙烯乳胶漆：是以聚醋酸乙烯乳液为主要成膜物质，加入适量填料、少量的颜料和助剂经加工而成的水乳型涂料。它具有无味、无毒、不燃、易于施工、干燥快、透气性好、附着力强、耐水性好、颜色鲜艳、装饰效果明快等特点，适用于装饰要求较高的内墙。

(4)氯偏乳液涂料：属于水乳型涂料，它是以聚氯乙烯偏氯乙烯共聚乳液为主要成膜物质，添加少量其他合成树脂水溶液(如聚氯乙烯醇树脂水溶液等)共聚液体为基料，掺入不同品种的颜料、填料及助剂等配制而成。氯偏乳液涂料具有无味、无毒、不燃、快干、施工方便、黏结力强，涂层坚牢光洁、不脱粉的特点，有良好的耐水、防潮、耐磨、耐酸、耐碱、耐一般化学药品侵蚀、涂层寿命较长等优点，且价格低廉，适用于水泥面和砂石面。

2. 溶剂型内墙涂料

溶剂型内墙涂料与溶剂型外墙涂料基本相同。由于其透气性较差、易结露，且施工时有较大量的有机溶剂逸出，因而较少用于住宅内墙装饰。但溶剂型内墙涂料涂层光洁度好、易于清洗，耐久性也好，目前主要用于大型厅堂、室内走廊、门厅等部位。可用作内墙装饰的溶剂型涂料主要有过氯乙烯墙面涂料、聚乙烯醇缩丁醛墙面涂料、氯化橡胶墙面涂料、丙烯酸酯墙面涂料、聚氨酯系列墙面涂料及聚氨酯丙烯酸酯系列墙面涂料等。

3. 水溶性内墙涂料

水溶性内墙涂料是以水溶性化合物为基料，加入适量的填料、颜料和助剂，经过研磨、分散后制成的，属低档涂料。目前，常用的水溶性内墙涂料有聚乙烯醇水玻璃内墙涂料(俗称 106 内墙涂料)、聚乙烯醇缩甲醛内墙涂料(俗称 803 内墙涂料)和改性聚乙烯醇系内墙涂料。

(1)聚乙烯醇水玻璃内墙涂料：是以聚乙烯醇和水玻璃为基料，加入一定量的颜料、填料和适量的助剂，经溶解、搅拌、研磨而成的水溶性内墙涂料。聚乙烯醇水玻璃内墙涂料具有原料丰富、价格低廉、工艺简单、无毒、无味、耐燃、色彩多样、装饰性较好的特点，并与基层材料有一定的黏结力，涂膜干燥快，表面光滑。但涂层的耐水性及耐洗刷性差，不能用湿布擦洗，且易产生脱粉现象。聚乙烯醇水玻璃内墙涂料被广泛用于住宅、普通公用建筑等的内墙、顶棚等，但不适用于潮湿环境。它是国内生产较早、使用最普遍的一种内墙涂料。

（2）聚乙烯醇缩甲醛内墙涂料：又称 803 内墙涂料，是以聚乙烯醇与甲醛进行不完全缩合全化反应生成的聚乙烯醇缩甲醛水溶液为基料，加入颜料、填料及助剂，经搅拌、研磨、过滤而成的水溶性内墙涂料。该种涂料的耐洗刷性略优于聚乙烯醇水玻璃内墙涂料，其他性能与聚乙烯醇水玻璃内墙涂料基本相同。聚乙烯醇缩甲醛内墙涂料可广泛用于住宅、一般公用建筑的内墙和顶棚。

（3）改性聚乙烯醇系内墙涂料：上述两种水溶性内墙涂料的耐水性、耐洗刷性均不太高，难以满足内墙装饰的功能要求，经改性后的聚乙烯醇系内墙涂料，其耐擦洗性提高到 500~1000 次以上，除可用作内墙涂料外，还可用于外墙装饰。

为提高聚乙烯醇系内墙涂料耐水性和耐洗刷性，可以采用提高聚乙烯醇缩醛胶的缩醛度，采用乙二醛或丁醛部分代替或全部代替甲醛作聚乙烯醇的胶黏剂，加入某些新填料等措施。另外，在聚乙烯醇内墙涂料中加入 10%~20%的其他合成树脂的乳液，也能提高其耐水性。

4. 其他内墙涂料

其他内墙涂料包括静电植绒涂料、仿磁涂料、天然真石漆等。

（二）外墙涂料

外墙涂料的主要功能是装饰和保护建筑物的外墙，使建筑物整洁美观，达到美化环境的作用，延长其使用寿命。外墙涂料一般具有装饰性能好、耐水性好、防污性能好以及良好的耐候性等特点，主要有合成树脂乳液外墙涂料、溶剂型外墙涂料、复层建筑涂料、硅溶胶外墙涂料、彩砂涂料、氟碳涂料等。

彩砂涂料是由热塑性丙烯酸合成树脂（主要成膜物质）、彩色石英砂、赭黄颜料和各种助剂组成的。该种涂料无毒、不燃、附着力强，保色性及耐候性好，耐水性、耐酸蚀性也较好。彩砂涂料立体感较强，色彩丰富，适用于各种场所的室内外墙面装饰。如石英砂中掺入带金属光泽的某种涂料，还能使涂膜具有强烈的质感和金属光亮感。其有两种施工工艺：一是胶砂混合抹涂工艺，二是先胶后砂喷涂工艺。

氟碳涂料是指在氟树脂基础上改性、加工而成的涂料，是一种性能优异的新型涂料。其特点是耐碱、耐氧化，抗腐蚀性强，耐高温、低温性好，涂层硬度高，与其他各种材质黏结性好，使用寿命长。氟碳涂料的装饰性好，可配出实体色、金属色、珠光色等，涂膜细腻，可以喷涂、刷涂等。其广泛用来制作金属幕墙表面涂饰、铝合金门窗型材、无机板材、内外墙装饰等。

（三）地面涂料

地面涂料具有耐磨耐水、耐碱性好、粘结力强、耐冲击性高、装饰性好、施工方便、重涂性好、价格合理等特点，主要用于装饰及保护室内地面。地面涂料主要有聚氨酯地面涂料、环氧树脂地面漆、聚醋酸乙烯地面涂料。

聚氨酯地面涂料分为薄质罩面涂料与厚质弹性地面涂料两类。前者用于木质地板或混凝土等其他地面的罩面上光，涂膜较薄，硬度较大。后者刷涂于水泥地面形成无缝弹性耐磨涂层，整体性好、耐磨性好、耐油、耐水、耐酸碱，有一定弹性，脚感舒适，可用于水泥砂浆或混凝土地面。聚氨酯地面涂料适用于地下室、卫生间等的防水装饰以及图书馆、健身房、歌舞厅、影剧院、办公室、会议室、工业厂房等地。

聚醋酸乙烯地面涂料是以聚醋酸乙烯乳液、水泥、颜料、填料等配制而成，属于有机和无机相结合的聚合物水泥地面材料。

(四)木器涂料

木器涂料主要分为两大类：一类是具有透明清水效果的木器涂料，主要包括硝基漆、聚酯漆和聚氨酯漆；另一类是具有混水不透明效果的木器涂料，主要包括醇酸漆和酚醛漆。木器涂料主要用于木地板及木质家具等的表面装饰，并可对木器表面材料的纹理质感起保护作用，延长其使用寿命。

1. 硝基纤维素涂料

硝基纤维素涂料又称硝基漆、喷漆、蜡克等，其组成以硝化棉为主要成膜物质，添加合成树脂、增塑剂、有机溶剂及其他助剂配制而成。品种包括硝基木器清漆，硝基木器色漆及其底漆等。它具有干燥快、装饰性好，透明度高等优点，但是其含固量低，溶剂挥发多，容易造成环境污染，主要用于竹木地板、家具及制品的表面涂饰。

2. 聚酯树脂漆

聚酯树脂漆是以不饱和聚酯树脂和苯乙烯为主的无溶剂漆。它可以常温固化，也可以加温固化，干燥速度快，固化时溶剂挥发少，污染小。另外，其涂膜丰满厚实，硬度高，有较好的光泽度、保光性和透明度，耐磨、保湿性好，具有较高的耐热性、耐寒性、耐温变性，且耐水、耐多种化学药品的腐蚀。但是聚酯树脂漆涂膜附着力差，硬而脆，不耐冲击，不易修补，施工温度在15℃以上，现场配制较麻烦，主要用于竹木地板以及家具涂饰上。

3. 聚氨酯漆

聚氨酯漆的涂膜坚硬有韧性，与各种材料表面有很好的附着力，强度高，高度耐磨，耐化学物质腐蚀，对木板表面有很好的保护作用，装饰效果好，有高光和亚光不同特点的涂层。聚氨酯漆可现场施工，也可工厂化涂饰，但是它含有对人体有害的物质，易污染环境，遇水或潮气易起泡，受到紫外线照射后，易分解，涂膜容易泛黄，保色性差。一般用于木地板以及一些木质家具上。

4. 醇酸漆

醇酸漆主要由醇酸树脂组成，主要成分是醇酸树脂、200号溶剂汽油、催干剂、防结皮剂、色漆颜料等。它具有很好的光泽性，其耐候性、耐水性、附着力都很强，价格便宜，施工简单，适合一些木器、家具以及一些家庭装修的涂装，是目前用到比较多的一类涂料。

5. 酚醛漆

酚醛漆是酚与醛在催化剂作用下结合生产的产品。涂料工业中主要使用油溶酚醛树脂制漆。它干燥快，漆膜光亮坚硬，耐水性能比较好，但是容易变黄，不宜制成浅色漆，耐候性不好。一般用于作防腐涂料、绝缘涂料、一般金属涂料等。

(五)特种涂料

1. 防火涂料

防火涂料按用途可分为饰面防火涂料(木结构等可燃基层用)、钢结构防火涂料、混凝土防火涂料。按防火原理分类可分为非膨胀型防水涂料和膨胀型防火涂料。防火涂料可以有效延长可燃材料的引燃时间，阻止非可燃结构材料表面温度升高，阻止或延缓火焰的蔓延和扩展。

2. 发光涂料

发光涂料是指在夜间显示一定亮度的涂料。发光涂料主要由成膜物质、填充剂和荧光颜料等组成。它具有耐候、耐油、透明、抗老化等优点，可用于桥梁、隧道、机场、影剧院等的一些安全出口标识，也可用在广告牌等地方。

3. 防水涂料

防水涂料可以分成溶剂型、乳液型和反应固化型三类。由于防水涂料是将其直接涂布于抹面砂浆之上，形成防水层，因此防水涂料必须能形成连续的、不随基层开裂而出现裂缝的完整涂层，同时还必须具备很好的耐候性，使防水效果保持时间较长。另外，防水涂料还应具有良好的抗拉强度、延伸率、撕裂强度等。一般用于地下工程、卫生间、厨房等场所。

4. 防霉涂料

防霉涂料以不易发霉材料(如硅酸钾水玻璃涂料和氧乙烯-偏氯乙烯共聚乳液等)为主要成膜物质，加入防霉剂、颜料、填料、助剂等配置而成，是一种对各类霉菌、细菌等具有杀灭或抑制生长作用，且对人体无害的特种涂料。建筑物的防霉涂料不但有防霉作用，还具有一定的装饰性，并对人体无害。一般用于地下室、卫生间等潮湿的空间里。

四、地面涂料的施工要点

在地面涂料中，在对空间的清洁要求越来越高的情况下，经常会用到的一个地面涂料就是自流平，它包括环氧树脂自流平涂料和聚氨酯基德自流平涂料。目前自流平在国内被众多的厂家和用户所接受和使用，如学校教室、图书馆、医院、办公空间、实验室等处都使用了此种材料，甚至还有家庭装修都逐渐接受了此材料(图 3.20、图 3.21)。

地面涂料(环氧树脂漆)的施工要点有以下几点：

(1)基面要求：基面要求含水率低于8%，空气相对湿度低于85%；整体层强度符合建筑规范，要求平整性良好；整体层表面无杂物并且地面无空鼓现象。

(2)基面处理：地面油污应洗涤干净，用打磨机打磨，以除去水泥表面的松散层形成毛细面孔，增加环氧树脂对地面的渗透性及接触面积；地面凸出部分应处理平整，地面松散部分应先去除，然后修补平整；地面空鼓的地方应先切割，再用水泥补平。

(3)底涂施工：做好基面处理后，用吸尘器把地面的残渣、粉尘用大功率工业吸尘器吸净。

(4)中涂施工：依照正确的比例将主剂、硬化剂及填料充分混合均匀，送往施工区域。采用锯齿镘刀刮板将混合好的材料均匀涂抹，保持平整。中涂固化后，视实际情况按上一道工序再涂一次，达到下一次施工标准后，方可进行下道工序。

(5)面涂施工：按照正确比例将主剂和硬化剂充分混合均匀，迅速送往施工区域，采用喷涂机或滚筒，均匀涂布，且表面不容许有目视之杂质。面涂必须是一次性完工，而且前后桶应连续衔接。

图3.20　日本札幌·伊索专卖店的混凝土自流平

图3.21　自流平地面

第七节　金属及型材类

金属是人类熟练操控的古老材料之一，并因其高强度和多功能性而被广泛使用。几个世纪以来，金属被塑造成工具、武器和各种不同的物体。铜是历史上最坚固的金属之一，它首先是作为工具，其后是青铜这种铜化合物来进行运用。柔软的金属金与银，如同它们今天的主要用途一样，仅被用于装饰。希腊人不借助臼而用青铜与铁来连接石块，罗马人用铅与铜来制造水管和屋顶。直到 18 世纪铁能够被廉价地加工出来时，金属在建筑中才占据了坚实的地位，因为它能够被用于制造结构梁、柱和机械。至 19 世纪，建筑结构中已普遍使用铁与钢材。当 19 世纪 60 年代钢筋混凝土被发明出来之时，钢与混凝土的紧密结合革新了建造业：它们使得前所未有的更大跨度和更高建筑成为可能。

我们在欣赏某些优秀作品时，常为其精湛的金属制作工艺和丰富的创造力而感叹。国内最早是以木工为主导工种，金属类材料的施工技术基础相对薄弱。金属材料应用在室内工程上可以分为两大类：一类为结构材，另一类为装饰材，或者两者兼有。结构材强度高，有支撑作用，多用作骨架、支柱、扶手、楼梯；而装饰材可以铸成成品、半成品或作为板材使用。

金属材料具有耐久性强、容易保养、色泽效果佳、可塑性强的特点，施工要求也较高，故在设计、选材时，一定要把握、顺应金属材料的属性，关注其细部构造。随着审美理念和技术水平的提升，作为结构材料的金属，也会进行"转变职能"，比如作为装饰，形成形态各异的视觉效果。

一、金属的基本概况

金属是由矿物质精炼而成的，每一种都由于自身的构成要素和被制造出来的不同流程而拥有各自独特的属性。与木材、石材及其他许多材料不同的是，金属能够被回收，再成型，或混合在一起来构成全新的金属类型。含铁成分的金属被称为铁金属，如钢、铸铁和锻铁。铁金属通常是最坚固的金属，但是容易被氧化。非铁金属不含有铁，例如铝、铜和铅。这些金属通常易于加工，且更加活跃。一般来说，非铁金属更贵重，且它们易于在自身表面形成一种抗氧化的保护层来防止过度风化。大多数建筑用的金属是合金或多种元素的混合体，可用来为特定用途制造出最适宜的性质来。金属具有相当广泛的特性，可以是有光泽的、易延展的、导热及导电的、可被氧化风化的、受热变脆的，因此被认为是最坚硬的建筑材料。

含有金属元素混合物及各种杂质的矿物质被称为矿石。从矿石中提炼金属的过程称为熔炼。多种金属化合，或以一种金属为基本材料、其他金属为辅料的化合物叫做合金。建筑中主要采用的元素有铁、铝、铜、锌和钛。金属很少以纯状态，而多以合金的方式加以使用，合金有更大的强度和耐久度。这些元素多数情况下与其他元素化合，为特定用途制造出适宜的性质。

金属常见的加工手法有：铸造、锻造、碾压、模压、冲压。

二、金属装修材料的种类

金属材料主要分为黑色金属和有色金属两大类。黑色金属是以铁为基本成分的金属及合金，如钢铁等；有色金属是指铁以外的其他金属，如铝、铜、铅、镁等及其合金。在装饰装修中，金属材料按应用部位的不同，可分为结构承重材和饰面材两大类。按加工形式不同，可分为波纹板、压型板、冲孔板等。

三、钢材及钢制品装饰材料

钢材是以生铁为原料，根据含碳量进行冶炼、加工而成的一种铁碳合金。钢材的碳含量小于2%，具有强度高、韧性强、塑性好，可焊、可锯、可切割，抗冲击性高以及工艺加工性能好等优点。

钢材按外形分，可分为型材、板材、管材、金属制品四大类。钢的高强度使其常作为建筑的结构构件被使用，常用的品种包括圆钢、扁钢、工字钢、槽钢、角钢及螺纹钢等。

在建筑装饰装修工程中，常用的钢材制品主要包括不锈钢及其制品、彩色涂层钢板、不锈钢包覆钢板、彩色不锈钢板、彩色压型板、不锈钢微孔吸声板、复合钢板浮雕艺术装饰板、镜面不锈钢板、钛金镜面板、搪瓷装饰板以及轻钢龙骨等。

(一) 不锈钢及其制品

不锈钢是一种常见的钢材，由钢材加工处理制作，耐腐蚀性强，但并非绝对不生锈。不锈钢经过长久的雨淋或被水侵蚀，表面仍会生锈，有锈时要及时擦拭，因为生锈太久就会很难除去，所以它的保养工作十分重要。

不锈钢是在钢中加入铬等合金元素制成的，是一种对钢具有保护、防锈作用的合金钢。其按所加元素不同可分铬不锈钢、铬镍不锈钢、高锰低铬不锈钢等品种，其钢号常由碳元素含量（千分含量）及合金元素的符号与含量（百分含量）来表示，如2Cr13Mn9Ni4。

不锈钢比普通非合金钢的膨胀系数大，导热系数小，韧性与延展性好，特别是其突出的耐腐蚀性及光泽性（光反射比可达90%以上），使其具有优异的耐久及装饰作用。

不锈钢有多种色彩的品种，主要制成钢板用于包柱、墙面与顶棚，还可做成各种管材、型材，用于护栏、扶手、边条及拉手、水龙头等五金配件，既可用于建筑雕塑，也可包覆在普通钢表面制成板材、管材等制品。不锈钢按表面效果分为：不锈钢拉丝板、镜面不锈钢板、彩色不锈钢板、不锈钢包覆钢板、不锈钢为空吸声板、不锈钢花纹板、钛金镜面板。

(二) 彩色涂层钢板

彩色涂层钢板又称塑料复合钢板，它是通过在热轧钢板上覆以0.2~0.4mm的半硬质聚氯乙烯薄膜或其他树脂制成。涂层可配制成各种颜色和花纹，如布纹、木纹、大理石纹，等等，目前产品已有成千种色彩和几百个花色品种。这种板材有单面覆膜和双面覆膜两种类型。彩色涂层钢板耐磨、耐冲击、耐潮湿，绝缘性能好，具有良好的加工性能，弯曲加工时涂层不受损。彩色涂层钢板可用于室内外墙板、地板、顶棚、窗帷等装饰，也可用作暖气片、通风管道等设备，还可用于交通、农业机械、生活用品等方面。

（三）彩色压型钢板

彩色压型钢板是由镀锌钢板经冷压制成波形表面的钢板，通过对表面处理可以得到各种色彩。彩色压型钢板质感好、耐腐蚀、耐久、易安装，装饰效果独特，可用作建筑幕墙非承重的外挂板，包括建筑屋面、墙板、墙面装饰等。

（四）轻钢龙骨

龙骨是指罩面板的骨架材料。轻钢龙骨是以冷轧钢板、镀锌钢板或彩色涂层钢板为原料，经冷弯工艺生产而成的薄壁材料。它具有强度大、通用性强、耐火性好、安装简易等优点，可用于装备各类型的石膏板、钙塑板、吸音板等板材，主要用于作罩面板装饰的龙骨支架等。按型材断面形状可分为C形、U形、T形和L形等形式；其用途及安装部位可分为承载龙骨（主龙骨）、覆面龙骨（副龙骨）和边龙骨等；用作吊顶的轻钢龙骨，钢板厚度为0.7~1.5mm；吊顶轻钢龙骨的配件主要有吊件、挂件、连接件及挂插件等；罩面板可以选用石膏板、矿棉吸声板、塑料装饰板、金属装饰板等（图3.22、图3.23）。

图3.22　轻钢龙骨吊顶

图3.23　金属楼梯

四、铝材及铝合金装饰材料

铝是地壳中含量丰富的元素之一，是建筑建造中最常使用的金属。其质轻(密度为 2.7g/cm^3)，呈银白色，具有高反光性，导热性、导电性强，塑性与延展性好，耐大气腐蚀性较强等优点，但其硬度与强度较低。铝可在建筑中用于许多不同的功能和位置，最常见的就是用于屋顶、覆层、泛水、幕墙和玻璃装配系统、绝缘体、管道系统、五金件和灯具。它是一种典型用于建筑次级体系的材料，但高强度铝合金也同样适用于结构。随着建筑业在材料性能上变得更为灵活、更富有创造性以及更吸引用户，这些用途还将得到不断拓展(图 3.24)。

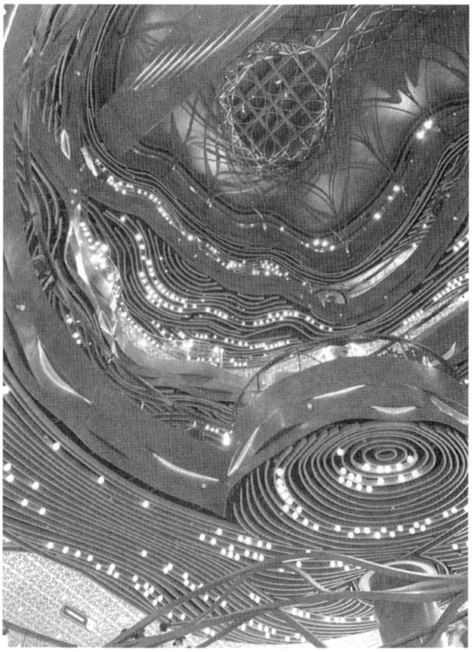

图 3.24　香港 K11MUSEA 独具特色的流动性手绘铝板

铝耐风化度较高，远胜于钢材，而且比钢材、铜和其他多数金属更轻。铝在相同重量下其强度也比钢材高。然而铝也存在缺陷，与钢材相比成本高、热胀冷缩系数大、耐火性差等。

加工钢材的各种方法同样也可以用来制造铝，包括铸造、热轧和冷轧，但是铝可以在比钢材低得多的温度下进行加工，这是由于铝的熔点要比钢低近 1000°，这使铝成为生产过程中的一种廉价和安全的材料。铝的提纯需要耗费大量的电，因此材料的再循环行业成为铝材业颇具广泛性的第二大贸易。这里的铝材是指铝加入其他合金元素而形成的合金铝，是常见的有色金属之一。

出于建造的目的，铝通常都被转化为铝合金来使用。大多数情况下铝和铜、锰、锌、硅、镁或镁与硅一起进行化合。其中各种合金都被设计用于特定的目的，例如铸造、增加强度或航空用途等。铝合金的广泛用途可以被分为以下三种类型：

(1)非热处理合金，是锰与镁合金。它们比其他铝合金更为强韧，且主要用于波状和槽形面板的屋顶和覆层。

(2)热处理合金，是铝-镁-硅合金和铝-铜-镁-硅合金。它们并不像非热处理铝合金那么强韧，耐风化度较低，但更为耐火。它们代表性的用途是结构与固定。

(3)铸造合金，是硅，硅-铜，和硅-镁合金，可用于铸造。铝的强度随着合金的用途而变化。纯铝对于结构用途来说过于柔软，因此仅用于支撑屋顶和遮雨板。依靠其中所结合的合金，铝可以通过冲模挤制，实现更为多样和复杂的造型。

五、铜材

在建筑建造中，铜通常与锌相结合用作合金。它优于含铁金属(那些来自铁矿石的金属)的重要方面在于它的抗腐蚀性。如今，铜主要以薄片的形式出现在屋顶系统、覆层及表面加工细部。它同时也被用于表面加工细部、水槽和落水管。黄铜与青铜都是铜合金，但两者之间基于各自元素含量的不同而存在着并不严格的区分。展现出更黄色表面的铜锌合金通常是黄铜，而更红与更褐色的合金是青铜。黄铜和青铜比铜更坚硬，且并不易于塑型，然而它们却要比钢材柔软得多。这些合金在大多数情况下用于门框、栏杆、窗框、扣件和其他配件中。除它们的高抗腐蚀性之外，铜合金同时还能呈现出氧化的铜绿，这能够创造出丰富的表面色彩。

铜是一种柔软且易于机械加工的金属，即使它同样具有强度。它相对密度较大，具有高导电性。然而，铜的强度/重量比率较低，这使它无法成为一种较好的建筑结构用金属。它的延展性使它易于在薄片边缘折叠和接缝，实现洁净且尺寸精准的覆层表面。它的抗腐蚀性使它作为室外用途十分理想，但必须注意溢出材料的水。来自铜屋顶或铜壁板的径流水会抑制植物的生长，尽管它对动物没有影响。此外，在树干或树枝上嵌入铜钉或铜扣件会导致树的死亡。铜径流水的影响来自绿色铜硫酸盐的侵蚀，这种物质来自邻近、多孔渗水的材料如石灰石、灰泥、混凝土和其他浅色材料，可以通过慎重考虑细部设计来避免这个问题。

铜是最佳的传导金属，它在电力传输、照明和金属电路方面广泛运用。因为铜是一种重金属且相对昂贵，它通常作薄片状使用。铜无法承受其自身的重量，通常由其他材料(如木材或石材)来支撑。

第八节　装饰塑料类

塑料第一次得到明确界定是在19世纪，20世纪20年代则是塑料进行巨大革新和创造的时期。首例全部人工合成的塑料是由纽约的化学家利奥·贝克兰于1907年发明的。他创造出热硬化性的液态树脂，被称作"贝克莱特"，即酚醛塑料。这种材料阻电、化学性稳定、耐热、耐震，而且不易开裂或褪色。酚醛塑料开始出现在许多用途中，并且如今仍作为一种电绝缘体为人们所使用，或者添加到木材中使其更加耐用。

塑料质轻，有弹性，通常抗腐和防潮，并且可以塑形成为复杂的形态。尽管近年来它们在建筑施工方面的使用有着突出的发展，但这种材料对于建筑业来说仍是相对较新的。塑料一般可以被定义为链状的分子结构，这种结构是通过改变天然产物或将石油、天然气、煤产品改造成为一种特定物体而形成的。但是，大多数合成塑料是由原油蒸馏制成的，约占世界石油资源应用的8%。所有的塑料都含有碳，它能够和其他原子结合形成化学层面上的环和链。长的链状分子叫做分子聚合物，而短的链状分子则被称为单分子物体。分子聚合物是一连串不透明的、透明的或半透明的分子，它可以被塑形、挤压成形、浇制或拉制成丝。

根据热成型方式，塑料通常可以分为热塑性塑料和热固性塑料两类。热塑性塑料在热量和压力的作用下会产生变形并能多次重塑为新的形状。热固性塑料在调整和成形后，不会在热量的作用下分解为可重构的化学成分，于是可以被用在温度更高的情况下。

建筑装饰塑料是指用于建筑工程的各种塑料及制品，这类材料在一定的温度和压力下具有较大的可塑性，容易做成所需的各种形状、尺寸的制品，而成型后，在常温下又能保持已得的形状和必需的强度，是一种理想的代替木材或者部分钢材这种传统材料的新型材料。按形态划分常见的有管材、薄板、型材、薄膜、膜制品、复合板材、溶液或乳液等，常用于建筑及室内的各界面、门窗等部位的装饰装修。

一、装修塑料的组成

(1)树脂：树脂是塑料的主要成分，作用是将各组成成分粘接成一个整体。树脂有天然树脂和合成树脂两种，目前大多采用合成树脂制作塑料。使用不同品种的树脂，塑料会体现不同的性能。

(2)填料：又称填充剂，能增强塑料性能。

(3)着色剂：分为染料和颜料两类，起到着色美化作用。

(4)增塑剂：提高塑料加工时的可塑性及流动性，使塑料制品具有柔韧性。

(5)其他助剂：如稳定剂、固化剂、偶联剂、抗静电剂、发泡剂、阻燃剂、防霉剂等，根据塑料使用及加工需要加入，可优化塑料制品的性能。

二、几种常见的塑料装修制品

(一)建筑塑料管道

(1)硬聚氯乙烯(PVC-U)管道，以聚氯乙烯树脂为主要原料，加入稳定剂、改性剂后，以挤塑法加工而成的管材。它可以输送介质的温度在40℃以内，直径通常为20~1000mm，主要应用于室内冷水管、雨水管等。

(2)氯化聚氯乙烯(PVC-C)管材，与聚氯乙烯管材相比，它提高了耐热性，可输送介质的温度为90℃左右，有良好的抗燃性，机械强度较高，主要做非饮水管(使用的胶水有毒)，如电力电缆的保护等。

(3)PP-R管材(三型聚丙烯管)，它无毒、内壁光滑、保温绝热性能好，长期使用温度在70℃左右，可作为饮用水管或冷热水管。

(4)丁烯管(PB管)，其强度高、韧性好、耐温可达到110℃，但易燃、价钱高，适用于饮用水及冷热水输送，也可用于供暖用管。

(5)ABS树脂，是一种新型合成树脂，具有坚韧质硬、刚性好、无毒、无味、不透水、耐腐蚀性能好等优点，常用于把手、配件，如马桶水箱里面的冲水件。

(二)塑料装饰板

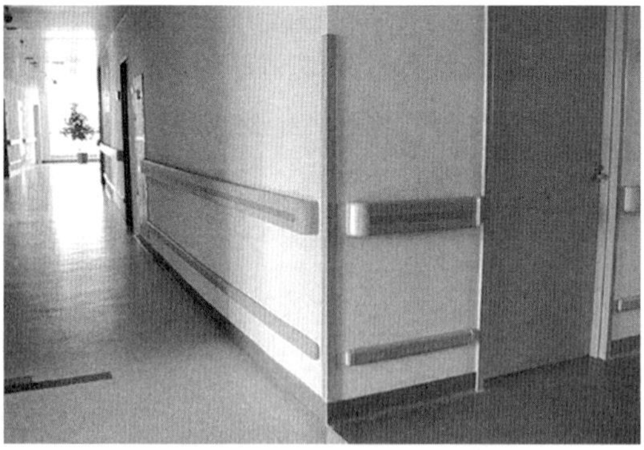

图3.25 PVC装饰板

PVC装饰板是以聚氯乙烯(PVC)为主要原料制成的装饰板，其有硬质与软质之分，且可制成波形板(波纹板)、异型板和格子板等。聚氯乙烯是建筑工程塑料中用量最大的合成树脂之一，其具有优良的机械性能及耐化学腐蚀性，但也存在脆性、耐热性较差等不足。常见的塑料装饰板有硬PVC板、PVC装饰塑料扣板、软质PVC板等(图3.25)。

(三)有机玻璃板

一种具有极好透光度的热塑性塑料，分为无色透明有机玻璃、有色透明有机玻璃、有色半透明有机玻璃、有色非透明有机玻璃。有机玻璃板也叫亚克力，一般常提到的亚克力制品有亚克力板、亚克力塑料粒、亚克力灯具、亚克力洁具、亚克力人造石、亚克力树脂等。其透光率好、机械强度较高、绝缘性能较好，但质地较脆；主要适用于广告灯箱片、装饰灯罩、吸顶灯罩，等等。

除此之外，像张拉膜、波音装饰软片、聚乙烯塑料装饰板、玻璃卡普隆板（PC 板）、千丝板等都在装饰装修中经常使用。

装饰塑料因其轻质、多样性、耐久性和易于加工等特点，成为现代建筑和室内设计中不可或缺的材料选择。随着技术的进步和环保意识的增强，装饰塑料的应用将更加广泛，推动设计的创新与发展。

第九节　装饰织物类

这里的装饰织物主要指纤维装饰制品，纤维装饰制品的应用有着悠久的历史，如地毯的使用已有数个世纪，我国少数民族手工编织的羊毛地毯蕴含着灿烂的文化，深受消费者的青睐。在出现了优质的合成纤维和改进的人造纤维后，室内的墙板、天花板、地板、家具饰面等处，都广泛采用优质纤维品作装饰材料、隔热材料和吸声材料。

一、纤维织物的特点

不同类别的纤维能织成不同类别的织物，织物都具有所构成织物纤维的性质。同类纤维由于织造方法的不同，经纬纱支的粗细、数量、密度、组织结构的不同，就产生各不相同的织物品种。不同品种的织物除具有所组成的纤维性质外，都有着自己的特点。在混纺织物中，织物基本倾向纤维比例较多一方的纤维性质，混纺织物的性质将随着纤维之间比例的改变而改变。

（一）棉纤维织物的特点

强度高、着色性和吸水性良好、抗皱性好、耐热性较好，对染料具有良好的亲和力，染色容易，色谱齐全，色泽较鲜艳，在常温下耐稀碱；但拉伸性较差，耐酸性差。

（二）麻纤维织物的特点

强度高（居天然纤维织物之首）、吸湿性好、导热性强，触感凉爽，染色性能好，色泽鲜艳，不易褪色，对碱、酸都不太敏感，在烧碱中可发生丝光作用，使强度、光泽增强；在稀酸中短时间作用（1～2 分钟）后，基本上不发生变化，抗霉性好，不易受潮发霉。

(三)毛纤维织物的特点

拉伸性高，耐磨性好，耐光性好，耐酸性好；强度低、抗皱性差，耐热性差(羊毛的耐热性是所有天然纤维中最差的)；热可塑性和热收缩性很强，在制作这类织物时，裁剪规格要略大些；不宜长时间在日光下曝晒，否则会失去毛纤维独有的油润光泽而泛黄；毛纤维织物的染色性能好，可用多种染料上染，且色彩鲜艳柔和，色谱齐全。

(四)丝纤维织物的特点

质地轻盈、滑爽，富有弹性、吸湿透气性好；外观华丽、有光泽、柔软平滑，抑菌，拉力强，不易折皱起毛，不导电，吸湿遇水会收缩卷曲。

(五)粘胶纤维织物的特点

手感柔软光泽好，吸湿性、透气性良好，染色性能好，容易上色，色彩纯正、艳丽，色谱齐全；湿牢度差，弹性较差，织物易折皱且不易恢复，耐酸、耐碱性较棉纤维差。

(六)涤纶织物的特点

强度大，耐磨性较好，抗皱性和保形性好，织物挺括不皱，耐热性较强，化学稳定性较好，尺寸稳定，易洗快干；吸湿性较差、不透气，易燃，纤维之间的抱合力差。

(七)腈纶织物的特点

手感蓬松柔软、保暖性能好，弹性好，有较好的耐日光性，润湿性比羊毛、丝纤维织物好；吸湿性欠佳，耐磨性差，在合成纤维织物中最不耐磨。

(八)丙纶织物的特点

强度高、价廉、耐化学腐蚀、导湿性、手感细腻、柔软、悬垂性好，轻盈、飘逸，爽滑性较好；但染色性能差、耐光性差、不耐高温，织物受日光照射后，强度明显降低。

(九)锦纶织物的特点

强度高，耐磨性优(强度及耐磨性居所有纤维织物之首)，保湿性好，耐酸、耐碱、防虫蛀，染色性好，热塑性好；吸湿性和通透性都较差，干燥环境易产生静电，其耐热、耐光性欠佳，形性差。

二、墙面装饰织物

在现代建筑中，钢筋混凝土、玻璃幕墙、金属饰面板、石材与陶瓷给人以一种冷漠生硬之感。而织物装饰饰面，则能以其独特的柔软质地和特殊效果的色彩来柔化空间、美化环境，从而营造出温暖、祥和的氛围，使人在紧张工作之余获得精神上的慰藉。

墙面装饰织物是指以纺织物和编织物为面料制成的壁纸(或墙布)，其原料可以是丝、羊毛、棉、麻或化纤等，也可以是草、树叶等天然材料。

(一)纺织纤维壁纸

纺织纤维壁纸是由棉、毛、麻、丝等天然纤维及化学纤维制成各种色泽、花式的粗细纱或织物，再与木浆基纸贴合制成。也有用扁草、竹丝或麻皮条等经漂白或染色再与棉线交织后同基纸贴合制成的植物纤维壁纸。贴合胶黏剂可选用 PVA 或丙烯酸系胶黏剂。

纺织纤维壁纸质感强、立体感强，色调柔和、高雅，具有无毒、吸声、透气等功能，不褪色、耐磨、耐晒、无塑料气味、无静电且强度高于塑料壁纸，有一定的调湿和防止墙面结露长霉的功效，其视觉效果好，特别是天然纤维以其丰富的质感具有很好的装饰效果，是新型高档装饰材料。它给人以大自然的质感和效果，适用于宾馆、饭店、办公大楼、会议室、接待室、疗养所、计算机房、广播室及家庭卧室等墙面装饰。

(二)无纺贴墙布

无纺贴墙布是采用棉、麻等天然纤维或涤纶、腈纶等合成纤维，经过无纺成型、上树脂、印制彩色花纹而成的一种新型内墙装饰材料。

无纺贴墙布的特点是挺拔、富有弹性、不易折断、表面光洁而又有羊绒毛感；纤维不老化、不散失，对皮肤无刺激作用。无纺贴墙布色彩鲜艳，图案雅致，不褪色，具有一定的透气性，又具有一定的防潮性，能用洁净湿布擦洗。无纺贴墙布粘贴方便，适用于各种建筑物的室内墙面装饰。尤其是涤纶无纺贴墙布，除了具有麻质无纺贴墙布的所有性能外，由于其原料为涤纶纤维，所以还具有质地细洁光滑的特点，特别适用于高级宾馆、高级住宅等建筑物的室内装饰。

(三)化纤装饰贴墙布

化纤装饰贴墙布是以化学纤维织成的布(单纶或多纶)为基材，经一定处理后印花而成的。常用的化学纤维有粘胶纤维、醋酯纤维、丙纶、腈纶、锦纶和涤纶等。所谓“多纶”是指多种化纤与棉纱混纺制成的贴墙布。这种墙布具有无毒、无味、透气、防潮、耐磨及不分层等特点，具有多种花色和品种，美观耐用，光洁大方。其规格为宽度

820~840mm，厚度 0. 15~0. 18mm，卷长 50mm，适用于各级宾馆、饭店、办公室、会议室及居民住宅。

(四)高级墙面装饰织物

在墙面装饰中，织物所具有的独特质感和触感是其他任何材料不能相比的。高级墙面装饰织物是指锦缎、丝绒、呢料等织物，这些织物由于纤维材料、织造方法及处理工艺不同，所产生的质感和装饰效果也不相同，因而给人的美感也有所不同。

高级场所装饰织物采用锦缎浮挂墙面的做法，在我国已有悠久的历史。锦缎也称织锦缎，是我国的一种传统丝织装饰品，其上织有绚丽多彩、古雅精致的各种图案，加上丝织品本身的质感与丝光效果，使其显得高雅华贵，具有很好的装饰效果。常被用于高档室内墙面的浮挂装饰，也可用于室内高级墙面的裱糊，但因其价格昂贵，柔软易变形、施工难度大、不能擦洗、不耐脏、不耐光、易留下水渍的痕迹、易发霉，故应用受到了很大的限制。

丝绒色彩华丽，质感厚实，格调高雅，主要用作高级建筑室内窗帘、软隔断或浮挂，可营造出富贵、豪华的氛围。

粗毛呢料、仿毛化纤织物和麻类织物，质感粗实厚重，具有温暖感，吸声性能好，还能从纹理上显示出厚实、古朴等特色，适用于高级宾馆等公共厅堂柱面的裱糊装饰。

总的来说，墙面装饰织物是目前使用率较高的一类室内软装性装饰建材，在塑造空间的能力上，有着非常大的空间。随着科技的发展，具有各种肌理、图案、功能性的墙纸层出不穷，带给人无限的创造力。

随着科学技术的进步和社会的发展，人们对生活环境的要求越来越高。建筑装饰设计早已从纯粹追求艺术美，逐渐向集环保、节能、美学于一体的方向发展，越来越多的新型材料也应运而生。此后，在建筑装饰行业持续发展的同时，各种绿色节能环保装饰材料的广泛应用是建筑装饰施工的大势所趋，例如环保涂料、无甲醛装饰材料、智能材料等以及废弃材料的回收处理等，这些对于节约能源、降低消耗、保护人体健康和生态环境方面都有着重要的意义。在未来的发展中，我们需要积极探索，勇于创新，加大节能环保材料的应用力度，创造安全、健康的生活工作环境。

思考题

1. 建筑装饰材料可以根据哪些标准进行分类？请列举并解释每种分类标准的意义。

2. 选择三种常见的建筑装饰材料(如木材、石材、金属)，分析它们的物理和化学性质，以及在建筑中的应用场景。

3. 建筑装饰材料的选择如何影响建筑的功能性？请分析具体的建筑实例，讨论材料选择如何满足特定的功能需求。

第四章 新型装饰材料的发展与应用趋势

随着全球经济的快速发展，建筑和室内装饰行业也经历了巨大的变革。经济的繁荣带来了基础设施建设和住宅需求量的激增，传统装饰材料已经难以满足市场对高性能、个性化和可持续性的需求。新型装饰材料的开发与应用不仅提升了建筑的美观性和功能性，也带动了相关产业链的创新和发展。

根据《2023 年全球建筑装饰材料市场报告》，新型装饰材料市场展现出强劲的增长势头和可观的发展潜力，预计在数年内持续扩张，并形成重要市场规模。这一增长趋势反映了市场对高性能、环保材料的强烈需求。同时科技的飞速发展为新型装饰材料的研发提供了坚实的基础。纳米技术、复合材料技术、生物材料技术等的应用，使得材料在性能、功能、工艺等方面实现了突破。例如，上海世博会中的意大利馆使用了透光混凝土材料，不仅提升了建筑美观度，还大幅降低了能耗。

现代消费者对生活品质的追求不断提升，对装饰材料的需求也日益多样化。他们不仅要求材料具备优良的装饰效果，还希望其具备健康、环保、节能等多种功能。新型装饰材料以其多样性和功能性，满足了消费者的多重需求，逐渐成为市场的新宠。未来，随着环保法规的日益严格，环保型装饰材料将逐渐成为市场主流。

相比传统材料，新型建筑装饰材料展现出许多优势，如更新换代速度快、轻质高强、外观新颖、性能卓越、无污染、多功能以及技术含量高。这些优点不仅提升了建筑的功能性和美观性，还促进了建筑装饰行业向绿色环保、节能低碳的转型。

目前，市场上涌现出多种新型装饰材料，如生物基复合材料、透光混凝土、水波纹不锈钢、超薄柔性石材、玻璃砖和夯土水泥浇筑板等。这些材料在建筑装饰领域中扮演着重要角色，以其独特的性能和优势，满足了现代建筑对美观与实用的双重需求，推动了行业的不断发展和创新(图 4.1--图 4.8)。

图 4.1 泡沫铝新型材料

图 4.2 发光混凝土新型材料

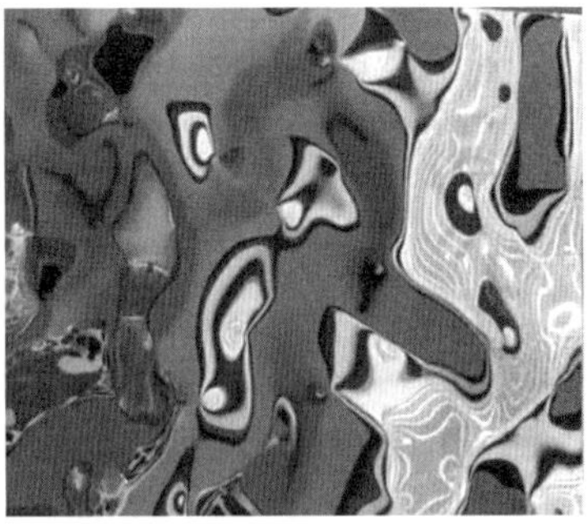
图 4.3 不锈钢水波纹板

图 4.4 液态金属材料

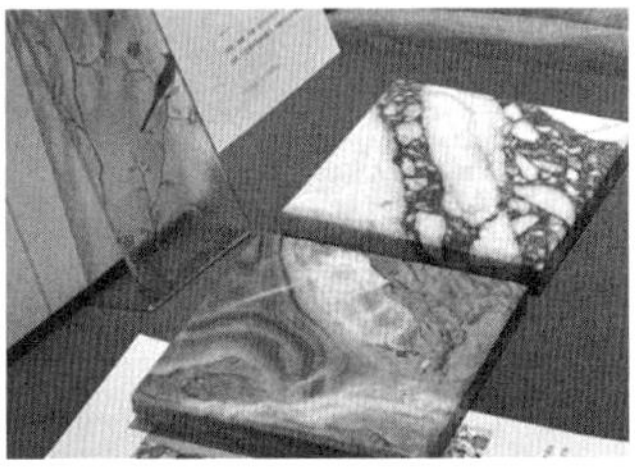
图 4.5 新型大理石材料

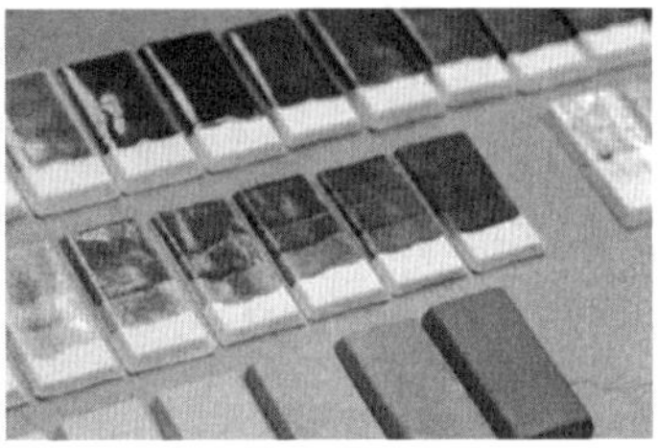
图 4.6 回收旧金属材料

图 4.7 3D 打印材料

图 4.8 海洋基体材料

第一节 新型装饰材料概况

新型装饰材料是指在性能、功能、工艺等方面实现了创新，并逐步应用于建筑装饰领域的新兴材料。相较传统装饰材料，新型装饰材料展现出更高的环保性、节能性和耐久性，能够更好地满足现代建筑对材料的高标准需求。这些新型装饰材料通常由技术创新、材料复合、循环利用和绿色制造而成，体现了现代科技在建筑材料领域的最新成果，具有创新性、环保性、健康性、功能性、多样性等特点。

新型装饰材料具有以下优势：

(1)实用性较强。随着社会的不断发展和人们生活水平的显著提高，建筑需求也在发生变化，逐渐向实用性方向发展。新型装饰材料能够弥补传统装饰材料的不足，通过多种技术手段充分发挥其功能，而不仅仅局限于装饰效果。例如，新的墙面涂层不仅具有美观的装饰效果，还具备隔热和防潮功能，这对建筑工程的实用性至关重要。

(2)个性化形态设计。在建筑形态设计方面，视觉效果的个性化需求仍然受到重视。虽然建筑工程日益注重实用性，但新型装饰材料在设计方式上更加灵活多样，能够更好地满足客户的个性化需求。设计师们通常会根据客户的意见进行设计，以实现个性化的建筑形式。与传统装饰材料相比，新型材料的设计方式更加灵活多变，能够促使建筑装饰设计不断创新，使客户的个性化需求得到更好的满足。

(3)环保价值。新型装饰材料的环保价值首先体现在其无毒无害的特性上。传统装饰材料如油漆、黏合剂等往往含有大量挥发性有机化合物(VOC)和其他有害物质，这些物质在使用过程中会挥发到空气中，影响室内空气质量，对人体健康造成危害。相比之下，新型装饰材料在研发过程中采用了先进的环保技术和材料配方，有效减少甚至完全避免了有毒有害物质的使用。例如，水性涂料因其低 VOC 含量，成为环保涂料的代表。它不仅减少了施工过程中的有害气体释放，还确保了使用过程中的安全性。

新型装饰材料的无污染特性表现在其生产、使用和废弃处理的全生命周期中。传统材料在生产过程中往往会产生大量的工业废水、废气和固体废弃物，对环境造成污染。而新型装饰材料通过采用绿色制造工艺和清洁生产技术，显著减少了污染物的排放。例如，生物基材料和可再生资源材料在生产过程中基本不产生污染物，其制造工艺本身也具有低能耗、低排放的特点。此外，这些材料在使用寿命结束后，可以通过回收再利用或自然降解的方式，避免废弃物对环境造成污染。

节能性是新型装饰材料的重要环保特性之一。许多新型装饰材料具有良好的隔热、保温、隔音性能，能够有效降低建筑物的能源消耗。如高性能复合材料和纳米涂层材料具有优异的隔热性能，可以减少建筑物冬季的供暖需求和夏季的制冷需求，从而达到节能的目的。透光混凝土通过将光纤嵌入混凝土，能够将自然光引入室内，减少对人工照明的依赖，进一步降低能耗。这些节能特性不仅有助于减少能源消耗，还能降低建筑运营成本，提升经济效益。

一、新型装饰材料的技术创新点

(一)材料复合技术

高性能复合材料通过将碳纤维、玻璃纤维等高强度纤维材料与树脂、金属等基体材料复合，制造出轻质高强、耐腐蚀的建筑材料。这些材料广泛应用于结构部件和装饰面板中。例如，碳纤维增强复合材料因其高强度和轻质特性，在桥梁、屋顶和幕墙系统中有广泛应用，不仅提升了建筑物的抗震性能，还减少了建筑物的自重，提高了施工效率。

透光混凝土是一种通过将光纤或其他透明材料嵌入混凝土制造出的新型材料。这种材料结合了混凝土的强度和玻璃的透光性，适用于建筑外墙、室内隔断等场景。透光混凝土不仅提供了独特的视觉效果和光线传输功能，还能在节能照明方面发挥重要作用。例如，在白天，透光混凝土能将自然光引入室内，减少对人工照明的需求，从而降低能耗。

（二）绿色制造工艺

绿色制造工艺强调在生产过程中减少能源消耗和碳排放。采用高效节能的生产设备和工艺，如利用太阳能、风能等可再生能源，是一种有效的方式。例如，生产玻璃砖时采用太阳能熔炼技术，不仅有效降低了能源消耗，还减少了二氧化碳的排放，符合绿色建筑的要求。

环保涂料通过改进涂层配方和工艺，研发出低挥发性有机化合物（VOC）涂料和无毒无害的环保涂料。这些涂料减少了对环境和人体的危害。例如，水性涂料替代传统溶剂型涂料，在施工过程中几乎不释放有害气体，确保施工环境和室内空气质量更健康。

（三）循环利用技术

利用工业废料、农作物秸秆等废弃物，通过高分子界面化学和塑料填充改性技术，生产环保木塑材料。这些材料不仅降低了资源消耗，还实现了废弃物的循环利用，减少了环境污染。例如，利用废旧木材和塑料混合制成的木塑复合材料，可以用于地板、墙板和户外家具，具有优异的防水、防腐性能。生物基材料利用植物纤维、菌丝体等可再生资源制造新型装饰材料，如茶叶板、菌丝体灯等。这些材料在使用寿命结束后可以自然降解或回归生态循环系统。其中，茶叶板由茶叶纤维和茶叶提取物制成，不仅环保，还具有独特的东方文化特色和自然香味，可广泛应用于室内装饰和家具制造中。

（四）高性能改性

通过在材料中引入纳米级别的添加剂或涂层，可以有效提高材料的力学性能、耐久性和抗菌性。例如，纳米二氧化钛涂层可显著提升材料的自清洁性能和抗紫外线能力。纳米涂层能够在表面形成一层保护膜，防止污渍附着，并且在阳光照射下能够分解有害物质，保持材料表面长期洁净。

通过化学或物理方法对材料进行改性，赋予其特殊功能，如防火、防水、隔音等。例如，微水泥的生产工艺中加入防水剂和增韧剂，使其具备优异的防水性和耐磨性。微水泥不仅可以用于室内地面和墙面装饰，还适用于潮湿环境，如浴室和厨房，其防水性能显著提升了材料的使用寿命和安全性。

二、新型装饰材料的特点

社会的快速发展和人们对环境健康的日益关注推动了装饰材料行业的重大变革。所谓新型装饰材料，不仅仅是在外观和功能上的创新，更是一种深入人心的设计哲学，即将人的需求和环境的可持续性放在首位。这些材料通过采用环保无毒的成分、提高能效和耐用性，并采用可回收或可再生的资源，实现了装饰性与环保性的完美结合。例如，新型的生物降解塑料和低挥发性有机化合物（VOC）涂料，不仅提供了更多的设计选择，而且显著降低了室内空气污染，改善了居住者的生活质量。

（一）可持续发展

在过去的几十年里，建筑业一直是世界上较大的资源消耗行业之一，其对能源的需求和对环境的影响都相当巨大。装饰材料在建筑设计中起着至关重要的作用，其应用对建筑的美观度和实用性具有重要影响。因此，通过研究和推广可持续应用的装饰材料，可以促进建筑行业在资源利用、能源消耗和环境保护方面的可持续发展。

在可持续发展的背景下，新型装饰材料的发展趋势已经从单纯的性能提升转为对环境、社会和经济可持续性的全面考量。这些材料的发展不再局限于传统的生产和使用模式，而是更加注重生态平衡和可持续性。新型装饰材料的评估标准也从单一的性能指标转向为综合考虑环境、社会和经济影响的多维度评价。在这种背景下，新型装饰材料的发展不仅仅是技术的革新，更是对整个生产链和消费模式的重新思考。例如，通过采用高效节能的生产技术，减少资源消耗和废物产生，新型装饰材料旨在实现资源的最大化利用和循环利用。此外，这些材料的设计和应用也考虑到了其整个生命周期的环境影响，包括原材料的采集、生产过程、使用寿命以及废弃后的处理方式，从而在提升生活品质的同时，减少对环境的影响。

可持续应用装饰材料可以提高建筑的环保性能。随着人们对环境问题的重视程度逐渐增强和对建筑能源效益的要求日益提高，采用可持续应用的装饰材料成为一种重要的选择。这些材料往往具有低碳排放、低能耗、可回收再利用等特点，可以大大降低建筑的环境负荷，提高建筑的节能性能。同时，可持续应用的装饰材料还可以改善室内环境质量，减少有害物质的释放，提升人们的生活品质和工作舒适度。

（二）新型材料的功能特性

在功能性方面，新型材料具有更好的物理性能，如更高的强度、更好的耐久性和抗磨损性。例如，一些新型的高性能混凝土和金属合金在承重和耐久性方面远超传统材料。同时，新型材料能够更好地适应不同的环境条件，如温度、湿度和光照。新型聚合物材料可以适应极端的温度变化，而不会失去其性能。

传统装饰材料如砖石、混凝土等在遭遇地震或其他震动时，容易出现开裂、脱落等问题，给人员安全带来隐患。而新型材料如轻质隔墙板、纤维水泥板等，具有良好的抗震韧性，即使在剧烈震动下也不会轻易破损，从而有效保障了居住者的人身安全。

新型材料通常更容易维护和清洁，降低了长期的维护成本。新型材料表面涂层可以提供自清洁特性，减少污渍和细菌。许多新型装饰材料采用了模块化的设计，如干挂式外墙板、铝塑板等，施工时只需要将预制好的模块组装即可，大大降低了施工难度和工期。同时，其施工过程中，无须使用传统的油漆、胶水等化学品，减少了对环境的污染，更加环保。

(三)新型材料的美学特性

在美学性方面，新型材料为设计师提供了更广泛的颜色和纹理选择，进而创造出更具吸引力的室内空间。新型装饰材料的颜色选择空前丰富，不仅包括了传统的暖色、冷色系，还拥有金属色、荧光色等新颖的色彩，可以满足不同风格和个性化的装修需求。从仿石材纹理到仿木纹理，从拉丝纹理到雕花纹理，新型材料的表面纹理种类繁多，让室内空间的装饰效果更加丰富多彩。全新的材质赋予了新型装饰材料独特的质感体验，如金属质感、水晶质感等，使空间装饰更加时尚前卫，如高性能玻璃和透明聚合物提供了不同的透明度和光泽选项，可以创造出独特的视觉效果和光影效果，为室内空间增添层次感和立体感。新型材料通常更容易定制，以满足特定的设计需求，例如一些新型织物和壁纸可以根据设计师的要求定制图案和尺寸，提供更多个性化的选择。

第二节 新兴装饰材料

一、生物基材料

(一)茶叶板

茶叶板由茶叶纤维和茶叶提取物制成，100%植物基，具有坚固强韧、无甲醛和可自然降解的特性。这种材料不仅环保，还具有独特的东方文化特色，其天然的茶叶香味和色泽增加了室内装饰的美感。茶叶板非常适合用于绿色环保装潢，特别是在室内景观和空间装饰雕塑中。它也可以用于制作室内家具，如茶几、书架等，为家具增添一份独特的自然气息。此外，茶叶板还可用于墙面装饰和艺术品制作，进一步彰显其多功能性和美学价值(图4.9)。

(二)椰壳板

椰壳板是一种新型环保建材，将干燥的椰壳经过切割并去丝、磨光后，再由手工拼组而成。纯人工的编排制作，使板材具有多样、独特的纹理效果，可用于背景墙面或间隔墙面，能够打造出浓郁的东南亚风情。

经过打磨的椰壳色泽自然，多半为咖啡色，其颜色的深浅与其生长的年限、光照强度等自然条件有关。为了避免成品板材过于单调，可以在拼贴时做一些调整。通常情况下有三种颜色的成品：普通椰壳板、洗白椰壳板、黑亮椰壳板。椰壳板材通常采用环保胶水和椰壳纤维制作，符合环保要求。相比传统的合成材料，椰壳板材在制作过程中产生的环境污染较少。

椰壳板材可以通过切割、雕刻、上漆和涂饰等处理方式，用于制作家具。酒店、厅堂、卧室、酒吧等场所都常出现椰壳板的室内外装饰，椰壳板除了可以用来装饰背景墙和间隔墙面，还可以用于家具的饰面装饰，如茶几、梳妆台、椅子、吧台等，其装饰效果往往能体现出质朴的自然风格，浓郁的艺术气息和与众不同的雅致格调(图 4.10)。

图 4.9　茶叶板材料

图 4.10　椰壳板材料

(三)菌丝体灯

在蘑菇的可见表面以下，有着长长的根，称为菌丝体。这些菌丝是极细的白色丝状物，向四周发展，形成一个快速生长的复杂网络。将真菌植入一个合适的基质时，菌丝就会像胶水一样，将基质黏合起来，使其变坚实。合适的基质可以由锯末、磨木、秸秆等农业、林业废弃的材料组成，通过真菌培养形成有机砖，用于建设，之后也可分解并返回到碳循环。

菌丝体灯利用真菌菌丝体构建而成，采用可再生材料如农业废弃物和木屑，具有环保和创意的双重特点。菌丝体的生长形态可以自由定制，提供了无限的设计可能性。这种材料特别适用于灯具设计，可定制形状和结构，使其在装饰照明的同时既具功能性又具观赏性。菌丝体灯可以作为室内装饰的点睛之笔，增加空间的趣味性和自然气息。

菌丝体具有良好的热学特性，包括隔热保温性能、阻燃性，同时还具有短时间的防水性能，能用于制作盆和碟子等家居用品。设计师 Nir Meiri 创造了一系列使用蘑菇菌丝体的台灯，作为合成材料的替代品。每个台灯的灯罩都是由菌丝体真菌的营养部分制成，而更常规的金属形成了支架和底座。每个灯都由一个单独的光源从下面照亮，该光源投射到菌丝体的灯罩上，营造出柔和自然的光泽(图 4.11、图 4.12)。在 2019 年荷兰设计周(10 月 19—27 日)上，标志性的“生长展馆”(The Growing Pavilion)作为全球首个几乎完全由生物基材料建造的临时性建筑亮相。展馆的外墙由 88 块菌丝体面板组成，这些面板通过将蘑菇菌丝体与天然纤维(如大麻或亚麻)混合，在特制模具中培养而成。经过干燥处理后，菌丝体停止生长，形成具有轻质、防火、防水和良好声学性能的面板，适用于室内外使用。这种创新的建筑方法展示了生物基材料在可持续建筑中的潜力，强调了其美学价值和环保特性。

图 4.11　菌丝体灯具

图 4.12　菌丝体材料在灯具中的应用

(四)咖啡渣砖

咖啡是仅次于石油的第二大交易商品，而产生的咖啡渣(SCG)是一种固体废弃物。全世界每天生产 600 万吨咖啡渣，数量庞大。大量的 SCG 被焚烧或填埋，可能会向环境中释放多酚和单宁等有害物质。目前已经有许多关于 SCG 的回收再利用研究和实践，法国兰斯大学的 Tala Moussa 等人利用 SCG 与淀粉结合，制备 100%生物基复合材料 SSCC，实现 SCG 的升级回收，并将其作为绝缘材料应用在建筑行业。

咖啡渣的多孔结构与特性使其拥有吸附杂质、除味、抗菌的功能。由于其具有导热、保温、吸水性等特性，又成了服装、建筑、建材等领域新兴的绿色低碳材料。此外，由于人们饮用咖啡，咖啡渣和人有情感上的连接，它的色彩和木头等天然物质也比较接近，因此作为有机材料也有色彩上的优势(图4.13)。

咖啡渣砖利用咖啡渣等副产品制成，具有轻质、独特肌理和美观等特点。这种砖块不仅环保，而且通过再利用废弃物减少了资源浪费。咖啡渣砖适用于建筑材料，特别是现代或异域风格的空间装饰。它可以用于墙面、地面和景观设计，创造出独特的视觉效果和质感。

图4.13　咖啡渣板材

二、玻璃类新兴材料

(一)飞灰玻璃

飞灰玻璃是一种将污染废料无害化的可持续新材料，它是通过高温、熔融等方式将生活垃圾焚烧飞灰、生活污水污泥焚烧渣转化为玻璃体。在结晶过程中，有毒重金属会被包裹在晶格里，玻璃化之后，无论在水中或酸中浸泡，有毒物质都不会渗出，因而成为安全的、可使用的建筑材料。这种材料在室内家居和建筑材料中具有广泛应用，特别适合用于窗户、隔断和装饰面板等场景，能创造出具有独特色彩和质感的空间效果。

在各种废物处理技术的背景下，玻璃化已被证明是处理和修复不可燃危险废物的最安全的技术。玻璃化是一种对废物进行热破坏的过程，它是通过在高温下熔化废物来进行的，如有需要，可以添加玻璃形成氧化物(二氧化硅)，然后足够快地冷却熔体以防止结晶。在这个过程中，有机部分被分解并烧掉，而无机部分通过在玻璃结构中以原子级别的精度嵌入，从而被“锁”在玻璃内部，变得稳定。玻璃将元素周期表中几乎所有元素纳入其结构的能力至关重要(图4.14)。

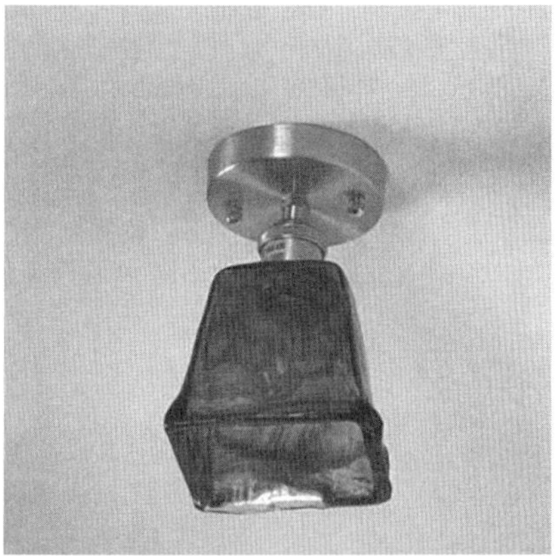

图4.14　琥珀色飞灰玻璃作为灯具

(二)长虹玻璃

长虹玻璃是竖条纹压花玻璃的一种，表面看起来有点模糊，可以起到半遮挡的作用，又能保持空间通透性，所以现在越来越多人家里装修选用这种玻璃。长虹玻璃具有玻璃自身的特点，但是其凹槽又有模糊现实的效果，所以产生了一种透光不透视的朦胧效果。同样都是压花玻璃，相比香梨、钻石、磨砂玻璃，长虹玻璃的竖直线纹理更具有简约的几何美感，结合当下流行的极简风格、轻奢风格更为适合。

长虹玻璃在材质上分为普通玻璃和超白玻璃两种，普通玻璃具有透光、隔声等性能，但普通玻璃中的气泡、砂粒等固体夹杂物决定了它的通透率没那么高，强度和稳定性也相对较低。超白玻璃是一种超透明的低铁玻璃，由于它的铁含量更低，所以视觉上更透明，透光率可达 91.5%，物理性能与光学性能也相对更高。长虹玻璃的厚度一般有 5mm 和 8mm 两个厚度，5mm 的质感轻盈薄透，更适合做隔断或者装饰，8mm 相对厚重，更适合作为门玻璃，长虹玻璃可运用至家具、门、窗、隔断、装饰等方面(图 4.15、图 4.16)。

图 4.15 长虹玻璃在居住空间中的应用

图 4.16 长虹玻璃应用于墙面装饰

三、纸张类新兴材料

(一)杜邦纸

杜邦纸是一种由特殊工艺制成的高密度聚乙烯材料，名为 Tyvek，中文名为特卫强。因其具有单向透气的性能，又被称为“呼吸纸”。主要采用闪蒸法技术，由聚合物经热熔后加工成连续的长丝，再经热黏合而成。独特的工艺，让杜邦纸具有很好的防火性，搭配本身就是绝缘体的 nomex 胶带，可以很好地满足设计的防火要求，具有防水、透气、质轻、强韧、耐候、耐撕裂、耐穿刺、抑菌、防螨、防尘、漫反射性、高反射率、抗紫外线、可印刷、易加工等特性。独特的制造工艺，让杜邦纸坚韧而耐用，具有很强的抗撕裂性，能够有效地抵制自然以及人为的拉伸，作为建筑的外立面，丝毫不用担心拉伸导致的破裂问题。

杜邦纸作为一种装饰材料，因其独特的物理和化学性质，得到了广泛的应用。杜邦纸可以作为室内墙面的装饰材料，尤其是在需要防水、透气、耐撕裂和耐穿刺等特性的场所，如浴室、厨房等地方的墙面装饰，起到保护墙面的作用，也能增添一定的美感。杜邦纸还可被用作某些家具表面的材料，如桌椅、柜子等，因为它的耐磨性和耐腐蚀性使得家具更加耐用。在展览会和商业空间的装修中，杜邦纸可以用于展示架、隔断、门帘、吊顶等部位(图 4. 17~图 4. 19)。

图 4. 17　杜邦纸应用于展厅吊顶

图 4. 18　杜邦纸和磨砂亚克力板制作而成的柜子

图 4. 19　杜邦纸应用在墙体立面和天花板吊顶

(二)法国纹理纸

法国纹理纸是　种纹理较粗的纸张，被称为“最新趋势布展材料”。这种纸张不仅款式新颖别致，而且材质轻盈，其优越的防火性能赋予了它在装修材料中的地位。法国纹理纸可循环使用，符合国际消费健康环保的大趋势，具有节能、防火、抗老化、环保等特性（图 4.20）。

图 4.20　法国纹理纸应用于花旗银行办公空间中的吊顶

四、金属类新兴材料

（一）液态金属

液态金属是一种不定型金属，通常需经过低温熔炼制备工序，按照一定配比，充分融合不同金属材料而合成。凭借强大的可塑性、流动性等优势，日渐成为备受设计师和材料商青睐的材料"新贵"。液态金属与树脂的结合相辅相成，将树脂浇灌在液态金属的造型中，透明树脂与液态金属质感呼应，形成一种反差美与别样的和谐，可用于室内、外墙的金属涂层，是一项材料形态的革命性技术产品。可将液化的半贵金属粉（如锌、铜、青铜等）应用于任何基底层上，为建筑、室内、工业设计师提供新灵感。

液态金属漆能够创造出极其逼真的金属质感，无论是镜面般的高光泽还是哑光的金属效果，都能展现出细腻丰富的金属光泽和深度，增强产品的美学价值和高端感。液态金属漆具有很高的塑形能力和可加工性，可以通过蚀刻、雕刻、抛光、磨光等工艺处理，实现多样化的表面纹理和效果，满足个性化和定制化需求。部分液态金属漆采用水性配方，以水代替有机溶剂作为稀释剂，减少了有害物质的排放，对环境友好。液态金属漆形成的漆膜通常具有较高的硬度、耐划伤性、耐腐蚀性和耐候性，能有效抵御紫外线、酸碱、水、油等外界侵蚀，延长涂层的使用寿命。

液态金属漆因其独特的性能和美观效果，可广泛应用于建筑装饰、家具定制、工业设计、创意艺术与标识等方面（图 4.21、图 4.22）。

图 4.21 液态金属材料展示

图 4.22 液态金属在酒店空间的应用

(二)泡沫铝

泡沫铝就是将铝金属材料进行发泡处理，形成分布有大量气泡的微观金属孔隙结构，其密度小、耐性强、有过滤能力、易加工、易安装、成形精度高、可进行表面涂装。还有轻量化、吸音性、色彩、工艺及光学设计自由度高、易加工、多种性能优越等特点。泡沫铝最显著的特点就是它的轻量化，由于其结构特点，造就了它的密度很小，只有 0.2~0.4g/cm^3，不仅远远低于铝合金、钛合金、钢材等，甚至比木材的密度还要低。泡沫铝整体非常轻盈，是轻量化应用的潜力发展材料之一。泡沫铝由于其多孔结构，因此消声性能非常好，可以去除噪声；其表面处理工艺及色彩方案也可以非常丰富，可以做喷涂(包括渐变幻彩等效果)、填充等(图 4.23、图 4.24)。

图 4.23 泡沫铝在办公空间外立面的应用

图 4.24 泡沫铝应用于墙体立面

泡沫铝施工及安装节点：

(1)吊顶安装：因泡沫铝板很轻，安装吊顶时灵活采用胶粘、工字吊、磁吸等方式。

(2)墙面安装：干挂→主龙骨→副龙骨→挂板或自攻钉结合胶粘→主龙骨→副龙骨→粘胶(根据气候条件和挡风设计选择干挂或者胶粘)。

泡沫铝的应用范围很广，因其低密度、高刚度、隔音性能、隔热性能、防火性能、吸能性能和受热时不放毒气等性能，广泛适用于轨道交通行业，如应用于车厢和集装箱中起隔热隔音、吸能和防火、防毒作用的部件上。利用其隔音性能、吸音性能和吸能性能，泡沫铝广泛应用于城市建设中的环保领域，如隔音屏；在汽车制造业中用在吸能元件和吸音元件上，如保险杠和消声器。利用其低密度、高刚度、低导热性能，泡沫铝广泛应用于节能型建筑，如隔热墙体和防火隔热门，节能型移动房。

(三)不锈钢水波纹板

水波纹不锈钢的流行给设计带来了一种新的视觉体验，让设计师开始发掘和重视材料原本的美学。它是一种表面纹理类似水波荡漾、极具装饰性的新晋材料，可用于吊顶、装饰墙、湿区等。镜面的水波纹不锈钢，在不同的光线或灯光照射下有着不同的深度变化，极大程度地丰富了空间层次感。不锈钢水波纹压花板耐看、耐用、装饰效果强、视觉美观、品质优良、易清洁、免维护、抗冲击、抗压、抗刮痕及不留手指印，且水波纹的凹凸具有独特的立体感，视觉效果明显，纹理清晰。不锈钢板磨镜面后再压水波纹，凹凸位置都会产生光亮效果，凹下去的位置会保持不锈钢的亚光色，凸起来的位置会有反光的镜面效果，可根据客户的要求镀上各种色彩。

图 4.25　不锈钢水波纹板在酒店空间吊顶的应用

不锈钢水波纹板安全、环保、防火。由于商业空间对防火要求较高，许多售楼中心、百货商店、酒店会大面积使用不锈钢水波纹板做装饰。坚固耐用、耐撞击、耐腐蚀、不褪色的特性，使其可运用于外墙以及潮湿区域，比如：外立面幕墙、卫生间、水幕造景等区域。不锈钢水波纹板不仅可运用于商业空间，家装也同样适用(图 4.25)。

不锈钢水波纹板的施工工序：内墙首先使用基层板打底，背景墙安装用玻璃胶或加龙骨架即可；吊顶天花用玻璃胶龙骨架和螺丝安装固定即可，如有特殊造型，需要配合使用焊接机进行焊接；外墙就更加简单了，直接使用玻璃胶龙骨架和螺丝安装固定即可。

五、水泥类

(一)微水泥

作为一种新型装饰材料，从别墅、酒店到会所、住宅，处处都有它的身影，其看似简单，却不简约。纹理从粗糙到细腻，色彩从冷色到缤纷色彩，简约却富有质感的材料与丰富的色彩为装饰风格提供了新思路，让设计不再受限于瓷砖与石材材料，它主要用于墙面、地面、台面、天花等室内空间中。该材料耐磨性强，具有高抗压性不开裂，且有极强的附着力，可以在任何不开裂的表面使用，例如石膏板、石膏、油漆、水泥、陶瓷砖、大理石、花岗岩、瓷器、木材(无伸缩缝)等表面，只要基层不出现开裂情况，微水泥本身不会开裂，通体防水，拥有优良的防火性能。许多商场、办公区域等对防火等级要求高的场所，装饰时使用微水泥是理想选择。微水泥工艺流程：地面打磨吸尘→滚涂底漆→铺抗裂网→批刮微水泥→批刮第 2 遍微水泥→精打磨→上罩面保护漆。

如位于成都成华区万象城的 1807 服装店改造设计项目中，设计师以“回到未来”为概念主题展开空间设计，在地面、墙面上大量使用了微水泥作为主要装饰材料，不仅赋予了空间现代简约的美学效果，还在功能上满足了耐磨、防水的需求(图 4.26、图 4.27)。

图 4.26　微水泥在潮牌服装店空间的应用

图 4.27　微水泥在室内墙体立面的应用

灯光与空间延伸呈现的未来感与现代工业质感交融，意图表达服装和空间应该展现的包容关系，陈列部分沿用了万象城店铺“改装车库”概念，大理石的纹理与微水泥的灰以及银色金属构筑未来风格，整体浅灰色的色调与无影顶灯设计，带来了多元的空间感受。

该项目还展示了微水泥在家具制作中的创新应用，设计师利用微水泥的可塑性，将其覆盖在定制家具表面，形成独特的艺术效果。这些家具不仅美观耐用，还体现了现代设计与传统工艺的完美结合。

(二)透光水泥

透光水泥是一种新型的装饰材料，由大量的光学纤维和精致的混凝土组合而成，可以像玻璃一样具有透光性，却拥有着传统水泥一样的强度。在有光源和没有光源的情况下，呈现出完全不同的装饰效果，而且透光水泥还可以结合灯光的变化，呈现出多样的艺术效果和独特的唯美特质。透光水泥这种独有的装饰效果，更适合白天、晚上等光线变化环境中的应用。透光水泥的主要应用场景有建筑外墙、园林景观、室内应用和灯具装饰品，本部分主要分析其在室内的应用，例如楼梯踏面、酒店前台、室内隔断墙等区域。

该材料透光性能强，力学性能稳定，节能环保。传统水泥砌块不具有透光性，因此使用它作为建筑外观，室内就需要用电照明，但是使用透光水泥，就可以根据需要去调节它的透光率，从而达到自然光采集，环保节能。

用透光水泥做的背景墙可以将光源通过定制的造型散发出来，在家装或者工装中用作背景墙都是不错的选择，可以将定制的图标做到砌块中，后背搭配光源，通过透光水泥将图标显示出来。譬如在地面或者楼梯踏面的小面积区域中，大多采用灯箱结构的安装方法，在灯箱内部单面附 LED 贴片灯，灯箱的另一侧必须加固钢化玻璃，最上面用透明结构胶使其与透光混凝土板固定，这样的方式还可以用在小场景的墙面和地面设计中。

如果是大的公共空间中，则需要在墙面上分区域组装：安装 LED 贴片灯→在基层装订好方钢龙骨结构→在龙骨上分段式安装不锈钢挂件→分块面安装透光混凝土墙面。

六、纤维类

废纺再生纤维是一种由废旧纺织品经过分选、清洁、梳理等步骤再制造而成的可持续材料。废纺再生纤维根据其性能可分为可纺纤维和不可纺纤维两类：可纺纤维可用于制成服装、纺织面料等纺织品，而不可纺纤维则常被加工成声学材料、建筑材料、包装材料以及生态修复界面材料，具有吸音、隔热、防水、阻燃和保温等优异性能。这种材料不仅环保，还能有效解决废旧纺织品的处理难题，为资源循环利用提供了新途径。

废纺再生纤维可用于制造隔音板、装饰面板和家居装饰品，如地毯和窗帘等。它的吸音、隔热、防水、阻燃、保温等方面性能极佳，还可以应用于建筑、室内等领域，如隔音板、装饰面板、家居等方面。

西班牙埃斯特雷马杜拉大学的学者利用稻壳、葡萄修剪残留物、软木和仙人掌等农业废弃物成功制备出了吸音板，对其综合性能进行了评价。研究人员利用农业生产过程中产生的废物作为建筑材料的新途径，展示了不同作物副产品制成的新型环保板材所具有的机械、热和声学特性，特别是作为吸音天花板材料方面的潜力。此外，还对不同生物复合材料的声学性能进行了实验和理论比较。这种通过废弃物制备的生物基复合建材的热导率与其他生物基复合材料相似，并且表现出了较好的声学性能，吸声平均值高，厚度低，导致使用的材料数量和重量大大减少。这些生物基板可以作为传统材料的替代产品，用于商业空间(如封闭的娱乐场所)的噪声控制应用(图4.28)。

图4.28　废纺再生材料作为装饰墙面

第三节　可持续发展与新型装饰材料

一、室内装饰材料行业面临的生态挑战与机遇

随着人类文明的不断进步，装饰材料行业取得了长足发展，极大地改善了人们的生存环境和居住条件。然而，我们也必须意识到人类活动必须以维护地球生态平衡为前提，生态环境保护已经成为装饰材料行业可持续发展的内在要求。近几十年来，全球正面临着日益严峻的环境危机，主要体现在以下四个方面：

(1)水资源短缺和水体污染日益加剧。水资源短缺已经成为制约城市化进程和经济社会发展的重要因素。与此同时，大量未经处理的城市污水和工业废水直接排入江河湖海，造成水体严重污染。这就要求装饰材料行业在生产、使用和开发新产品的过程中，必须坚持节水原则，严格控制污染物排放，并积极探索利用装饰材料处理城市垃圾和工业废弃物的新途径。

(2)温室气体排放导致全球气候变暖，极端天气事件频发。化石燃料燃烧产生的二氧化碳是最主要的温室气体，其大气浓度比工业化前显著增加。与此同时，有害粉尘、氯氟烃等温室气体和污染物的大量排放，加剧了大气污染。这就要求装饰材料行业要尽量减少使用土壤资源，大力发展节能环保型产品，严格控制温室气体和破坏臭氧层物质的排放。

(3)土地污染问题日益突出。全球四分之一的陆地已经荒漠化，中国的荒漠化形势也十分严峻。农药化肥的大量使用、工业“三废”的肆意排放，导致可耕地受到严重污染，不仅影响农作物生长，而且通过食物链危害人体健康。

(4)全球森林资源锐减，生物多样性遭到严重破坏。森林作为“地球之肺”，在调节气候、涵养水源、保护生物多样性等方面发挥着不可替代的作用。然而，由于过度砍伐和毁林开荒，全球森林面积不断萎缩。作为受荒漠化影响最为严重的国家之一，中国的森林覆盖率远低于世界平均水平。森林锐减最终将危及人类自身的生存和发展。因此，装饰材料行业要积极响应保护森林的号召，在各类生态建设工程中优先考虑保护树木，严禁使用天然林木和珍稀树种。

二、发展新型装饰材料是可持续发展战略的必然要求

改革开放以来，我国经济社会快速发展，资源环境压力日益增大。发展新型装饰材料，不仅是建材行业自身的需要，更是建设资源节约型、环境友好型社会，实现可持续发展的必然选择。发展新型装饰材料，既是建材行业转型升级的现实需要，也是推进供给侧结构性改革、满足人民日益增长的美好生活需要的必然选择。

从缓解资源环境压力来看，我国人均资源占有量显著低于世界平均水平，部分矿产资源已接近枯竭。以废弃物为原料生产新型装饰材料，可减少对原生资源的消耗。从助力碳达峰、碳中和看，建筑全生命周期的碳排放占社会总排放量的显著比例。发展节能低碳的新型装饰材料，可从源头减少建筑碳排放，为实现碳达峰、碳中和目标贡献力量。

此外，发展新型装饰材料还有利于促进循环经济发展。以“减量化、再利用、资源化”为原则，大力发展以建筑垃圾等废弃物为原料的新型装饰材料，构建绿色建材循环利用体系，走出一条资源节约、环境友好的可持续发展之路。

近年来，我国大力推进新型城镇化和建筑产业现代化，对建材产品提出了更高要求。发展新型装饰材料，是建材行业顺应时代发展、实现转型升级的必由之路。部分传统材料存在能耗高、污染大等问题，难以满足人们对美观舒适、节能环保居住环境的追求，而新型装饰材料能显著提升建筑品质。以轻质隔墙板为例，每平方米重量远低于传统砖墙，可显著减轻建筑自重40%，提高建筑抗震能力，增加有效使用面积。

“十四五”期间，我国城镇新建建筑面积预计将十分巨大，为新型装饰材料提供了巨

大的市场空间。发展新型装饰材料，对于促进建筑业与建材业融合发展，提升建筑品质，推动产业转型升级具有重要意义。随着经济的发展和生活水平的提高，人们对居住品质提出了更高要求。发展安全环保、品质优良的新型装饰材料，是满足人民群众对美好生活向往的必然选择。

从改善人居环境品质来看，新型装饰材料能有效阻隔室外噪声、调节室内湿度、抑制细菌滋生，营造健康舒适的居住环境，满足人们对高品质生活的需求。从丰富建筑装饰风格看，新型装饰材料色彩丰富、造型多样，可塑性强，能够根据不同建筑风格需求，打造个性化的装饰效果，满足人们对美的追求。

三、生命周期评估

生命周期评估（Life Cycle Assessment，LCA）是评估新型装饰材料环境影响的科学方法。通过对新型装饰材料从原材料采集、生产制造、使用到废弃处理的全过程进行评估，可以全面了解其环境影响，并为改进材料的环境性能提供依据。生命周期评估可以帮助企业和消费者更好地了解新型装饰材料的环境效益，促进其可持续发展。下面重点介绍 LCA 的四个阶段：

（1）原材料采集：评估材料的采集过程对环境的影响，包括资源消耗、生态破坏等。例如，透光混凝土在光纤的采集过程中需要考虑硅矿石的开采对生态环境的影响，并寻找降低影响的方法，如采用高效开采技术和生态恢复措施。

（2）生产制造：分析材料生产过程中的能源消耗、废物排放等对环境的影响。例如，环保木塑材料在生产过程中，通过使用再生塑料和废旧木材，减少了原生资源的使用和废弃物的产生。在制造过程中，通过优化工艺以减少能耗和污染物排放。

（3）使用阶段：评估材料在使用过程中的性能、耐久性以及对环境的影响，如 VOC 排放、能源消耗等。例如，水性涂料在使用过程中几乎不释放有害气体，确保室内空气质量更加健康。对透光混凝土，分析其在减少人工照明需求方面的节能效果和长时间使用下的维护成本。

（4）废弃处理：评估材料废弃后的处理方式及其对环境的影响，包括回收、再利用和降解等。例如，菌丝体灯在使用寿命结束后，可以自然降解，回归生态循环系统，减少了废弃物的环境负担。对于环保木塑材料，评估其在使用后的回收和再利用效率，确保材料能够循环利用。

在 LCA 评估显示中，Luccon 透光混凝土因其在使用阶段大幅减少人工照明需求，表现出显著的节能效果。同时，其在生产和废弃处理阶段的环境影响也得到了有效控制。通过合理设计和施工，可以最大限度地发挥其节能和美学优势。此外，透光混凝土在使用过程中，由于其耐久性和低维护成本，进一步降低了整体环境负担。

LCA 评估显示，Trex 环保木塑材料在原材料采集和生产制造阶段，通过利用废弃物减少了资源消耗和环境污染。在使用和废弃处理阶段，其优异的耐久性和可回收性进一步降低了环境负担。例如，这些材料在布鲁克林大桥公园中的应用，展示了其在户外环境中的耐久性和美观性，同时，材料在使用后的回收和再利用过程也非常高效，体现了循环经济的优势。

第四节 新型装饰材料的发展趋势与策略建议

一、整体行业发展趋势预测

近年来，随着环保意识的不断增强，人们对建筑装饰材料的环保性能提出了更高的要求。建筑装饰材料的发展趋势正日益受到科技革新和环保意识提升的双重影响。传统的装饰材料在生产和使用过程中存在一定的环境污染，且对人体健康具有潜在危害，主要问题包括：部分装饰材料含有挥发性有机化合物（VOCs）、重金属等有毒有害物质，会污染室内空气，危害人体健康；材料生产过程能耗高、污染大，如传统油漆、人造板材等，不利于环境保护；材料难以降解或回收利用，加剧了资源浪费和“白色污染”。为此，国家出台了一系列政策法规鼓励和规范环保型装饰材料的发展，包括《室内装饰装修材料有害物质限量》系列强制性国家标准（GB 18580—2017 至 GB 18588—2001、GB 6566—2010），涵盖人造板、涂料、胶黏剂、家具等主要材料类别，对甲醛、挥发性有机物（VOCs）、重金属等有害物质实施严格限量管控。需特别注意的是，该系列标准是市场准入的最低门槛，仅保证单一材料符合限量要求。在实际装修中，多种材料的叠加使用仍可能导致室内污染物浓度超标，因此需结合《民用建筑工程室内环境污染控制标准》（GB 50325—2020）进行综合控制。

同时，消费者对健康居住环境的需求也日益增长。在这种背景下，环保装饰材料应运而生，成为室内装饰材料行业发展的一大趋势。随着人们对于生活品质和环境保护的重视，未来的装饰材料将更加注重绿色环保、装配化和智能化，向绿色、节能、环保方向发展。

（一）绿色、节能、环保发展方向

如今，绿色、节能、环保已成为当今装饰业的主流。人们越来越热衷于无毒无害、节能环保的装饰材料，特别是装修时必不可少的漆类装饰材料，例如不含甲醛、芳香烃的油漆等。甲醛是一种有毒的气体，其释放期长达 3~15 年，长期吸入这种气体对人体有很大危害，甚至可能致癌。经研究发现，很多漆类家具含有甲醛。如今，人们会更关注自然环境的保护以及自身的健康，环保装饰材料将会拥有广阔的发展空间。此外，节材、节能、简易装饰材料也越来越受消费者青睐，正和绿色环保材料一同成为世界

潮流。

为了减少对环境的污染和危害，装饰材料将大力采用天然材料、可再生材料、低毒性材料、低排放材料和生物基材料等。这些环保材料不仅对人体健康和环境更加友好，而且在生产和使用过程中也更加节能低耗。例如，使用竹子、亚麻、羊毛等可再生资源制成的装饰材料，以及通过可持续方式生产的石材、木材和天然纤维，都是绿色环保装饰材料的重要组成部分。为了减少室内空气污染，将开发低 VOC 和零 VOC 的涂料和黏合剂，这些产品不仅保障了空气质量，还能提供与传统材料相同的装饰效果。

(二) 多功能、复合型材料发展方向

随着建筑装饰行业的发展，消费者对装饰材料的功能需求日益提高。装饰材料不仅需要具备精美的装饰性和良好的使用性能，还需兼顾环保性、安全性、施工便利性以及易维护性等多重功能。然而，当前市场上许多装饰材料功能单一，难以满足消费者日益增长的综合需求。因此，采用复合技术开发多功能复合型建筑装饰材料已成为行业发展的必然趋势。

多功能复合材料是指通过复合技术，将高分子材料与其他不同组成、形状或性质的物质(如纤维、颗粒或金属)结合，形成具有界面特性的多相固体材料。这种界面特性使得复合材料能够整合各组分材料的优势，例如高强度、轻质、耐高温、耐腐蚀、隔热、绝缘等性能。根据室内装饰的具体需求，可以选择高分子材料与具有特殊性能的物质(如阻燃纤维、防潮涂层)进行复合，制成满足多种功能需求的装饰材料。例如，复合材料可以同时具备防火、防潮和装饰美观的特点，显著提升其在室内装饰中的适用性。由于多功能复合材料能够有效满足现代室内装饰的多样化需求，它已成为建筑装饰材料发展的重要方向。

(三) 装配化发展方向

装配化正逐渐成为行业的发展趋势。装配化装修采用工厂预制的模块化部品，现场只需进行简单的装配，具有施工周期短、质量可控、环保高效等多种优势。这种方法不仅有助于提高施工效率和质量，还能实现绿色环保的施工目标。装配式装修产品主要包括顶、墙、地、厨、卫五大硬装体系及智能化、地暖、布线、给水、门窗、隔断、后置品等功能体系，基本上能够完全覆盖室内装饰的各个部分。目前，一些大型集团商场均已形成标准化体系，在全国进行大面积铺开，装配式装修通过工厂化生产、标准化设计，对商场的标准化体系建设进行赋能。

(四) 智能化发展方向

智能化不仅能为人们提供更加舒适便捷的生活方式，也有助于实现节能环保。智能化装饰材料可以与现代信息技术相结合，实现光电动态显示、人机交互等智能功能。

“智能家居”从昨天的概念到今天的产品问世，科技的飞速进步让一切都成为可能。“智能家居”包括照明控制系统、家居安防系统、电器控制系统、互联网远程监控、电话远程控制、网络视频监控、室内无线遥控等方面。有了这些技术的帮助，人们可以轻松地实现全自动化的家居生活。以目前市场上的遥控窗帘机为例，从控制方式来看，有固定式开关控制、遥控、光控、声控等方式，可以满足不同人的喜好。把开关装在床头柜等电器综合控制系统中，睡在床上就能控制窗帘的开闭，并利用触摸开关实现全自动断电，既安全又节能。再如，智能灯光已经具备了家庭应用的可能。智能灯光可以设定为就餐模式、影院模式、起夜模式、来客模式、浪漫模式等，人们可以根据当时情况选择相应模式，调节不同的灯光亮度，创造舒适、温馨的氛围，从而更深入地体味生活的乐趣。

二、绿色、节能、环保将是新型材料的长期发展方向

随着城市的飞速发展，高层建筑如雨后春笋般涌现，混凝土和黏土砖成为建筑主体的主要材料。在室内装饰方面，陶瓷、涂料、壁纸和木质复合板材等材料被广泛应用。这些材料虽然在装饰效果上颇具特色，但在环保性能方面却存在诸多不足。例如，它们在生产和运输过程中往往消耗了大量能源，造成严重的污染，同时成本也较高，且某些材料可能含有对人体健康有害的成分。面对这种情况，发展生态环保的装饰材料已成当务之急，这类材料不仅要在生产过程中采用环保原料，减少环境负担，还要确保在使用时对人体健康无害。为实现这一目标，我们需要重点关注以下几个方面:

(1)大力推广可再生资源在装饰材料中的应用。通过科学利用可再生资源、减少对不可再生资源的依赖，可以显著降低材料生产对环境的影响。为了解决某些装饰材料带来的污染、放射性和致癌风险，我们需要积极研发低毒、无毒、低污染的建筑涂料，同时开发无毒、无异味且透气性良好的新型壁纸和墙布。此外，推广使用具有抗菌和除臭功能的建筑装饰材料也是关键。这些新型材料不仅要在生产过程中减少对环境的负面影响，还要确保在使用过程中对人体健康无害，从而全面提升室内装饰材料的环保性能。

(2)发展绿色木质人造板材和绿色非木质人造板材。当前，我国生产的各种木质人造板材(如刨花板、胶合板、纤维板等)所用胶黏剂大多含有甲醛(如脲醛树脂胶、酚醛树脂胶、三聚氰胺树脂胶等)，这些胶黏剂释放的游离甲醛会直接危害人体健康。因此，我们应大力发展低甲醛含量的绿色环保人造板。我国是农业大国，农业剩余物资源丰富，利用这些资源生产环保型人造板是未来的主要趋势。

①发展绿色塑料门窗。绿色塑料门窗以其优良的水密性、隔声性、保温性、耐腐蚀性及合理的使用寿命和性价比，展现了广阔的发展前景。这类门窗采用多腔室型材结构，具有优异的密封性能，有效防止雨水渗漏，同时能够隔绝外界噪声，提升居住环境的舒适度。塑料材料本身具有良好的保温性能，能有效降低室内温度波动，节约能源。

此外，绿色塑料门窗耐腐蚀，不易受潮变形，使用寿命长，且其生产过程中能耗低，减少了对环境的负面影响。在生产工艺方面，绿色塑料门窗采用环保塑料，如PVC(聚氯乙烯)和UPVC(未增塑聚氯乙烯)，通过挤出、注塑等工艺成型，确保产品的稳定性和耐久性。国内外许多高档住宅小区和公共建筑，如学校、医院等，已经广泛使用绿色塑料门窗，大大提升了室内环境的舒适度和节能效果。未来，随着智能技术的发展，绿色塑料门窗有望进一步结合智能系统，实现自动通风、遮阳等功能，进一步提升居住舒适度和节能效果。

②发展绿色地面装饰材料。绿色地面装饰材料除了具备出色的装饰功能外，还需要具备抗静电、防火、隔声、隔热、防霉、无毒、无污染等特性，以保障人们的身心健康。这些材料外观精美，种类丰富，能够满足不同风格的装修需求，同时环保性能卓越，无毒、无污染，生产过程中采用环保工艺，减少有害物质的释放。绿色地面装饰材料使用环保树脂、天然石材等绿色材料，采用热压成型工艺，确保产品的质量和性能。在家庭装修中，绿色地面装饰材料被广泛应用于客厅、卧室、厨房等区域，提升家庭环境的舒适度和美观度。在商业空间如办公室、商场等场所，这些材料不仅提升了环境品质，还能减少维护成本。未来，绿色地面装饰材料将发展多功能性，如自清洁、防滑等，进一步提升产品的实用性和安全性。

③发展绿色防火材料。绿色防火材料在建筑安全中扮演着至关重要的角色。高效、低毒、无污染、少烟的特种防火材料能够有效阻止火势蔓延，保障建筑和人员的安全。这些材料在高温环境下释放的有害物质极少，燃烧时烟雾量少，降低了火灾中的烟雾危害，提高了逃生概率。绿色防火材料采用环保无机材料，如硅酸盐、石膏等，通过高温烧制、层压复合等工艺，确保产品的稳定性和耐久性。在高层住宅和写字楼中，绿色防火材料的应用大大提升了建筑的防火等级和安全性能。在电影院、剧院等人员密集的公共场所，绿色防火材料的使用保障了人身安全。未来，随着技术的进步，将会开发出更加高效的防火材料，如纳米材料等，进一步提升材料的防火性能和环保性。

三、新型材料发展的策略建议

新型装饰材料的发展是室内装饰行业创新的重要方向，它不仅关系到行业的健康发展，也影响着人们的生活质量和环境保护。为了推动新型装饰材料的发展，我们需要从多个方面共同努力。新型装饰材料的发展是一个系统工程，需要政府、企业、研究机构和社会各界的共同努力。

政策支持和标准制定是新型装饰材料发展的基础，它们为行业提供了明确的发展方向和质量保证。技术研发与创新是新型装饰材料发展的核心，只有不断的技术创新才能满足市场的需求。市场推广与应用是新型装饰材料发展的关键，它将新型装饰材料从实验室带到实际应用中，让更多的人了解和使用它们。环保与可持续发展是新型装饰材料发展的必要条件，它关系到行业的长期发展和人类的长远利益。

(一)政策支持与标准制定

1. 政策引导

政府在新型装饰材料的发展中扮演着关键角色，通过制定和实施一系列优惠政策，可以有效地激励企业投入新型装饰材料的研发和生产。例如，税收减免政策可以直接减轻企业的财务负担，使企业能够将更多的资源用于新型装饰材料的研发和创新。此外，政府可以通过提供资金补助，直接支持具有发展潜力的新型装饰材料项目，帮助企业克服在研发初期的资金困难。同时，政府还可以通过简化市场准入流程，降低新型装饰材料进入市场的门槛，吸引更多的创新力量加入这一领域。

2. 标准制定

新型装饰材料的质量和安全性是室内装饰行业关注的重点。因此，制定一套科学、严格的标准体系至关重要。性能标准规定了新型装饰材料应达到的物理和化学性能指标，如耐磨性、抗腐蚀性、防火性等，以确保材料的质量和安全性。环保标准则关注材料的环保性能，如挥发性有机化合物(VOC)含量、重金属含量等，以减少对环境和人体健康的潜在危害。而统一的检测方法标准能够确保不同生产商和检测机构对新型装饰材料的质量评估的一致性和公正性。通过政策支持和标准制定，可以为新型装饰材料的发展提供坚实的基础，促进整个行业的健康和可持续发展。

(二)技术研发与创新

1. 加大研发投入

研发是新型装饰材料创新的源泉。企业和政府应共同投资，增加对新型装饰材料技术研发的投入。这不仅包括资金的支持，还包括人力资源和设备的投入。建立专门的研发中心，可以集中优势资源，加快新型装饰材料的研发进程。同时，政府还可以通过设立专项基金或补贴，直接支持新型装饰材料的研究项目和企业发展。

2. 创新驱动

创新是新型装饰材料发展的核心动力。企业应鼓励技术人员进行创新性研究，开发具有自主知识产权的新型装饰材料。这些创新可能涉及新材料的合成、旧材料的改进或新工艺的应用。通过技术创新，企业可以开发出具有独特性能和市场竞争力的产品，从而在激烈的市场竞争中脱颖而出。

3. 产学研结合

产学研结合是实现新型装饰材料快速转化的有效途径。企业和高校、研究机构建立紧密的合作关系，可以促进研究成果的快速转化和应用。通过产学研一体化平台，企业可以获得最新的研究成果和技术支持，而高校和研究机构则可以获得实际应用中的反馈，进一步优化和改进研究成果。

四、市场推广与应用

新型装饰材料的发展不仅需要技术上的突破，还需要市场的广泛认可和应用。为了确保新型装饰材料能够被设计师、施工方及消费者接受，并最终在室内装饰项目中得到应用，有效的市场推广策略至关重要。市场教育是推广新型装饰材料的第一步。可通过展会、研讨会、行业会议、网络平台等渠道，向设计师、施工方和消费者传递新型装饰材料的优势、特性和应用方法。这种教育不仅包括材料的技术性能，还包括其设计潜力和环境效益。通过提高市场参与者对新型装饰材料的认知，可以增加其市场需求。

试点示范项目是展示新型装饰材料实际效果的重要手段。政府或企业可以支持和推动新型装饰材料在公共建筑、商业空间或示范住宅项目中的使用。这些项目的成功实施不仅能够展示新型装饰材料的美观和实用性，还能够证明其可靠性和耐用性。通过展示实际案例，可以大大增强市场对新型装饰材料的信心。

新型装饰材料的市场推广还需要产业链上下游的共同努力。通过整合产业链，包括原材料供应商、生产商、设计师、施工方和销售商，可以形成紧密的合作关系，共同推广新型装饰材料。这种合作可以降低生产成本，提高产品质量，增强市场竞争力。同时，产业链整合还可以促进信息共享和资源互补，加速新型装饰材料的推广和应用。

五、环保与可持续发展

在新型装饰材料的发展过程中，环保和可持续发展是不可或缺的考量因素。随着全球对环境保护和可持续发展的重视，新型装饰材料的研究和应用也必须遵循这一原则。

绿色生产是新型装饰材料发展的基础。企业和研究机构应致力于开发低能耗、低污染的生产工艺，减少生产过程中的能源消耗和污染物排放。这包括采用清洁能源、优化生产流程、提高原材料利用率等措施。通过绿色生产，可以减少新型装饰材料对环境的负面影响，同时降低生产成本，提高市场竞争力。

循环经济是新型装饰材料发展的重要方向。企业和政府应共同推动装饰材料的回收和再利用，减少资源浪费。这包括开发可回收或可再利用的装饰材料，建立装饰材料的回收体系，以及鼓励设计师和施工方采用可持续的设计理念和施工方法。通过循环经济，可以最大限度地延长装饰材料的使用寿命，减少对环境的影响。

思考题

1. 什么是新型装饰材料？它在室内设计中的重要性是什么？

2. 简述新型装饰材料的主要特性？并思考新型装饰材料的环保性和功能性如何影响室内设计？

3. 新型装饰材料的智能化趋势将如何影响室内设计行业？

第五章　材料的设计与表达

在环境设计中，材料的选择与运用是至关重要的。它们不仅是构建空间的物质基础，更是传递设计理念和情感的媒介。环境设计材料的设计与表达，正是基于对材料美学的深入解读与设计创新，旨在探索材料的无限可能性和美学价值，主要包括表向之美、理性之美、构成之美、隐含之美以及空间之美。深入挖掘材料的内在美感和潜力，结合创新的设计理念和方法，才能真正实现材料与设计的完美融合，创造出一个既具美学价值又实用的空间环境。这不仅需要设计师对材料有着深入的了解和研究，还需要其具备敏锐的洞察力和创造力，从而不断探索和引领设计的新潮流。

第一节　材料的表向之美

材料在室内室外空间和环境设计中起着至关重要的作用。材料不仅是功能性的，更能够有效地传达设计创新思想和表现空间情感，并与周围的空间环境完美融合，展现出独特的环境特点和空间氛围。材料作为构成室内室外整体风格，环境氛围和空间意境的基本元素之一，其使用效果直接影响到整个建筑装饰的效果，以及人们对空间质量的评价。因此，在设计过程中，我们应当重视材料的表面现象所呈现的美学，合理地选择材料。

材料的表向之美指的是通过材料的物理属性，展现出的美学意境。通常而言，环境设计材料的表向美感取决于多个因素，包括颜色、质感、形状、光影效果等。这些特征直接影响人们对空间的视觉感受，并且对整体设计的美感起到关键作用。

一、颜色之美

色彩在室内设计中扮演着重要的角色，它能够影响人们的感觉和行为，是设计师表达主题和满足用户需求的有效手段。不同材料之间的颜色组合搭配，可以调整空间的氛围，改变人们的情绪和体验。

颜色的明度和纯度会对空间大小产生影响。明亮的颜色可以使空间看起来更加宽敞、明亮，而纯度较高的颜色则可以使空间看起来更加温暖、舒适。此外，颜色的反射率也会影响空间的视觉感知。例如，白色墙面可以反射更多光线，使小空间看起来更加宽敞；而深色地板则可以吸收更多光线，使大空间看起来更加温馨、舒适。因此，设计师应该根据空间的大小和用途来选择合适的颜色。

除了考虑颜色的视觉效果和情感表达，还可以考虑颜色与其他元素的搭配和协调。例如，原木色的家具可以与灰色或棕色的地板搭配，以营造出自然、温馨的氛围。灰色地板以其沉稳、内敛的特性，为家居空间奠定了一个低调而高级的基调。当原木色家具置于其上，两者之间的色彩对比既不过分突兀，又充满了层次感。原木色的温暖如同一缕温柔的阳光，穿透了灰色的静谧，为整个空间带来了生机与活力。这种搭配尤其适合现代简约风格的家居，它既能展现出现代生活的简洁明快，又不失温馨舒适的居住氛围。在这样的环境中，人们可以感受到一种平衡与和谐，仿佛置身于自然与都市的交界，心灵得以放松。灰色系的墙面可以与木质或金属质感的家具搭配，以营造出简约、现代的氛围；棕色系的板材可以与白色的墙壁或家具搭配，以营造出复古、优雅的氛围。棕色地板则更加贴近大地的色彩，给人以稳重、踏实的感觉。与原木色家具相结合，两者在色调上形成了微妙的过渡与呼应，共同构建了一个充满自然韵味的生活空间。这种搭配更适合追求自然、复古风格的家庭。原木色家具的质朴与棕色地板的沉稳相互映衬，仿佛每一件家具都承载着岁月的痕迹，讲述着过往的故事。在这样的环境中，人们可以更加深刻地感受到家的温暖与归属感，仿佛每一次归家都是一次心灵的洗礼。除了与地板的完美搭配外，原木色家具本身也拥有着独特的魅力。它的材质天然、环保，符合现代人对于健康生活的追求。原木色家具的纹理各异，每一件都是独一无二的艺术品，能够为家居空间增添一份独特的韵味。此外，原木色家具还具有良好的耐用性和可修复性，即使经过长时间的使用，也能通过简单的保养恢复其原有的光泽与质感。

原木色家具以其独特的色彩与质感，在家居设计中展现出了极高的灵活性和适应性。无论是与灰色地板的简约现代搭配，还是与棕色地板的自然复古融合，都能营造出一种令人心旷神怡的居住氛围。在未来的家居设计中，相信原木色家具将继续以其独特的魅力，引领着家居风格的新潮流(图 5.1)。

只有深入了解色彩心理学、色彩搭配原则以及考虑空间大小的影响和常见颜色的运用方法，设计师才能创造出更加舒适、美观的居住环境。

图 5.1 原木色家具搭配

二、质感之美

材料是室内装饰设计的基础，优秀的室内设计离不开好的材料选择。千变万化的材料，使设计产生层次与质感。多种材料质感的对比和组合，能够增强空间设计的表现力、营造出丰富的层次和变化。不同材料的质感可以给人带来不同的触感和视觉体验，即使同一材料也可产生不同的肌理，特殊的视觉肌理和触觉肌理能形成别具一格的风格特色。

质感是材料表面各可视属性的结合，包括材料的色彩、纹理、光滑度、透明度、反射率、折射率、发光度等光学特性。质感的表现要根据不同材质的物体所具有的视觉特征，如亮与暗、粗与细、软与硬、透明与不透明等对比分析与表现。为了更好地表现质感，需要对材质有深入的了解。本书第二章有较为详细的阐述。了解材质的特征后，才能将材质用在合适的位置，发挥出质感的表现效果。例如，金属物体具有反光强烈、高光锋利的特点，玻璃制品则具有环境色丰富的特性。

以玻璃为例，玻璃是一种高度透明的材料，能够透过大部分可见光线，这使得它在室内设计中能够引入自然光，增强空间的明亮度和开阔感。同时，玻璃的透明性也使其背后的物体和景色得以展现，为室内空间增添层次感和深度。玻璃的高强度和耐磨性使其在日常使用中不易产生划痕或磨损，能够保持长时间的美观和质感。玻璃的化学性质相对稳定，对多种化学物质具有较强的耐腐蚀性，这为其在潮湿或多变的环境中使用提供了保障。

玻璃制品的质感多样，从光滑如镜的镜面玻璃到具有磨砂质感、纹理丰富的艺术玻璃，每一种都展现出独特的视觉效果和触感体验。光滑的玻璃表面能够反射光线，营造出明亮、清晰的空间氛围；而磨砂或纹理玻璃则能够柔和光线，增添空间的温馨感和私密性。玻璃隔断、玻璃门等制品在室内设计中常被用于分隔不同功能区域，同时保持空间的通透性和连续性。这种设计手法既能有效划分空间，又不会让空间显得闭塞和拥挤，使整体空间更加宽敞。

利用玻璃的透明性和反射性，设计师可以巧妙地引入自然光和人工光源，使室内光线分布更加均匀，营造出温馨、舒适的居住氛围。同时，通过调整玻璃制品的材质、颜色和纹理，还可以创造出不同的光影效果，为空间增添艺术感和层次感(图 5.2)。而木制品表面则相对粗糙，没有强烈的反光和高光。准确把握这些材质特征，才能更好地表现质感，将不同材料的独特质感展现出来。

图 5.2 玻璃能增添艺术感和层次感

又如石纹材料兼具大理石的光感和木质板材的质感，不同质感间的交相辉映，带给人一种透亮、明丽的感觉。在视觉效果上，纵横交错的石纹搭配简约清丽的色彩，仿佛中国画中的泼墨山水，呈现一种自然的“素古风韵”，被广泛运用在新中式风格的室内设计中。

三、形状与纹理之美

肌理是形象表面的纹理，它由纹理、图案和形状组成。在室内设计中，肌理的设计和应用对于营造空间氛围和提升整体美感至关重要。

室内装修材料肌理的运用来自两大类：第一类是天然材料自身的组织结构形成的肌理，以木材质来说，它具有独特的亲和力和自然美感。木材的色泽、纹理和触感都是独一无二的。木材质的肌理包括天然形成的木纹、树节、裂纹等，这些肌理在设计中可以营造出淳朴、厚重、自然的感觉。天然木纹有着丝绸表面的视觉效果，给人一种温暖、舒适的感觉。第二类为人为组织设计而形成的肌理，例如藤条材质，不仅具有良好的物理性能，如防水透气、耐酸抗蚀等，还具有很高的观赏性，藤条质感有着视觉上色泽光润、细腻优美、朴素清新的特点。触觉上质地轻巧坚韧、牢固、手感平滑清爽。其独特的编织工艺和自然色泽使得藤编家具和装饰品在实用性的基础上，更具备了艺术价值（图5.3）。在软装应用中，藤编的灯具、地毯、椅子等与木制桌子完美搭配，能够营造出一种轻松愉快的氛围。

图5.3　藤编灯具

总的来说，肌理的设计和应用在室内设计中起着重要作用。不同的材质和肌理可以营造出不同的空间氛围和美感，为人们带来不同的感受和体验。

四、光影之美

光是室内设计的灵魂，有光的地方也常常伴有影的存在。光和影产生的丰富形态和律动节奏，不仅能创造出更好的家居气氛，还能凸显更立体、更有质感的空间效果。现在，越来越多的室内设计师喜欢在作品当中添加光元素，光影效果俨然成了打造家居高级感的轻奢元素、时尚元素。

英国建筑师诺尔曼·福斯特说：“自然光总是在不停地变化着，可以使建筑富于各种特征，在空间和光影的相互作用下，我们可以创造出戏剧性。”映射到不同材质上的光影效果，也各有千秋，会给人差异性的感受。在不同的空间中，运用这种变化，可以使室内的立面、空间拥有节奏和韵律。

光的来源形式多样，外界的自然光，室内的人造光，玻璃、镜面、金属等因为材质特性成为折射光源。将光色表现在对材料的照明中，能够将材料的肌理、纹理、变化等表现得酣畅淋漓。灯光的照射将地面铺装的纹理与质感表现得更加细致、典雅。灯光色温会在极大程度上影响装饰材料的色彩表现，而装饰材料颜色的改变也会反过来影响灯光色温的感知。因此，我们需要将材料色彩与灯光进行合理搭配，以强化色彩感受。例如我们一般会为冷色系的材料配上高色温的光线，暖色系的材料搭配低色温的光线。至于木质天花板，采用暖黄色才能完整地将材料的色彩之美展现出来。

在室内设计中，暖色系材料与光的搭配具有一系列独特的特点，这些特点共同营造出温馨、舒适、富有层次感的室内环境。暖色系材料与暖光相互映衬，能够营造出和谐统一的视觉效果。例如，在卧室中使用暖黄色的灯光照射在木质地板上，可以营造出温馨、舒适的睡眠环境。暖光能够凸显暖色系材料的质感和纹理。例如，在客厅中使用暖光照射在皮质沙发上，可以使沙发的质感更加突出，显得更加高档、有品位。暖色系材料与光的搭配能够传达出温馨、幸福等积极情感。这种情感传达有助于提升居住者的心理感受和生活品质(图 5.4)。

图 5.4　暖色系材料

五、透气性和通透性之美

通透，是空间设计中一种虚实交融的艺术表达。在空间设计领域，通透不仅是一种视觉体验，更是一种综合性的设计手法。它要求设计师在二维与三维空间的构建中，对建筑实体、空间布局、材料选择、结构构造以及材质特性等多个维度进行系统性考量。通过巧妙融合视觉层次、光线效果和空气流动等元素，通透设计能够创造出一种开阔的空间感受，使人在其中体验到空间的连贯性与层次感。这种设计手法不仅追求功能性的满足，更致力于实现空间的诗意表达，最终达到空间艺术所追求的通透之美——一种让空间与环境、人与建筑和谐共生的艺术境界。

通透设计主要分为材料通透、视觉通透、空间通透三种类型。在材料通透方面，根据人的需求分为全透明材料和半透明材料。全透明材料在室内设计中主要用到的材料是玻璃，透明玻璃能够达到开敞、玲珑、剔透的视觉效果。半透明材料常用的主要是玻璃、树脂、金属丝网、聚碳酸酯等，半透明材料能够营造一种若隐若现的视觉效果，同时还能增加建筑空间的朦胧美和层次美(图 5.5)。

图 5.5　半透明建筑

由于全透明材料使用时需要考虑隐私问题，大量的全透明材料会使得建筑物内部的私人信息暴露在外面，因此半透明材料使用更加广泛，已经成为当今建筑设计中不可或缺的一部分。与此同时，它所带来的采光、节能等方面的优势，不断地挑战着设计师在建筑中材料选择和运用上的创新与突破。

在城市化的今天，建筑材料更新迭代，建筑风格更加丰富多元，“通透”之于建筑也有了更多的表现形式，并更加灵活。例如 2020 年由 Querkraft 设计的迪拜世博会奥地利馆，深受标志性风塔和传统阿拉伯建筑(通常由黏土制成)的气候调节功能的启发，组成展馆的数十个锥体利用热力学从下方吸入冷空气并将暖空气从顶部推出，提供了自然的气候控制机制。由于黏土这种材料的性质，在晚上的时候，黏土和混凝土墙可以吸收空间的冷空气，并在白天将其释放到展馆内，能源需求降低约 70%。

奥地利馆的两侧为敞开设计，使风能够自由穿过木结构，带来清新的空气和凉爽的感觉。这种开放式结构不仅增强了建筑的通透性，还使访客在展馆内能够感受到自然的气息，仿佛置身于一个开放的空间中。水车设计是通透性的又一体现。水车缓慢地将收集和清洁的奥地利雨水带到顶部，然后使整个建筑物一滴一滴地下雨，与访客互动玩耍后再次循环。这种设计不仅增加了展馆的趣味性，还通过水的流动和循环展现了自然之美，使访客在互动中感受到建筑的通透性。奥地利馆在顶部设置了遮挡物以免受直射的阳光，但同时又允许光线透过通风穹顶进入室内。这种设计使得室内光线柔和而明亮，营造出一种通透而温馨的氛围。此外，水滴在建筑物表面形成的反光和折射效果也进一步增强了建筑的通透性之美。

迪拜世博会奥地利馆的设计理念通过自然通风系统的应用、材料的蓄热性能、开放式结构设计以及水循环系统的互动体验等方面充分展现了建筑透气性和通透性的美学追求。这些设计不仅使展馆在炎热的迪拜沙漠环境中保持凉爽舒适，还通过自然元素的引入和互动体验的设计为访客带来了全新的感受。同时，这些设计理念也体现了奥地利对环保和可持续发展的重视和追求。

关于室内外材料表向之美的展现，有许多不同的技巧和方法，并没有一个固定的模式，但是设计原则的严格控制是不可或缺的。设计师要在充分理解材料特性和艺术特征的基础上进行选择，使其具有一定的文化内涵和精神特质。只有这样，我们才能有效地控制材料并满足其功能需求，从而最大限度地发挥材料的各自优势，展现材料的色彩、纹理、质地、肌理、形态等表向之美。

第二节　材料的理性之美

材料的表向之美指的是通过材料的物理属性，展现出的美学意境。材料还有理性之美。通常而言，环境设计材料的理性之美包括可持续性、新颖性与创新性、适用性、功能性、人文因素。

一、可持续性之美

随着气候变化、资源枯竭和城市化加速发展，绿色建筑已经成为建筑业的发展趋势，它代表着可持续发展的未来。可持续材料的使用不仅是对环境负责，还提供了更健康、更经济和更人性化的居住环境。随着我国逐步落实可持续发展理念，落实节能减排，环保建筑材料的可重复利用性、低能耗性，正受到推崇。

可持续的环保材料是指利用对环境无害的方法制造或采购的材料，或使用期间或使用后对环境无害的材料。以竹子为例，作为世界上生长最快的植物之一，三四年便可成材，这种天然材料对环境污染小，对能源消耗少。除此之外，竹材料自身重量轻、弹性大、韧性强，可塑性强，能满足各种硬质材料无法完成的造型形态，因此不论是生产还是制作都是非常优秀的可持续性设计材料。

竹材经过特殊处理后(如防腐、防火、碳化等)，能够显著提高其在户外环境中的耐久性和稳定性，减少因风吹雨打、日晒雨淋等自然因素造成的损害。竹材的韧性好，能够抵抗一定程度的变形和开裂，保持建筑外立面的美观和完整。竹材的自然纹理和色泽与建筑外立面相结合，能够营造出独特的视觉效果和地域特色。设计师可以根据建筑的具体需求和风格特点进行定制设计，利用竹材的柔韧性和可塑性打造出具有艺术感的建筑外立面。这种独特的美学效果不仅提升了建筑的整体美感，也增加了城市的文化内涵和特色。

竹材作为一种低碳建筑材料，其生长过程中能够吸收大量的二氧化碳并释放氧气，有助于改善城市空气质量。在建筑外立面中使用竹材，可以降低建筑能耗和碳排放量，实现节能减排的目标。同时，竹材的保温和隔热性能也有助于提高建筑的能源效率。在室内装饰中使用竹材料，可以有效减少对自然资源的消耗，降低对环境的破坏，符合现代绿色装修和可持续发展的理念(图 5.6)。

图 5.6 竹材料

作为最具可持续性和再生性的建筑材料，土从古至今被广泛运用在各类建筑的建造中。土建筑分布于全国各地，不仅有窑洞的黄土高原或者有土楼传统的福建，还有西南地区的蘑菇房、土掌房，青藏高原上的碉楼，以及新疆的喀什古城等。

除了过去传统的建筑，随着科技的发展，越来越多的建筑师、设计师不断地对“土”这一传统材料开展新的探索。Equipo de Arquitectura 事务所想通过有限的预算打造一个实用的梦想办公空间，由于项目坐落于巴拉圭首都亚松森，因此项目的建造过程极富实验性质，设计师们将项目地点随处可见的材料，如泥土、木材、玻璃巧妙地组合在一起。整个项目的外墙采用了夯土墙，厚度为 30 厘米，并仅用其厚度的三分之二支撑了整个屋顶的重量，充分利用了夯土材料的结构特性。这个项目不仅充分利用了当地资源，同时也是对传统材料的一次大胆创新。

二、新颖性和创新性之美

室内材料的新颖性和创新性之美是室内设计的重要组成部分。随着科技的进步和人们对生活质量要求的提高，室内设计需要不断创新和进步，以满足人们的需求和期望。新型或创新型的材料，不仅能创造出独特、美观、实用的室内环境，提升室内的视觉效果，而且可以改善室内的环境质量。

在提高室内的环境质量和舒适度方面，一些新型材料具有环保、节能、抗菌等特性，可以为人们提供更加健康、安全的生活环境。在拓宽设计视野方面，纳米技术、3D打印等高科技在室内设计中的应用，给设计师带来了更大的发挥空间。新颖的创新型材料可以打破传统的室内设计往往受限于布局、材料和构造方式等束缚，让设计师更加自由地进行创作。这种材料的创新和突破也使得室内设计行业更加具有挑战性和趣味性。

为响应全球碳中和的发展目标以及满足日益增长的环保需求，越来越多具有环保特性的新型材料走进设计师的视线。例如，生物环保材料中最具代表性的材料——菌丝材料，是真菌物质生成的类似血管状菌丝的集成体，真菌在生长时，这些菌丝体会向外侧延伸，可以深入土壤和缝隙中，具有超强的黏合力，正是这种天然黏合、天然可降解的特性使它成为受人青睐的环保材料。

2019 年，Carlo Ratti Associati 与能源公司 Eni 合作，开发了一个由蘑菇制成的建筑结构，名叫“圆形花园”。“圆形花园”遵循的是可持续发展的路线，它的主要材料是蘑菇、绳索和碎木屑。这个被称为 The Circular Garden 的装置花费了 6 周时间从土壤中生长出来，并在月底重归土壤之中。装置呈拱形结构，使用了累计 1 千米长的菌丝体，可持续结构试验保证装置结构可以有机生长后返还到土地之中，形成一个完整的循环体系。

从可持续性角度来看，菌丝体作为一种生物材料，具有极高的生物可降解性。在展览结束后，这些由菌丝体构成的拱形结构可以被粉碎并重新融入土壤，形成一个完整的生态循环。这种循环利用的方式极大地减轻了建筑废弃物对环境的压力，符合可持续发展的理念。相比之下，传统建筑材料在废弃后往往难以降解，给环境带来了长期的负担。从环保和低碳的角度来看，菌丝体的生产和使用过程相对环保和低碳。它不需要大量的能源和矿物资源开采，同时也不会产生有害的废物和排放物。这与传统建筑材料在生产和使用过程中可能产生的环境污染形成了鲜明对比。

此外，菌丝体还展现出了良好的力学性能和可塑性。通过特定的培养和处理技术，菌丝体可以形成具有高强度和自支撑性的结构，满足建筑结构设计的需求。同时，其灵活性和可塑性也为设计师提供了更多的创作空间，使得建筑形态更加多样化和富有创意。

Carlo Ratti Associati 与能源公司 Eni 合作的圆形花园项目中使用的菌丝体材料具有生物可降解性、快速生长与自我修复能力、高强度与自支撑性、环保与低碳特性以及灵活性与可塑性等显著特征。这些特征不仅展示了菌丝体在建筑设计中的创新应用潜力，也为未来可持续建筑材料的发展提供了新的思路和方向(图 5.7)。

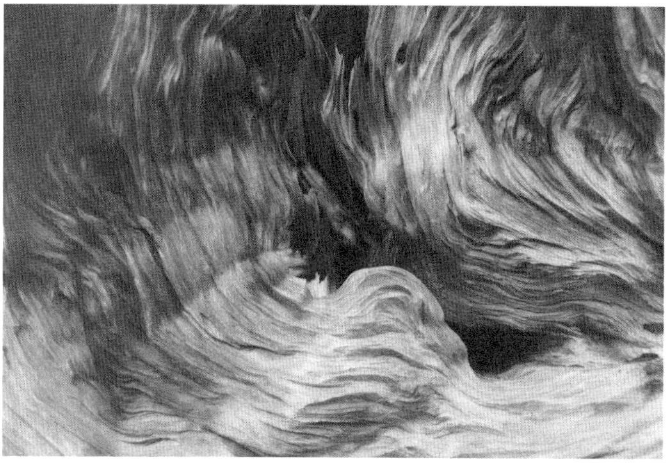

图 5.7　可持续材料

由于天然原料资源的减少，我们必须比以往任何时候都更多地将废物视为一种新的资源，而不是产品生命的终结。因此对于废材的重新设计、翻新是材料创新的另一种方式。德国的材料设计师 Enis Akiev 专注于被消费后的塑料垃圾。将塑料袋回收后将其按颜色进行分类，而后经过高温处理，待变形后再与天然岩石相结合，加工成一种具有岩石性质的聚合物质。处理后的塑料呈现出不规则的形态，与石块融为一体，拥有独特的自然美感。

三、适用性之美

材料是否适用于特定的环境和功能需求，是室内设计的适用性之美的衡量标准。在室内设计中，材料的选择不仅关乎美感，更直接影响着使用功能和用户体验。每种材料都有其独特的特性和美感，比如木材给人一种亲和感和自然原始的质感，金属则给人一种高端、硬质的感觉，玻璃则具有通透的视觉美，可以增强室内空间的延伸感。

不同的室内空间有着不同的功能需求，例如家居空间需要温馨舒适，而商业空间则需要实用耐用。因此，在选择装修材料时，需要根据空间的功能需求来选择合适的材料。例如，家居室内设计通常更倾向于使用纺织材料、木质材料等更具亲和力的材质，因为它们能够营造出温馨、舒适的氛围。而酒店的室内设计则更倾向于使用人造大理石、玻璃等材质来体现档次。娱乐场所的室内设计则通常使用金属、塑料等材料来突出个性化。

位于奥胡斯的 ARos 现代艺术博物馆，是丹麦顶级的艺术博物馆。该博物馆的顶层彩虹全景空中走廊闻名全球，这件特殊的装置作品是一条长 150 米、宽 3 米、直径长达

52米的独立环形走廊，全部由玻璃制造而成。在阳光下，这条彩虹走廊仿佛“漂浮”在美术馆屋顶上方，看上去就像一圈色彩缤纷的光环。这件浪漫的作品充分发挥了玻璃材料的特性——透明、抗压、质量轻。玻璃的使用不仅能够降低整个建筑结构的总恒载，而且玻璃走廊能够让游客可以不受阻碍地看到整个城市的风景。

博物馆顶层的彩虹全景空中走廊，使用彩色半透明玻璃有效地过滤了日光，使得走廊内的光线变得柔和而富有变化。这种光影效果不仅营造了温馨舒适的氛围，还使得游客在行走过程中能够感受到光线的微妙变化。艺术家 Olafur Eliasson 通过精心设计的彩色玻璃，使游客在运动中能够推动色彩的感知。例如，从红色区域走到黄色区域时，眼睛会进行调整，使得白色天花板看上去呈现出紫色的残留影像。这种设计巧妙地利用了视觉暂留现象，增强了游客的感官体验。

奥胡斯的 ARos 现代艺术博物馆顶层的彩虹全景空中走廊通过巧妙运用玻璃材质、独特的空间布局、丰富的光影效果以及艺术性与功能性的完美结合，达到了极佳的适用性效果(图5.8)。它不仅为游客提供了独特的视觉体验和精神享受，还成了丹麦艺术界的一张亮丽名片。

图5.8　彩虹全景空中走廊

总之，室内材料的功能性之美是室内设计中不容忽视的一环。通过合理选择和使用材料，不仅可以营造出美观的环境，还可以提高使用功能和用户体验。因此，在室内设计中，我们应该注重材料的选用和搭配，以达到最佳的设计效果。

四、材料的隐含之类

材料是建筑的基础，对于建筑的形态、质感和美感起着决定性的作用。而建筑材料中所蕴含的人文因素，更是为建筑增添了深厚的历史文化底蕴和艺术魅力。建筑材料的人文因素之美主要来自地域特色、文化传承、工艺与匠心这三个方面。

不同地域的建筑材料往往带有当地独特的自然和文化印记。例如，中国的传统建筑多采用木材、砖瓦等材料，体现了“天人合一”的哲学思想和对自然的尊重(图 5.9)；而西方古典建筑则多用石材，强调坚固与永恒。这些材料不仅适应了当地的自然环境和气候条件，也承载了丰富的历史文化信息。建筑材料的加工和运用往往需要精湛的手艺和匠心独运的设计。

图 5.9　中国古代建筑

无论是精细的木雕、华丽的琉璃瓦，还是质朴的夯土墙、优雅的竹编，都凝聚了工匠们的智慧和心血。这些手工艺传统不仅是技艺的传承，更是一种对美的追求和情感的表达。许多建筑材料都承载着人们的情感和记忆。老屋的木梁、祖屋的青砖，或许见证了家族的兴衰变迁；城市的古老石墙、乡村的土坯房，则可能承载着几代人的共同记忆。这些材料不仅具有物质价值，更具有无法替代的精神意义。建筑材料的人文因素之美体现地域特色、文化传承、工艺与匠心。这些因素相互交织，共同构成了建筑材料的丰富内涵和独特魅力。

1998 年建成的吉巴欧文化中心，位于南太平洋中心的一个美丽的小岛——法属新喀里多尼亚的南端首府努美阿。它是按照比本土的棚屋形式大得多的尺度，选取原生材料，用现代技术建造的，却极具当地土著文化的魅力。建筑设计达到了“不求形似，但求神似”的境界。其设计者意大利建筑师伦佐·皮亚诺也因此获得了当年的普利兹克建筑奖。媒体评论它为“展现的是一种高技术与本土文化、高技术与高情感的结合”。

吉巴欧文化中心大量使用了当地传统的建筑材料，如木材和竹子。这些材料不仅具有天然的质感和美感，还承载着当地丰富的历史和文化内涵。通过将这些传统材料融入建筑设计之中，吉巴欧文化中心成功地展现了卡纳克地区的传统文化，使人们在欣赏建筑的同时，也能感受到深厚的人文底蕴。

建筑师在设计吉巴欧文化中心时，借鉴了当地传统的棚屋形式，提取出“编织”的构造方式。这种构造方式不仅具有独特的视觉效果，还体现了当地人民的智慧和技艺。通过使用这种构造方式，吉巴欧文化中心将传统与现代相结合，创造出了一种既具有传统韵味又不失现代感的建筑形态。这种设计手法不仅展示了本土材质的独特魅力，还体现了材质的人文因素之美。

在采用本土材质时，吉巴欧文化中心体现了人文关怀。建筑师充分考虑了不同人群的需求，包括残障人士和老年人。通过合理的布局和设计，文化中心成为一个包容和温馨的空间。这种人文关怀不仅体现了建筑师对社会的责任感和使命感，还使文化中心更加贴近人心、更具亲和力。

吉巴欧文化中心通过巧妙地采用本土材质、借鉴传统构造方式、结合现代技术、注重环保与可持续发展以及体现人文关怀等多个方面，成功地展现了材质的人文因素之美。这种设计理念不仅使吉巴欧文化中心成为一个具有独特魅力的建筑作品，还为当地的文化交流和艺术发展做出了重要贡献。

另一位普利兹克建筑奖获得者王澍的建筑作品，最能体现出材料与人文历史之间的联系。他的许多作品在为我们打开全新视野的同时，又引起了场景与回忆之间的共鸣。他的建筑独具匠心，一方面与中国悠久而独特的传统保持和谐，另一方面也与可持续发展的需求相一致。他主张重新利用砖、瓦、土、木等传统材料，唤醒我们对“自然”的思考，让我们重新构建自己的文化认同。

第三节 材料的构成之美

在环境设计领域，材料在空间中可能会单独使用，也可能与其他材料搭配使用，单独或者共同构成美的元素。材料的构成之美主要分为材料的个体美、材料的同类美、材料的组合美。

一、材料的个体之美

在室内装饰装修中，材料的选择和应用是至关重要的。每一种材料都有其独特的属性和特性，这些特性在特定的环境和设计中能够发挥独特的作用，为整体空间增色添彩。这种特性也被称为“个体之美”。

对于设计师来说，理解并掌握各种材料的个体之美是至关重要的。每一种装饰装修材料都有其独特的物理和化学特性，这些特性决定了它们在装饰装修中的适用范围和效果。然而，仅仅了解材料的物理特性是远远不够的。真正让材料发光的是它们在特定环境中的表现。设计师需要通过巧妙的构思和施工技术，挖掘出每种材料的内在美，使其与周围环境和谐共存。例如，在运用壁纸时，可以通过巧妙地选择图案和颜色，使其与墙面、家具和其他元素相互呼应，营造出整体的美感。此外，材料在不同光照条件下的表现也是影响其美感的重要因素。通过调整照明方式和角度，可以突出材料的纹理、色彩和质感，从而增强其美感。

挖掘材料的内在美，首先需要设计师具备敏锐的直觉，这种直觉源于对材料本质的深刻理解与尊重。每一种材料，无论是温润的木材、坚硬的石材、冷峻的金属，还是柔软的布艺，都有其独特的语言和情感表达。设计师需要倾听这些语言，感受这些情感，将之融入自己的设计理念之中。在这个过程中，设计师的构思与创意显得尤为重要。他们需要运用丰富的想象力和创造力，将材料的物理属性与空间环境因素相结合，创造出既符合功能需求又富有艺术美感的装饰效果。比如，利用木材的天然纹理和色彩，通过巧妙的拼接和排列，营造出温馨舒适的居住氛围；或者利用金属的反光特性，在光线的照射下形成光影交错、动感十足的空间效果。

同时，施工技术也是实现材料内在美的重要手段。精湛的施工技艺能够确保材料按照设计师的意图完美呈现，不仅能够展现材料的质感与美感，还能够提升整个空间的品质与格调。因此，设计师需要与施工团队紧密合作，共同探索和创新施工工艺，确保材料在特定环境中的最佳表现。

在挖掘材料内在美的过程中，设计师还需要注重材料与环境之间的和谐共存(图 5.10)。这要求设计师不仅要关注材料本身的特性与美感，还要充分考虑空间的整体氛围、使用者的心理需求以及生态环境的保护等因素。通过合理的布局、巧妙的搭配以及环保材料的选择，使材料在发挥其功能的同时，也能够与周围环境融为一体，共同营造

图 5.10　材料与环境的和谐共存

出舒适、美观、健康的居住或工作环境。

除了物理属性和环境表现外，材料的个体之美还体现在其文化内涵上。不同的材料、颜色、纹理等都代表着不同的文化符号和寓意。例如，在中国传统文化中，红色象征着吉祥、繁荣；绿色则代表生机和活力。将这些具有文化寓意的元素融入装饰装修中，可以增强空间的美感和文化内涵。此外，随着全球化的进程和不同文化的交流融合，材料的个体之美也呈现出多元化、交叉化的趋势。设计师需要关注不同文化背景下的审美观念和价值取向，以创造出符合人们需求的装饰装修作品。

随着科技的进步，装饰装修材料也在不断推陈出新。新型材料不仅具有美丽的外观，还具有优异的性能和环保性，满足了现代人对于生活品质和可持续性的追求。例如，一些新型壁纸采用环保材料制成，不仅美观大方，而且具有防潮、防霉等特性；一些新型石材则具有轻质、高强度的特点，便于运输和安装。这些新型材料的出现，为设计师提供了更多的选择和可能性，也使得装饰装修行业得以不断创新和发展。

除了材料本身的美感外，如何运用各种材料进行施工也是展现个体之美的关键。对缝、压角、拼贴和叠加等施工技术可以创造出丰富的视觉效果。例如，通过对比不同界面的纹理和颜色，可以增强空间的层次感和深度；通过亮度的变化，可以引导人们的视线，增强空间的动感和活力；通过纹理的方向和节奏，可以创造出动态或静态的感觉；通过肌理的演变，可以带来触感和视觉上的双重享受。

材料的个体之美是一个多元化、多层次的体现。它不仅关乎材料本身的特性，还涉及环境、文化、科技等方面。只有深入了解和挖掘材料的内在美，才能真正展现单一材料的和谐美感与整体空间的层次感。

二、材料的同类之美

同类美是指那些质地、质感相似的材料，组合起来展现出的和谐之美，以及相似或相同类别的材料在设计和运用过程中展现出的和谐统一、协调一致的美感。例如各类相同材质的板材、各种图案的壁纸、各种纹路的石材，抑或是铝板与不锈钢等金属材料组合，这样可以展示出由同类材料组合而成的形态美和视觉美感。

材料的同类美主要体现在以下几个方面：

（1）材料的连贯性：同类材料在质感和纹理上的一致性，为设计带来了连贯性。在室内设计中，从地板到墙面，再到家具，如果都使用同一种石材或木材，那么整个空间就会形成一个和谐的整体，给人带来舒适和愉悦的感觉。同样，在室外设计中，使用相同种类的植物或石材也能创造出连贯的景观效果。

（2）强化设计主题：当使用具有历史感或特殊纹理的同类材料时，空间或景观的氛围会被加强，从而呈现出一种特定的历史时期或故事背景。例如，使用仿古砖或旧木头的家具可以为空间增添一种复古或怀旧的氛围(图5.11)。

图5.11　怀旧与复古感建筑

(3)节约资源和成本：同种材料能够简化供应链，当所有材料都是同类时，采购、运输和库存管理都变得更为简单。这不仅节省了时间，还降低了因混合不同材料而产生的额外成本。另外同种材料能减少维护和替换成本，因为同类材料通常有相似的维护需求，这使得维护和替换部分变得更加简单和经济。

(4)引导视觉焦点：通过使用具有高对比度或特殊纹理的同类材料，设计师可以轻松地将人们的视线引导到特定的设计元素上，从而强调空间中的某个焦点。此外在室内或室外设计中，使用同类材料可以引导人们的视线从一个区域移动到另一个区域，从而创建一种视觉动线。

西班牙 Akelarre 酒店的设计中，材料的同类美被发挥得淋漓尽致，给人一种和谐的整体感受。

酒店的外墙采用天然的灰色 filita 石材，这种石材质感坚硬、粗犷，给人一种沉稳的感觉。石材的天然纹理和色泽与周围的自然环境相得益彰，强化了酒店与周围环境的和谐关系。内部则由木材覆盖的交通空间纵贯各楼层，这种木材经过精心选择和处理，呈现出独特的纹理和色泽。木材的温暖感和舒适感与石材形成了鲜明的对比，使得整个酒店空间既有硬朗的外观，又有温馨的内在感受。

除了石材和木材的同类美，酒店内部各个空间的设计也体现了这种原则。从健康中心、餐吧、酒窖到休息室，每个空间都以统一的设计语言和材料串联起来。这种设计手法不仅展现了设计师对材料的独特理解和运用能力，还为宾客提供了一种独特而难忘的体验。酒店内部空间的开敞设计旨在吸引和欢迎宾客，同时将壮观的全景视野通过窗户引入室内。这种设计手法使得整个酒店空间显得更加通透和宽敞，给客人带来一种舒适和愉悦的感觉。

在酒店的公共区域，如大堂和走廊，木材与石材的巧妙搭配更是令人赞叹。橡木的木质纹理清晰可见，每一块木板都仿佛诉说着自己的故事，与石材的坚硬质感形成鲜明对比，却又在整体上保持了和谐统一。这种设计不仅展现了材料的自然美感，还营造出了一种温馨而又不失高雅的氛围，让客人在踏入酒店的那一刻就能感受到家的温暖与舒适。

除了木材与石材之外，Akelarre 酒店还巧妙地运用了其他天然材料，如亚麻纺织物等，为空间增添了更多的温馨与舒适。这些材料在色彩、纹理和质感上相互呼应，共同构成了一个和谐统一的整体。酒店内的家具和装饰品也大多采用天然材料制成，如手工编织的地毯、木质的桌椅等，这些元素不仅提升了空间的品质，还让人在细节之处感受到设计师的匠心独运。

此外，酒店的设计还充分考虑了细节的处理。无论是灯光的布置、家具的选择还是装饰品的搭配，都体现了对细节的精致处理和对同类美的追求。这种设计理念使得整个酒店空间显得更加精致和有格调，为客人提供了一种独特的、原始的住宿体验。酒店通过巧妙运用天然材料、尊重材料的同类之美以及注重材料的可持续性和环保性等，展现了材料在装饰装修中的独特魅力和价值。酒店不仅是一个提供住宿服务的场所，更是一个展示自然之美、传递生活哲学的艺术空间。在这里，每一位客人都能感受到材料带来的温暖与舒适，体验到与自然和谐共生的美好生活。

三、材料的组合之美

组合美是指那些差别较大、属于不同类别的材料，在设计过程中，巧妙地进行组合和搭配，创造出丰富多彩、层次丰富、协调统一的美感效果，在对比之中展现出的美感。例如壁纸与木饰面、木饰面与金属、金属与玻璃、玻璃与石材、石材与金属等，通过有机的组合、转折和尺度的掌握，也会产生独特的对比效果与和谐之美。这些变化是在设计中对自然形态进行再创造而获得的结果。下面以木材为例加以说明。

(一) 金属与木材

温和的木材遇到冷峻刚劲的金属时，两者的特性相互衬托，使得木材显得更加坚固牢靠，而金属也显得柔和。这种组合能够将两种材质的特性展现得淋漓尽致，为空间增添一份独特的魅力。在现代设计中，金属与木材的结合往往通过特殊的连接技术实现，如金属镶嵌在木材中或两者相互穿插，这样既增加了设计的趣味性，又保证了结构的稳固性。

(二)纺织面料与木材

纺织面料与木材的结合，使得触感成为设计的重点。细腻的木纹与柔软的织物相结合，为空间带来一种温馨、舒适的氛围。纺织品的柔软与木材的坚硬形成了动态与静态的对比，这种对比为空间带来了节奏感和变化。纺织品因其良好的透气性和保暖性，加之与木材结合，使得空间能适应不同的气候和环境条件(图 5.12)。

图 5.12 纺织面料与木材

(三)皮革与木材

皮革的柔软与木材的硬挺相互映衬，形成了一种独特的视觉和触感体验。皮革经过时间的沉淀，散发出一种时尚和高级的气息；而木材的自然纹理则给人一种温馨的感觉。这种组合让空间自带一种让人细细寻味的情调，更具现代感和时尚风格。因此，皮革与木材的组合被广泛运用于许多现代办公空间或书房设计中，以营造一种既舒适又具有现代感的氛围。

(四)混凝土与木材

混凝土代表了现代建筑技术的高度发展，而木材则是大自然的馈赠。两者的结合，仿佛是自然与人工的一次深入对话。木材的导热性远低于混凝土，因此两者的结合使用可以很好地调节室内温度，使空间更加舒适。木材的细腻温暖与混凝土略带硬朗冰冷粗粝的质感相互碰撞，营造出沉静与活力兼备的家居气息。

(五)陶瓷与木材

陶瓷因其出色的耐久性和清洁性在室内设计中占有一席之地。与木材结合后，不仅增添了装饰性，还提高了实用性。在一些具有地域特色的设计中，陶瓷与木材的组合常被用来传达一种地域文化。

(六)塑料与木材

木材的环保与塑料的轻便、耐用相结合，为现代家居带来一种轻盈且环保的感觉。例如，木质家具搭配塑料配件或装饰品，既实用又时尚。

(七)竹材与木材

虽然竹材与木材同属于天然材料，但它们的纹理、色泽和质感有所不同。将木材与竹材搭配使用，可以营造出一种更加自然、清新的氛围。这种搭配在户外家具或室内装饰品的设计中较为常见。

(八)树脂与木材

木材的温润与树脂的透明、可塑性相结合，可以创造出各种独特的造型和纹理。这种搭配在艺术品或高端家居饰品的设计中较为常见，能够展现出独特的创意和美感。

不同材料之间的搭配组合确实能够为设计带来无穷的创新和变化。每种组合都有其独特的魅力和情感表达，设计师需要深入理解每种材料的特性和文化寓意，才能创造出真正触动人心的作品。

第四节　材料的隐含之美

当前，环境设计领域存在某些不良观念，有人过分重视面子而忽视了环境设计的实质，有人只看重材质表面的高级感，也有人则过分追求材质的稀缺性。不论如何，这些都是在设计中忽视了材料的隐含之美，是一件得不偿失的事情。装饰装修材料的“隐含之美”，指的是材料背后历史、文化、传统因素与材料的美学结合。在环境设计过程中，环境设计材料的运用可以通过多个方面展现隐含的美感，这取决于设计师的创意和设计理念。

一、材料的文化寓意之美

材料的文化寓意之美是指通过物质材料的形式来体现思想文化的一种象征机制。它反映了一个民族思想感情的载体，映射着一个民族的历史禁锢。材料文化与思想文化既有紧密的联系，也存在较大的差异，尤其在把握方法上有较大的差别。

材料的文化寓意之美体现在许多方面。木材作为一种在古代建筑中被广泛应用的材料，被赋予了独特的象征意义。例如，黄杨木由于其材质坚韧、纹理细腻、色泽温润，具有天然的美感和优良的加工性能，在中国传统文化中，黄色象征着吉祥、富贵，而杨树则寓意着生长、长寿。黄杨木结合了这两种意象，因此被赋予了辟邪吉祥的文化寓意，一直被视为尊贵的象征，常用于皇家宫殿和庙宇的建筑。

砖石在古代建筑中也具有独特的文化寓意。7000 多年前的新石器时代，古人凭着对制陶技术的继承和发展，创造了砖的雏形——“红烧土块”。随着技术的革新，青砖以其坚硬、耐久的特性，逐渐代替土砖成为古代建筑中最常见的材料之一(图 5.13)。

图 5.13 青砖材料

青砖自身的文化属性及独特审美，使得后来的画像砖与砖雕艺术更多地以青砖为素材，从而形成了属于青砖文化特质的画像砖与砖雕艺术。青砖以含蓄的形式在时空中传承着我国的民族文化。正因如此，由它参与砌筑的建筑及空间总能营造出一种古韵犹存的传统文化氛围。所以，青砖成了当今设计界追捧的语言和形式符号。著名的建筑师王澍就在其诸多设计作品中创新性地大量使用了青砖材料。

在王澍的作品中，青砖往往被用作表达地域文化的重要元素。以宁波美术馆为例，该建筑由轮船码头航运大楼改建而成，设计中强调青砖、钢材、木材等材料的运用。青砖基座作为宁波当地传统的建筑主材，不仅节约了造价、降低了成本，还增加了建筑的文化内涵。青砖的使用，让这座现代美术馆与宁波的历史文化紧密相连，唤起了人们对当地建筑的回忆和认同。

青砖作为一种历史悠久的建筑材料，承载着丰富的历史记忆。在宁波博物馆的设计中，王澍运用了宁波旧城改造时积留下来的残砖碎瓦，经过挑选、加工堆砌而成外墙。这些青砖的年代跨度从明清至民国，甚至有部分是汉晋时代的古砖，不少青砖上还镌有“福、寿”等铭文。这些青砖的运用，不仅丰富了建筑的外观，更让每一位到访者都能感受到浓厚的历史氛围，仿佛穿越时空，与古人对话。

王澍在其设计作品中创新性地大量使用青砖材料，不仅展现了青砖材料独特的物理和化学属性，更深入挖掘了其文化寓意之美。青砖与地域文化的融合、历史记忆的承载、环保理念的契合、空间氛围的营造以及场所精神的体现等，共同构成了王澍建筑中青砖材料的文化寓意之美。

由此可见，材料的文化寓意之美是通过材料的选择和应用来体现文化价值和意义的一种表达方式。它反映了人们对于不同材料的认知和情感表达，也体现了材料在历史和文化背景中的重要性和价值。

二、自然元素的融入之美

在室内设计中，融入自然元素已成为一种追求高品质生活的方式。通过巧妙地将天然的材料和元素融入室内设计中，以增加室内空间的质感和温暖度，营造出与自然环境相呼应的氛围。

天然材料的运用是实现这一设计理念的关键。木材、石材、竹子等都是典型的天然材质，它们不仅环保，还拥有独特的质感和色彩。例如，木质地板能够给人温馨、自然的感受，石材台面则展现出硬朗与质朴的特质，而竹制家具则以其轻盈和简洁赢得了人们的喜爱。这些材质的使用不仅提升了室内空间的质感，更在无形中传达出与自然和谐共生的理念。

除了材质，色彩也是营造自然氛围的重要手段。自然的色彩调色板如绿色、蓝色和棕色等，都能为室内空间带来宁静、平和的感觉。例如，在客厅中选用深棕色沙发和木质茶几，可以营造出一种温馨自然的氛围。而在卧室中，白色的床单和浅色的窗帘则能给人带来轻松愉悦的感觉。

将室内植物引入家居设计，也是实现自然元素融入的有效方法。选择一些易于养护的室内植物，如仙人掌、绿萝或常春藤等，不仅能美化家居环境，还能增加室内的氧气含量，改善空气质量。它们不仅能够净化空气、调节湿度，还能为室内空间增添一抹绿色，带来生机与活力。无论是大型的观叶植物，还是小巧的盆栽花卉，都能成为室内装饰的亮点。设计师可以根据空间的大小、风格以及居住者的喜好，选择合适的绿植进行布置。在阳台、窗台、客厅角落或书房等区域摆放绿植，不仅能让居住者感受到自然的亲近，还能缓解工作和生活的压力(图 5. 14)。

图 5.14　自然元素的融入

自然光线的利用也是至关重要的。通过合理地布置窗户，确保充足的阳光照射进室内，再配合适当的窗帘或百叶窗调节光线亮度，可以使室内空间更加明亮、通风，并与室外的自然景色形成良好的呼应。

光线是连接室内与自然的桥梁。巧妙地利用自然光，不仅能为室内带来明亮与温暖，还能赋予空间以生命力和活力。设计师可以通过大窗户、天窗或玻璃隔断等设计手法，最大限度地引入自然光，让阳光洒满房间的每一个角落。同时，随着一天中光线的变化，室内空间也会呈现出不同的光影效果，增添一份动态的美感。

材料自然元素的融入之美是通过精心选择天然材质、色彩和植物，以及合理利用自然光线，将大自然的美妙与舒适带入人们的日常生活中。这种设计理念不仅提升了家居环境的品质，更让人们在喧嚣的都市生活中感受到大自然的美好与宁静。

三、材料的艺术性之美

室内材料的艺术性之美，是一种深度挖掘和呈现各种室内材料独特魅力的设计哲学。同时，也是一种通过巧妙运用各种室内材料，创造出具有独特魅力和审美价值的室内空间的设计理念。这种设计理念强调对材料的深入了解和探索，通过创新运用和巧妙组合，发掘出材料潜在的美感(图 5.15)，并将其转化为具体的室内设计作品。

在实践中，设计师关注材料的色彩搭配、纹理质感以及光影效果，创造出具有艺术性的室内空间，力求在每一个空间中展现出材料的隐含美。这些空间不仅满足人们的居住需求，还具有独特的审美价值和艺术魅力。

图 5.15 潜在美感的表现

手工艺品的巧妙运用，是体现室内材料艺术性之美常用的设计手法。这些手工艺品往往蕴含着深厚的人文情感和手工艺精神，如中国的传统剪纸、刺绣，或是西方的手工陶瓷等。它们不仅为室内空间增添了独特的文化内涵，更使得空间充满艺术气息和生活温度。

例如 Krushi Bhawan 行政中心，这座建筑是为奥里萨邦政府农业和农民权利部门打造的政府设施，整座建筑内外部的视觉形象源于当地材料和特有的手工艺。比如一种名为 dhokra(金属铸造)的部落工艺被用于制作环绕在首层立柱周围的灯具，以及建筑走廊两侧的金属屏风；建筑的基座层和北翼楼使用了当地的红土和孔雀石。Krushi Bhawan 的上层有一个独特的砖砌外墙，灵感来自奥里萨邦手织布的 Ikat 图案。Ikat 图案使用三种不同颜色的黏土制作，代表了该地区的地理多样性。这种砖材料的屏风就像第二层皮肤包裹着建筑，这种别出心裁的视觉形象让 Krushi Bhawan 行政中心成为真正的包容性建筑理念——为人民创造，由人民建造，并表达他们的集体文化身份。

在色彩上，建筑也展现了丰富的艺术性。红砖的暖色调与孔兹岩的自然色彩相互映衬，形成了温馨而质朴的视觉效果。同时，公共广场边缘的红土浮雕采用了奥里亚 Pattachitra(一种布面卷轴画)的风格，描绘了成熟的稻谷等农业景象，不仅增加了空间的趣味性，还体现了对当地农业文化的尊重与传承。

Krushi Bhawan 行政中心内部空间的色彩搭配极具艺术性。设计师运用了温暖的色调，如米色、浅棕色等，这些色彩不仅与外部环境中的红砖和孔兹岩相呼应，还使得整个空间显得更加温馨和谐。同时，为了增加空间的层次感和趣味性，设计师还巧妙地运用了色彩的变化和过渡，如通过不同材质的拼接和色彩的渐变，使得空间在视觉上更加立体和丰富。

Krushi Bhawan 行政中心的设计在材料运用上充分展现了艺术性之美，通过本土化材料的选用、技艺与文化的融合、形态与色彩的艺术表现以及可持续性与生态理念的体现等多个方面，打造了一个既具有地域特色又充满现代气息的建筑作品。

总之，室内材料的艺术性之美是一种独特的设计理念，它强调对材料的深入了解和探索，通过创新运用和巧妙组合，创造出具有独特魅力和审美价值的室内空间。这种设计理念不仅让人们感受到艺术的魅力，还为人们的居住环境带来了更多的美感和舒适感。

四、光影的变化之美

光影的变化之美在室内设计中是一种非常重要的表现手法，它能够为室内空间带来独特的氛围。而材料在光影变化中起到了关键作用，不同的材料具有不同的反光效果和透明度，能够创造出不同的光影效果。在实际操作时，将光影的变化之美应用到室内设计中，可以从以下几个方面入手：

(1)反光效果是材料的一个重要特性，它可以影响光的反射和折射，从而改变空间的光环境。在室内设计中，利用不同材料的反光效果可以创造出动态变化的光影，让空间更加生动和有趣。例如，镜面材料可以反射出清晰的光影，增加空间的层次感和宽阔感。金属材料则可以呈现出柔和的光泽，为空间增添温暖和奢华的气息。

(2)透明材料的运用也是室内设计中光影变化的重要手段。透明材料可以让光线穿透，创造出轻盈、通透的感觉，使空间更加明亮和开阔。同时，透明材料还可以通过折射和反射，创造出独特的光影效果，使室内空间更加富有变化和层次感(图5.16)。

图5.16 透明材料

(3)光影的变化之美还体现在对自然光的运用上。通过合理的设计和布局，让自然光充分地照射进室内，与室内材料相互作用，创造出自然、和谐的光影效果。这种光影效果不仅能够增加空间的舒适度和明亮感，还能够为室内空间带来更多的生机和活力。

(4)层次灯光营造室内氛围。在客厅或卧室中设置多层次灯光，包括吊灯、壁灯、台灯和地灯等。通过调节不同灯光的亮度与色温，可以创造出温馨、浪漫、宁静或活泼等氛围。光影的叠加与交错，使得空间更加富有层次感。

(5)光影与墙面纹理的相互作用。在具有特殊纹理的墙面上，如砖墙、文化石或手绘壁纸，通过精心设计的灯光照射，可以凸显墙面的质感与层次。光与影在纹理间游走，形成丰富的视觉体验，让空间更加立体和生动。

(6)光影与色彩的和谐共生。在色彩设计中融入光影元素，通过色彩与光影的相互作用来营造空间氛围。例如，在暗色调的墙面上使用暖色灯光照射，可以营造出温馨舒适的氛围；而在明亮色调的空间中则可以通过冷色灯光来降低视觉温度，达到平衡与和谐的效果。

总之，光影的变化之美是室内设计中不可或缺的一部分。通过巧妙运用不同材料的反光效果和透明度，以及合理利用自然光，可以创造出独特、富有变化的光影效果，让室内空间更加生动、有趣、富有情感和艺术性。

五、对比和平衡之美

材料的对比和平衡之美是室内设计中非常重要的原则，它们能够创造出更加丰富、和谐的空间氛围。首先，材料的对比是指利用不同材料之间的特性和质感，创造出强烈的视觉冲击感。例如，在室内设计中，可以使用不同质地、颜色、纹理的材料进行搭配，形成对比效果。这种对比可以突出材料的特点，增加空间的层次感和动态感，使室内空间更加生动、有趣。其次，平衡是指在材料运用上保持整体空间的平衡感。平衡可以分为对称平衡和不对称平衡两种类型。对称平衡是指通过在空间中运用相同或相似的元素进行对称布置，创造出稳定、和谐的视觉效果。不对称平衡则是在空间中运用不同元素进行搭配，但要注意保持整体空间的平衡感，避免过于突兀或不协调。

在实践中，将材料的对比和平衡之美应用到室内设计中，需要遵循以下原则：

(1)突出材料的个性：在选择材料时，要注意突出材料的个性和特点，避免过于单调或过于复杂。通过合理的搭配和组合，让不同材料之间形成鲜明的对比和互补关系。

(2)保持整体空间的平衡感：在运用材料时，要注意保持整体空间的平衡感。通过合理的设计和布局，让不同元素之间相互呼应和协调，形成一个和谐、统一的整体。

(3)强调材料与空间的互动：材料与空间是相互依存、相互影响的。通过合理的设计和运用，让材料与空间之间形成良好的互动关系，创造出更加丰富、有趣的空间氛围。

只掌握材料的对比和平衡关系，通过合理地运用和搭配，才能让室内空间更加丰富、和谐、有趣，为人们的生活带来更多的美感和舒适感。

六、功能性与美感的结合之美

功能性是室内设计的核心要素之一。一个好的室内设计不仅要有美观的外表，更要满足人们的生活需求和功能需求。因此，在选择和使用材料时，要充分考虑其实际用途和功能性。例如，使用耐磨、易清洁的材料可以方便日常维护，使用保温材料可以保持室内温度等。同时，通过合理的设计和布局，让材料的功能性得到最大程度的发挥，提升空间的舒适度和便利性。

然而，仅仅满足功能需求并不足以让设计出彩。美感同样是室内设计中不可或缺的一部分。将美感与功能性相结合，可以创造出更加舒适、宜居的空间。例如，使用具有自然纹理和色彩的材料可以营造出温馨、自然的氛围，使用具有艺术感的装饰品可以增加空间的趣味性和艺术性。

智能化材料的运用是现代室内设计中的一大趋势。这类材料不仅具有传统材料的实用性，还具有科技感和智能化功能。例如，智能照明系统可以根据环境光线和人的活动自动调节亮度，智能窗帘可以根据人的需求自动开关。智能调光玻璃能够利用通电来调节光线等。这些智能化材料的运用不仅可以提升空间的现代感，还可以为人们的生活带来更多的便利。

新型玻璃材料，如低辐射玻璃(Low-E 玻璃)、智能调光玻璃等，不仅在保温隔热、隔音降噪方面表现出色，还通过技术手段实现了光线的灵活调控。低辐射玻璃能有效减少室内热量流失，同时保持良好的自然采光，营造出明亮而不失温馨的室内环境。而智能调光玻璃则能根据环境光线或用户指令调节透明度，实现从透明到不透明的瞬间转换，既保护了隐私，又增添了空间的趣味性与科技感(图 5. 17)。

图 5. 17　智能调光玻璃

环保树脂材料以其可塑性强、色彩丰富、重量轻等优点，成为室内装饰中的新宠。这类材料通过模仿自然界的纹理与色彩，如木纹、石纹、金属质感等，创造出既逼真又富有创意的装饰效果。同时，环保树脂材料在生产过程中注重节能减排，符合现代人对绿色生活的追求。在灯光的照射下，这些树脂制品更是散发出迷人的光泽，为室内空间增添一抹独特的艺术气息。

碳纤维及其复合材料以高强度、轻质、耐腐蚀等特性，在高端室内设计中占据了一席之地。这些材料不仅被用于家具、灯具等物品的制造，还逐渐渗透到隔断、墙面装饰等领域。碳纤维的纹理独特，质感冷峻且现代，与复合材料结合后，更是能够呈现出丰富的视觉效果与触感体验。它们的应用，不仅提升了室内空间的品质感与科技感，也展现了设计师对未来生活方式的深刻洞察与探索。

以上几个方面共同塑造了环境设计材料运用所展现的隐含美感，凸显设计师对于材料选择和运用的深度思考以及对空间情感、文化和历史的敏感性。美感的呈现需要综合考虑各种设计元素，以创造出独特而有深度的环境美学。

在设计中，设计师不仅应考虑如何表现出空间环境所需要的视觉感受和心理感受，更应从细部处理上把握其质感美感。只有这样，设计师才能从根本上解决问题，从内部到外部都进行修复，这样才能展现出室内外环境的健康和从内到外的材料之美，而不是“外表华丽但内在脆弱”。

第五节　材料的空间之美

装饰装修材料的空间之美指在室内设计中，通过巧妙运用材料，创造出具有艺术性、舒适感和视觉愉悦的空间效果。

一、色彩搭配与和谐

色彩搭配与和谐在材料空间之美中起着至关重要的作用。色彩能够影响人们的情绪、感觉和空间体验，通过巧妙的色彩搭配，可以增强材料的质感和空间的美感。通过合理的色彩搭配，能使装饰装修材料在空间中形成和谐的色调，凸显整体设计的协调性。

首先，色彩搭配要遵循和谐统一的原则。不同的色彩会给人带来不同的心理感受，如冷色系会让人感到平静、放松，而暖色系则会让人感到愉悦、温暖。在室内空间中，需要避免过多的对比和冲突，以营造舒适、自然的氛围。

其次，注重色彩与材料的协调。不同的材料有其独特的纹理、质地和色彩，在空间中要充分考虑材料与色彩的搭配，使材料本身的质感和色彩能够相互映衬，凸显空间的美感。例如，木质材料通常给人温馨、自然的感觉，可以与暖色系或自然色系相搭配，营造出舒适、自然的氛围；金属材料则可以与冷色系相搭配，给人现代、科技的感觉。

最后，要利用色彩的层次感和空间感。不同的色彩具有不同的明度和纯度，可以利用这些特性来营造出层次感和空间感。例如，在空间的背景部分可以采用深色调或冷色调，以增强空间的深度和层次感；在前景部分可以采用明度较高或暖色调的颜色，以突出重点和引导视线。

如何运用色彩有效地营造出空间感。可以通过以下一些具体方法：

(1)明度对比：通过明度的对比，可以创造出空间的层次感和深度感。在较暗的背景上放置较亮的对象，或者在较亮的背景上放置较暗的对象，都可以强调空间感。

(2)纯度对比：纯度(也称为饱和度)的对比也可以用来营造空间感。在纯度较高的色彩上放置纯度较低的对象，或者反过来，都可以强调空间深度。

(3)利用色彩的冷暖关系：暖色(如红色、黄色和橙色)通常被认为是向前突出的，而冷色(如蓝色、紫色和绿色)则往后退的。利用这种特性，可以创造出空间感。例如，将暖色用于想要突出的元素或前景，将冷色用于背景。

(4)色彩的进退感：一般来说，浅色有前进感，深色有后退感。因此，通过在背景上使用深色，前景上使用浅色，可以增加空间深度。

(5)动态色彩：色彩的动态也可以影响空间感。动态色彩指的是色彩在视觉上的运动感，可以通过色彩的渐变、旋转或流动来创造。动态色彩可以使空间更加活跃和动态，增加观者的参与感。

需要注意的是，色彩的运用方式是多样的，它们可以单独使用，也可以组合使用，以创造出所需的空间感。通过深入了解这些因素，我们可以更好地运用色彩来营造出理想的室内空间效果。

二、质感和触感的丰富

质感是指材料给人的视觉和触觉感受，例如我们看到一块石头，可能会感受到它的坚硬和沉重，这就是它的质感。触感则是当我们实际接触材料时，通过皮肤感受到的触觉反馈，例如触摸丝绸时的顺滑感。

不同质感和触感的材料还可以影响人们对空间的感知。例如，在家庭装修中，我们常常会使用不同质感的材料来营造温馨、舒适的氛围。柔软的织物，如棉麻窗帘、绒布沙发等，可以带来温馨、舒适的触感，让人感到放松和安宁。

在商业空间设计中，质感和触感的运用同样重要。例如，在高档餐厅中，设计师可能会使用金属和大理石来营造现代、高雅的氛围。同时，为了营造温馨的用餐环境，他们可能会在餐椅上使用柔软的织物，如丝绸或绒布，来增加舒适度。

除了家庭和商业空间，质感和触感在公共空间设计中也有广泛应用。例如，在图书馆或博物馆中，设计师可能会使用粗糙的木材或石材来营造一种自然、历史的感觉。同时，为了营造安静的阅读或参观环境，他们可能会在书架或展台上使用柔软的织物或皮革来增加触感的舒适度。在公共空间中，通过不同材质质感的对比与融合，可以创造出层次分明的视觉效果，进而增强空间的艺术感和趣味性。比如，在咖啡厅或艺术展览区的设计中，可以采用光滑的大理石桌面搭配粗糙的木质椅子，或是将冷硬的金属框架与柔软的皮革沙发相结合。这种材质上的对比，不仅打破了空间的单调感，还通过触感的差异引导人们在不同区域间自然过渡，体验到多样化的空间氛围。

材质的触感和质感能够直接触发人体的感官反应，进而引发情感共鸣。例如，在冥想室、休息室需要静谧氛围的空间中，设计师往往会选择使用木材、亚麻布或绒面织物等自然、柔软的材质。这些材质不仅具有良好的吸音效果，能减少噪声干扰，其温暖的触感和质朴的纹理还能让人感受到宁静与放松，有助于提升空间的舒适度。

在空间设计中，材质的质感和触感是塑造空间氛围不可或缺的元素。它们如同无声的语言，通过细腻的触感与视觉上的层次感，引导着人们的情绪与感知，营造出丰富多样的空间体验。从冷峻的现代简约到温暖的复古情怀，从宁静的冥想空间到活跃的社交场所，材质的巧妙运用成为连接设计者与使用者情感的桥梁。

总的来说，质感和触感是空间设计中非常重要的元素。通过巧妙运用不同质感和触感的材料，设计师可以创造出更加丰富、有层次感的空间。这样的空间不仅满足了人们的功能需求，更满足了人们的情感需求。因此，在室内设计中，合理运用不同材料的质感和触感是非常重要的，它可以使空间更加人性化，让人们更好地与空间互动和交流。通过材料质感和触感影响空间设计，是一种非常有效的设计手法。以下是一些具体的方法：

(1)材料的选择：不同的材料有着不同的质感和触感，如粗糙的石头、光滑的玻璃、柔软的织物等，它们的质感和触感大不相同。选择适合空间设计的材料，能够直接影响空间的质感和触感。

(2)材料的肌理：材料的肌理，如粗糙、光滑、柔软、坚硬等，可以在视觉上增加层次感，同时也影响触感。例如，表面经过磨砂处理的玻璃，可以创造出朦胧的质感和触感。

(3)材料的温度：有些材料在接触时会给人带来温度的变化，例如金属的凉爽、木材的温暖(图5.18)。这种温度的变化也会影响我们对材料的触感和感受。

(4)利用材料的组合：单一的材料可能无法满足复杂的设计需求，因此，通过多种材料的组合，可以创造出更加丰富的质感和触感。例如，在室内设计中，可以将粗糙的石头和光滑的玻璃结合，创造出独特的质感和触感。

材料质感和触感的细节是多种多样的，它们在空间设计中起着重要的作用。通过巧妙地运用这些细节，可以创造出更加丰富、有层次感和人性化的空间，为人们带来更好的感受和使用体验。

图 5.18　木材的温暖

三、形状和结构的协调

在材料的选择和应用上，设计师可以通过合理的形状和结构搭配，创造出统一而富有层次感的空间设计。通过合理地运用直线、曲线、水平线、垂直线等不同的线条和长方形、圆形、正方形等形状，可以营造出不同的视觉效果和空间感。例如，利用拱形、弧形等结构可以创造出更加柔和、流畅的空间。

以下列举不同形状在室内空间中所表达的性格特征：

(1)三角形：三角形本身形状的尖锐和性能的稳定赋予其独一无二的性格特征。三角形的设计和图案代表着自信和动感。充满三角形设计与图案的空间会给人强烈的视觉感受，具有很强的能量感。当我们把三角形运用到室内空间时，必须注意尽量不要把不同种类的三角形运用在一个地方，否则，就会有一种扑面而来的拥挤感。

(2)圆形：圆形在室内设计中的运用也相当频繁。运用这种几何元素能够将空间中的零碎空间进行整合，从而不会受到空间当中的角度以及方向的困扰，表现出向心的艺术效果，并体现出团聚收拢、完整集中的特点，从而给人饱满、完整的美感。通常来说，圆形的运用一般由一个强的圆形几何线搭配弱化的圆形或弧线型来做到平衡以及和谐。

(3)六边形：六边形作为一种非传统的几何图形，本身就具有很强的创新性和个性化。在室内设计中运用六边形元素，可以打破传统的装修模式和思维定式，为室内空间带来更加独特和个性化的设计风格。这种设计风格可以满足现代人对于个性化和差异化的追求。

(4)正方形：正方形作为一种基础的几何形状，具有简洁、规整的特性。在室内设计中，运用正方形元素，如正方形的线条、形状等，可以营造出一种简洁、明快的氛围。同时正方形具有对称性，利用这种特性，可以创造出具有稳定感和秩序感的空间效果。

在室内设计中，材料的形状结构在空间设计中始终占有举足轻重的地位。设计师们通过巧妙地运用各种几何形状，为空间注入活力，使每个角落都充满故事感。几何元素不仅有助于营造层次分明、立体感强的空间效果，更在无形中引导着人们的视觉焦点。而不同形状的几何元素，如圆形、方形等，各自承载着独特的情感寓意。圆形的柔和与流动，为空间带来温馨与亲密感；方形则以其稳重与端庄，赋予空间沉静与内敛的气质。当它们相互交织、碰撞时，便可创造出独具一格的设计风格。因此，无论是材料的形状还是结构，都是打造舒适、美观的室内环境时不可或缺的重要元素。只有当它们完美融合，才能真正满足人们对于生活品质的追求，为居住者创造一个既实用又充满艺术气息的理想空间。

四、符合功能需求的材料选择

在选择材料时，考虑其功能需求是非常重要的。不同的空间有不同的使用目的，因此需要选择能够满足这些特定需求的材料。

例如深圳建科大楼，作为中国南方夏热冬暖(特别是湿热)气候区的典型绿色建筑代表，通过采用“吕”字形建筑平面布局，高效的围护结构，合理的空调系统等优化设计措施，保证了各房间内合理的温度、湿度和自然通风效果。

建科大楼外墙实体墙面部分采用的铝合金装饰为非抛光的漫反射材料，不对周边建筑造成光污染。建筑物外立面玻璃采用低反射率的Low-E中空玻璃，且均设置外遮阳措施，白天不对周边环境产生光反射。此外，建科大楼地下建筑面积为4283.57㎡，而建筑占地面积为3000㎡，二者之比高达142.7%，充分利用了地下空间；其主要功能为实验室、设备房与停车库，功能设置较为合理。室外地面面积为1500㎡，均设计成透水地面(包括透水环楼车道)，铺在已埋设好软式透水管的碎石路基上。

又如海草湾养生度假村的改造项目是一个结合功能美与艺术美的优秀案例。项目对象范家村位于山东省威海荣成市石岛管理区，东临石岛湾内湖，风景优美，是一个典型的北方行列庭院式村落，当地特色海草房是胶东地区最具代表性的传统民居，是长期环境、气候影响的结果。由于沿海地区夏季多雨潮湿、冬季多雪寒冷，特殊的地理位置和气候条件下，居民主要考虑冬天保暖避寒，夏天避雨防晒。工匠以厚石砌墙，用海草晒干后作为材料盖屋顶，建造出海草房。原有海草屋的真实性如何保留、如何修复现有屋顶、插入新的结构、充分利用具有地域特色的建筑材料并使其融为一体是这个项目建造的重点。

该项目屋顶建造的海草是生长在 5~10m 浅海区的大叶藻类，野生藻类含有大量的卤和胶质，有防虫蛀、防霉烂和不易燃烧的特点。外墙的设计上保留建筑的墙体维持建筑的原貌，有的是上部为砖墙、下部为石墙的形式，有的是自上而下的完整石墙。新建的部分为了保持院落的完整性，增加了石砌的院墙。景观元素局部采用锈钢板及深灰色不锈钢板，以工业感衬托手工感。石墙材料为当地产的石岛红，有平缝和乱缝两种类型，在建造方式上，遵循当地的一些传统建造工艺，新老建筑墙体上均采用生态泥抹面，设计用白灰和泥土以 2∶1 的方式并采用特殊的流程工艺还原古旧泥墙的建筑肌理，形成独特的光泽及文化品质，相同的材料使得新老建筑紧密结合在了一起。

这些设计手法不仅保留了当地的传统建筑特色，还通过现代材料的巧妙运用，提升了建筑的可持续性和功能性。这种对地域文化和自然环境的尊重与融合，以及符合功能需求的材料选择，也体现在其他地区的建筑设计中。例如，新加坡和丹麦的建筑师在面对各自独特的气候条件时，同样采用了因地制宜的设计策略，以实现建筑的生态和谐与高效节能。

新加坡地处热带，气候炎热潮湿，年降水量大，因此采用立体绿化、雨水收集系统及高效节能的建筑材料。外墙覆盖有绿色植被，不仅美化了环境，还起到了降温隔热的作用。屋顶设有雨水收集系统，用于灌溉和冲厕等用途。室内则采用了轻质、高强度的建筑材料，以减少建筑自重并提高隔热性能。立体绿化设计有效降低了室内温度，减少了空调的使用频率，从而降低了能耗。雨水收集系统则实现了水资源的循环利用，提高了资源利用效率。轻质高强度的建筑材料不仅减轻了建筑自重，还增强了建筑的抗震性能。这些设计共同构成了一个低碳、环保、舒适的居住环境。

丹麦位于北欧，气候温和但多风多雨，冬季寒冷漫长，夏季凉爽短暂。根据当地气候特点，丹麦建筑采用大量的自然采光、保温隔热技术以及环保建筑材料。外墙采用高效保温材料，窗户则采用双层或三层玻璃，以增强保温性能。室内装饰大多采用可再生木材、竹材以及低 VOC(挥发性有机化合物)的涂料和胶水。这些材料的选择不仅提升了家居的保温性能，减少了能源消耗，还保证了室内空气的清新与健康。自然采光设计充分利用了日光资源，减少了人工照明的需求。同时，环保材料的使用也降低了对环境的负面影响，体现了人与自然和谐共处的设计理念。

根据空间的功能需求选择合适的材料，需要考虑以下几个关键因素：

(1)使用环境：不同的空间有不同的使用环境，例如湿度、温度、光照等。这些因素会影响材料的选择，例如卫生间需要选择防水材料，而阳台则需要选择防晒材料。

(2)用途：考虑空间的用途功能，例如起居室、卧室、厨房、卫生间等。不同的用途决定了材料的耐久性、易清洁性、安全性等方面的需求。

(3)安全性：对于有小孩或老人的家庭，选择无毒、环保、安全的材料非常重要。同时，对于有特殊需求的空间，例如对防滑性能有较高要求的卫生间，选择防滑材料也是必要的。

(4)视觉效果：材料的颜色、纹理、质感等都会影响空间的视觉效果。选择与整体装修风格相协调的材料，可以提升空间的品质和美观度。

(5)成本：在满足功能需求的前提下，选择性价比高的材料可以降低装修成本。同时，考虑到后期的维护和更换成本也是必要的。

根据空间的功能需求选择合适的材料，需要综合考虑使用环境、用途、安全性、视觉效果和成本等因素。在实际操作中，建议先列出材料的基本需求，然后进行市场调研和比较，最终选择适合的材料。

五、空间的风格营造

材料作为空间设计的物质基础，不仅决定了空间的基本形态和结构，还影响着空间的视觉效果，以及带给人的心理感受和情感体验。不同的材料具有不同的颜色、质地、光泽和透明度等特性，这些特性会直接影响空间的视觉效果。通过巧妙地选择和搭配不同特性的材料，可以创造出丰富多样的空间氛围和风格，满足不同的设计需求和审美偏好。

根据不同的室内风格来合理选择装修材料，以下是不同室内设计风格的特点：

(1)现代主义也称功能主义，是最常用的室内设计风格之一。这种风格重视功能和空间组织，注重发挥结构构成本身的形式美感，造型简洁，反对多余的装饰。现代风格主要运用的材料应该尊重材料的特性，讲究材料本身的质地和色彩的配置效果。因此，现代主义设计风格在材料的选择上喜欢使用石材、木材、面砖等天然材料，搭配不锈钢、铝型材等金属材料，来表现时尚、简约的家居氛围。

(2)工业风的设计灵感来源于工厂的翻新，设计以其质朴的哲学理念而闻名，即暴露管线、砖块、混凝土墙面和梁等建筑构件。工业风在20世纪末到21世纪初这段时间开始流行，因为当时高密度的城市地区正面临着住房短缺问题，再加上经济危机，人们开始将旧工厂改造成阁楼公寓，不掩盖原有的结构元件并且充分利用开放的平面与大窗户。这种室内设计风格在材料的选用和设计上，通常保留原有建筑材料的部分容貌，天花板基本不用吊顶材料设计，空间整体色调以灰色、原木色、红棕色、黑色等中性色调为主，质朴材料的家具以及吊顶照明，与粗犷的空间形成对比。

(3)北欧风格将德国的崇尚实用功能理念和其本土的传统工艺相结合，富有人情味的设计使得它享誉国际。这种简约的风格使用一系列纹理和柔和的色调，如灰褐色、象牙白、鼠尾草绿等，创造温暖而舒适的感觉。这种风格通过简洁的线条、实用的家具和充足的自然光来进一步强调追求简洁和注重在形式和功能上达到平衡的设计理念。

(4)东方禅意风格是一种强调和谐、宁静和朴素的风格。这种风格的灵感源自东方文化中的佛教、道教和儒家哲学。这些宗教和哲学传统常常以内在的平和、简洁和平衡为特点，成为室内设计的灵感来源。自然是东方禅意风的焦点，因此配色和材料的选择通常围绕木材、石材和藤条等自然元素展开，增加与自然的联系。

(5)地中海风格是一种受地中海周边国家宁静、阳光明媚而古典的氛围启发的室内风格。这种风格在颜色上常以浅色调为主，如白色、米色、浅黄色等，营造出温暖、柔和的氛围。地中海风格也注重自然材料的运用，如原木、石材、陶瓷等，以及各种装饰元素的搭配，如窗帘、抱枕、地毯等。同时，地中海风格还强调空间的通透感和开放性，通过大面积的窗户和开放式设计，让室内与自然环境相互融合。在家具上，地中海风格多选用天然材料，如木质、藤制等，强调舒适和自然。

(6)极简风格是一种以简洁、清新和功能性为核心的室内设计风格。它的核心理念是去除多余的元素，强调形式和功能的平衡，以及注重空间的流动和通透感。在极简风格的室内设计中，色彩通常以中性色或淡色系为主，营造出明亮、宽敞和舒适的感觉。材质多选用天然材料，如木材、石材、棉麻布等，凸显自然质感和舒适度。家具设计则追求简单、实用和线条流畅，避免过多的装饰和细节，体现了“少即是多”的主张。同时，灯光设计也是极简风格的重要组成部分，利用隐藏式灯、背光和自然光等照明方式，营造出舒适和自然的氛围(图5.19)。

图5.19　极简风格

(7)自然主义风格是一种强调与自然环境和谐共生的室内设计风格。它的核心理念是利用自然元素、材料和色彩，营造出一种亲近自然、回归自然的感觉。在自然主义风格的室内设计中，大量运用自然材料，如木材、石材、竹子等，凸显其质感和自然美感。同时，设计者也注重对自然色彩的运用，如绿色、棕色、灰色等，这些颜色能给人带来清新的感受，并营造出与大自然相融合的氛围。

(8)东南亚风格以其独特的热带风情、自然元素与浓郁的文化底蕴而著称，这种风格在材质的选择上同样体现了其独特魅力。藤编和竹材是东南亚地区常见的自然材料，它们轻便、耐用且环保。藤编家具如椅子、吊篮等，以其独特的编织工艺和透气性，为室内空间带来一种轻松、休闲的感觉。竹材则因其良好的韧性和可塑性，被用来制作各种家具和装饰品，如屏风、灯具等，增添了空间的自然韵味。

(9)田园风格作为一种追求自然、舒适与乡村情怀的室内装饰风格，其独特的氛围往往通过特定的材质得以充分体现。田园风格的软装设计常常采用棉麻等天然材质，这些材质柔软、透气、吸湿性好，非常适合用于窗帘、沙发套、抱枕等软装搭配。棉麻布艺的图案和色彩也往往以自然花卉、格子、条纹等为主题，这些元素与田园风格的主题相契合，进一步强化了田园气息。自然木材同样是不可或缺的元素，原木色或经过做旧处理的木材家具，如松木、橡木等，不仅具有质朴的质感，还散发出一种温暖而亲切的气息。这些木材的纹理和色泽让人联想到乡村的自然风光，营造出宁静、舒适的居住环境。

同时，设计者也会利用植物、花卉等元素，为室内增添生机和活力，使整个空间更加生动和自然。总的来说，自然主义风格以亲近自然、回归自然为核心，通过运用自然元素、材料和色彩，营造出一种与大自然相融合的感觉，让人感受到内心的平静和放松，适合于那些追求自然、健康和舒适生活方式的人们。

以上这些要素综合起来，共同构成了装饰装修材料的空间之美。这种美感不仅体现在设计的外观上，更融入人们生活的方方面面，影响着人们的情感、体验和生活质量。随着科技的不断进步和新型材料的不断涌现，材料的选择范围也在不断扩大，这为空间设计师提供了更多的创作可能性和灵感来源。设计师可以通过尝试和探索新的材料和工艺，创造出更具创新性和独特性的空间效果。

思考题

1. 文中提到材料的“表向、理性、构成、隐含、空间之美”，这些维度在实际设计中如何相互关联与协调？设计师如何在项目中避免某一维度的过度表达导致整体失衡？

2. 材料被定义为“传递设计理念和情感的媒介”，如何通过具体材料的质感、色彩或工艺选择，使空间传递出特定情感(如温暖、疏离、宁静)？能否举例说明？

3. 在“挖掘材料内在潜力”时，如何平衡对传统材料美学价值的尊重与突破性设计创新？例如，海草房案例中修复与新建的融合是否提供了某种范式？

第六章　装饰材料美学的发展

在当今社会，可持续发展已成为热门话题，在各行各业引发了广泛关注和探讨。可持续概念设计理念的核心是在设计的过程中，尽可能地减少对环境和资源的影响，同时提高整体使用的可持续性。各种衍生设计理念如绿色设计、循环设计、低碳设计逐渐崭露头角，引领着材料美学的发展方向。这些设计理念鼓励设计师在实践过程中更加关注环境和资源的保护，努力实现可持续发展的目标。随着社会对可持续发展议题的日益重视，我们有理由相信，可持续概念设计理念将在未来得到更广泛的推广和应用，为创造一个美好的生态环境和可持续发展的未来做出更大的贡献。

第一节　可持续概念的材料美学设计

一、可持续设计概念

20 世纪 80 年代，挪威首相布伦特兰夫人领导的世界环境与发展委员会发表了《我们共同的未来》报告，提出可持续发展的理念。可持续设计是在生态哲学引导下，更进一步的设计系统，是一种以符合经济、社会及生态学三者可持续经营为方针的设计方法。可持续设计领域旨在通过采用综合方法创造“三赢”设计来平衡这些领域的需求。

可持续性被分为三个交织的类别，分别是社会可持续性、经济可持续性、环境可持续性。它提供了一个框架，用于应用面向解决方案的方法。社会可持续性包括环境正义，人类健康，资源安全和教育，以及其他重要社会要素；在设计策略上，是将可持续理念与公众基本生活方式做紧密联结，响应社会需求，通过创新和鼓励公众参与的方法，促进社会与城市公平。经济可持续性包括创造就业机会、盈利能力等，然而，当今全球经济发展实则与经济可持续性存在一定的相互矛盾，且不同的经济体因其体量不同，企业发展方式也大不相同。环境可持续性这一支柱，侧重于环境与生态，包括土地，水源，空气质量，致力于减少环境压力源，如温室气体排放。环境可持续性还提供了促进经济可持续性所必需的自然资源。

图 6.1 可持续发展理念下的建筑外立面

可持续设计有五大设计原则：公平性原则、和谐性原则、需求性原则、高效性原则、变动性原则。每个原则都为绿色材料设计指明了方向(图 6.1)。

(1)公平性原则。可持续发展的公平性原则一方面是指同代人之间的横向公平性。即在不同利益相关方之间实现公平对待。另一方面是指代际公平性，即世代之间的纵向公平性。这意味着我们需要考虑到当代人的需求，同时也要考虑到未来各代人的需求。在资源利用和环境改善方面，我们应该采取可持续的策略，避免对未来各代人的生存和发展造成不良影响。设计师应该充分考虑到各方的需求和利益，并尽力实现公平的资源分配和利益均衡。可持续发展不仅要实现当代人之间的公平，而且也要实现当代人与未来各代人之间的公平。

(2)和谐性原则。这是可持续发展的最终追求。可持续发展的战略就是要促进人与人之间及人类与自然之间的和谐。如果每个人在考虑和安排自己的行动时，都能考虑到这一行动对其他人(包括后代人)及生态环境的影响，并能真诚地按和谐性原则行事，那么人类与自然之间就能保持一种互惠共生的关系。

(3)需求性原则。以传统经济学为支柱的传统发展模式，所追求的目标是经济的增长。因此，大量的设计作品用来刺激人类的消费需求和占有欲。这种刺激消费的方式忽视了资源的有限性与自然环境容纳污染的极限。这种发展模式不仅使世界资源环境承受着前所未有的压力，而且人类所需要的一些基本物质仍然不能得到满足。而可持续发展规则坚持公平性和长期的可持续性，立足于人的真实物质需求，建立健康而理性的精神需求。可持续发展是要满足所有人的基本需求，并提供实现美好生活愿望的机会。

(4)高效性原则。环境污染已经到了一个关键的时刻，任何不彻底的、不及时的规划方案都等于是空中楼阁。不同于传统经济学，这里的高效性不仅根据其经济生产率来衡量，更重要的是根据人们的基本需求得到满足的程度来衡量，是人类整体发展的综合和总体的高效。

(5)变动性原则。可持续发展以满足当代人和未来各代人的需求为目标。随着时间的推移和社会的不断发展，人类的需求内容将不断增加，需求层次将不断提高，所以可持续发展本身隐含着不断地从较低层次向较高层次发展的变动性过程。

例如北京怀柔科学城长城海纳加速器，作为怀柔科学城城市更新起步区的首个改造项目，对整个科学城的规划和建设起到了示范性作用。它不仅肩负着聚拢人气和创立标杆的重要使命，更为快速构建一个对科学家和科研企业充满吸引力的社区奠定了坚实基础。该项目以尊重城市的工业记忆为基础，有意识地保留时代印记，将全球最先进的科研设施与“过时”的老旧厂房融合起来，打造了一座可持续成长的研发园区。

在可持续设计中，资源的高效利用是至关重要的一环。长城海纳加速器通过改造升级闲置厂房，实现了资源的再利用和价值的最大化。同时，加速器还注重节能减排和环境保护，采用先进的建筑技术和设备，降低能耗和排放，为可持续发展贡献力量。

北京怀柔科学城的长城海纳加速器在设计和实践中充分体现了可持续设计概念中的变动性原则。通过适应性与灵活性、创新与迭代、资源的高效利用、社会与经济的双重效益以及未来需求的预见性等方面的努力，加速器为科学研究和技术创新提供了有力支持，也为可持续发展贡献了积极力量。

二、材料美学的相关设计概念

(一)绿色设计背景下的材料美学

绿色设计背景下，也就是以可持续性和环保为核心理念的设计中，材料美学涵盖了一系列与环保、可再生性、健康等相关的内容。以下是在绿色设计背景下，材料美学所包含的主要内容：

(1)可持续性和环保：作为可持续发展的核心思想，绿色设计首要考虑的是材料的来源和生产过程。可持续性的材料通常来自可再生资源，或者通过回收等方式得到，从而减少对自然资源的过度消耗。其次，绿色设计注重材料生产过程中的环保性，包括减少生产过程中的能耗和排放、降低废弃物产生，以及采用环保的生产工艺和技术。通过优化生产流程、提高资源利用效率，减少对环境的破坏。

(2)低碳足迹：在当今全球气候变化的背景下，低碳足迹已成为可持续发展的重要指标。材料的生产、运输和安装等阶段都会产生碳足迹。绿色设计追求低碳足迹的材料，以减少对气候变化的影响。首先，低碳足迹材料在生产过程中具有较低的碳排放，通过采用节能减排的生产工艺和可再生能源，降低生产环节中的温室气体排放。这有助于减少对化石燃料的依赖，降低碳排放量，从而减缓对气候变化的影响。其次，低碳足迹材料在运输过程中也具有较低的碳排放。

(3) 室内空气质量：选择低挥发性有机化合物(VOC)的涂料、胶黏剂和建筑材料，以确保室内空气质量良好，避免对居民健康产生负面影响。VOC 是一类常见的有害气体，主要来源于建筑装修材料中的添加剂、粘胶剂等。长时间暴露在高浓度的 VOC 环境中，会对人体健康产生负面影响，如刺激眼睛、鼻子和喉咙，引起头痛、恶心等症状。因此，选择低 VOC 的建材和装修材料对于保障室内空气质量至关重要。为了降低室内 VOC 浓度，应优先选择低 VOC 或无 VOC 的涂料、胶黏剂和建筑材料。

(4) 甲醛排放：有机板材料中常常包含甲醛，甲醛是常见的室内空气污染物，长期接触可能对人体健康产生负面影响。有机板材料中的甲醛主要来源于粘胶剂等添加剂。为了降低甲醛的排放量，应优先选择零甲醛的装饰板材。对于家具制造过程中使用的粘胶剂等材料，也应选择低甲醛的产品。在家具生产中，应推广使用这些低甲醛或零甲醛的粘胶剂。除了材料的选择，通风换气也是降低室内甲醛浓度的有效措施。保持室内通风良好，可以促进空气流通，将室内的甲醛等有害气体排出。在装修过程中，合理安排通风口的位置和数量，以及选择合适的通风设备，都有助于提高通风效果。

(5) 可再生材料：木材是一种可再生资源。与不可再生的化石燃料和金属资源相比，木材的生长周期短，能够在相对较短的时间内再生，因此具有可持续性。在合理的采伐和种植条件下，森林资源可以保持长期可持续供应。选择来自可持续管理森林的木材是确保可持续性的关键。通过认证机构如 FSC(Forest Stewardship Council)的认证，可以确保木材来自经过可持续管理和经营的森林。通过选择经过认证的木材产品，我们可以降低对非法砍伐和森林破坏的危害。

(6) 隔热材料：在绿色设计中，选择具有良好隔热性能的材料是实现建筑能效性和降低能耗的重要手段之一。隔热材料能够有效地阻挡和减缓热量的传递，减少室内温度波动，从而降低对空调和暖气系统的依赖。合理的评估、选择、设计和维护，可以有效地降低建筑物的能耗，提高能效性，为可持续发展做出贡献。

(7) 光反射：光反射对于减缓城市热岛效应具有重要意义。选择具有高光反射率的材料和合理的建筑设计是减缓城市热岛效应的重要措施之一。使用高光反射材料和加强植被覆盖，可以降低建筑物的表面温度，减少城市热岛效应的产生，为城市的可持续发展做出贡献。

(8) 低水消耗材料：随着水资源的日益紧缺，合理利用和保护水资源已经成为当今社会面临的重要问题。在农业生产和材料生产中，选择对水资源消耗较低的选项是至关重要的。例如，在农业生产中，选择耐旱、节水的农作物品种和种植方式，采用滴灌、喷灌等节水灌溉方式，可以有效地降低水资源消耗。在材料生产中，选择低水消耗的工艺和原材料，开发节水型的生产设备，也是降低水资源消耗的有效措施。此外，在建筑设计中，选择低水消耗的材料也是重要的考虑因素之一。同时，合理设计供水管道和排水系统，避免水资源的浪费和泄漏，也是实现低水消耗的重要措施。

(9) 回收材料：使用可循环材料，可以减少对有限木材等自然资源的依赖，降低对环境的破坏和污染，同时减少建筑废弃物的产生和垃圾填埋场的负担。可循环利用的材料包括金属、玻璃、塑料、纸张等，这些材料具有良好的可回收性和再用性，可以在使用寿命结束后重新加工和再利用。使用可循环材料可以降低原材料的开采和加工能耗，减少废弃物的产生和排放，减少对环境的影响。

(10)自然元素：将自然元素融入设计是一种实现人与自然和谐共生的有效手段。通过使用天然材料和元素，可以创造出一个更加自然、健康和舒适的生活环境。除了天然材料的使用，将自然景观融入室内设计也是一种有效的方法。通过在室内布置绿植、水景等元素，可以营造出一个与自然更为接近的环境。绿植能够净化空气、提供氧气，同时为室内增添生机和活力。水景则能够创造出宁静、放松的氛围，有助于缓解压力和放松身心。

(11)生态设计：生态设计是一种以生态为核心的设计理念，旨在创造与自然和谐共生的空间。通过合理利用自然元素、采用可再生和可持续的材料、节约能源、加强与自然环境的互动和交流等方法手段，生态设计能够让居住者感受到自然的美与和谐，为可持续发展做出贡献。

总体而言，绿色设计的材料美学在强调美观性的同时，兼顾环保、健康和可持续性。通过选择环保材料、降低能耗、提高材料的可循环利用性，设计师可以创造出更为健康和可持续的空间(图6.2)。

图6.2 绿色设计的建筑

例如布拉格植物园体验馆，采用传统的技术和材料(石材、铁、玻璃、混凝土和木材)建造。建筑的每个部分在功能和美学上都可以分为一个独立的结构体系，并进行逐步构造。整个建筑采用经济的面砖房形式构建，由钢筋混凝土作为主要支撑骨架，地面采用抛光混凝土制成，而内部非承重的隔墙则采用轻质砖石或玻璃构成。植物温室则由热浸镀锌钢和玻璃构成。整体建造分为两个阶段，第一阶段建造停车场区域，其位于建筑的一层，并用花岗岩块进行表面的加固，而第二阶段则用钢筋混凝土柱构筑建筑二层，整体式混凝土板将与梯形金属板浇筑，安置在骨架上。这里还设计了用于支撑攀爬植物的结构，使植物在钢缆结构上水平生长，形成了独特的垂直绿化景观。这些绿色元素不仅提升了建筑的生态价值，还为游客提供了一个亲近自然、放松身心的场所。公共入口区域和办公室部分的屋顶也采用绿色设计，种植了多种耐旱、易养护的植物，不仅美化了环境，还起到了隔热降温的作用，减少了建筑能耗。作为供公众参观的教育路线，建筑周围和道路铺装均由花岗岩石块构成。通过展示各种珍稀植物、举办专题展览、音乐会等，该体验馆向公众普及了植物学知识，提高了公众对自然环境的认识和保护意识。同时，体验馆还设置了教育步道等环保元素，引导游客在游览过程中学习生态知识，培养环保习惯。

为了实现水资源的可持续利用，布拉格植物园体验馆建立了完善的雨水收集与循环利用系统。整个场地都可以收集和回收雨水，并汇聚在储水池和位于中庭的池塘中。这些雨水经过净化处理后，被用于灌溉温室和室外区域的植物，有效减少了对饮用水的依赖。此外，建筑内部还采用了生态冷却技术，通过窗户通风和绿色植物的蒸腾作用来降低室内温度，进一步减少了能源消耗。

(二)循环设计背景下的材料美学

循环设计的核心理念是将材料视为资源的延续，致力于减少浪费、提高可再生性，并创造出经济、环保和社会可持续的设计。在循环设计背景下，材料美学关注材料的再生利用、可持续性、创新性以及对环境和社会的积极影响。以下是循环设计中涉及的一些材料美学的内容：

(1)可再生和循环材料：选择可以进行循环再生利用的材料，例如可回收的金属、再生纤维、生物基材料等。这有助于减少对原生资源的依赖，推动循环经济的发展。例如：使用由回收塑料制成的家具，或者采用再生棉纤维的纺织品，通过将废弃物转化为新的产品，实现材料的再生利用。

(2)生态友好和无害材料：选择对环境和人体健康无害的材料，避免使用有毒物质、挥发性有机化合物等。这有助于创造一个安全、健康的室内环境。例如选用水性涂料、无毒植物染料，以及不含甲醛等有害物质的建筑材料，确保材料对人和环境的影响最小化。生态友好材料通常能够实现资源的最大化利用。它们可以通过回收再利用、减少原材料消耗等方式，降低对自然资源的依赖。例如，废旧金属、塑料和纸张等材料的回收再利用，可以显著减少对新资源的需求。

(3)设计与可拆卸、可维修性：设计考虑到材料的可拆卸性和可维修性，从而延长产品寿命，减少废弃物产生。这需要采用模块化设计、拼接结构等。选择可以拆卸和维修的家具，采用可拆卸的连接方式，以便于维修、更新或再利用(图6.3)。材料的可拆卸性和可维修性在循环设计中展现出了显著的优势。它们不仅促进了资源的有效利用和循环再生，还提升了产品的使用寿命和用户体验。在美学层面，这两个特性鼓励设计师采用更加灵活、模块化和耐用的设计理念，创造出既美观又实用的产品。同时，它们也引导消费者形成更加环保、可持续的消费观念，共同推动社会向更加绿色、低碳的未来迈进。

图6.3　可拆卸家具

(4)创新性和实验性材料：推动材料科技的创新，采用实验性的材料，旨在通过新技术、新工艺等手段提高资源的利用效率。某些新型材料可能具有更高的强度和耐久性，从而在同等使用条件下减少材料的消耗量。这种高效利用资源的特性有助于减轻对自然资源的压力。例如可食用的包装材料、基于菌类生长的建筑材料等，有助于拓展材料的应用领域，促进可持续发展。例如，使用菌类培养的生物质材料，可以在建筑中替代传统的绝缘材料，减少对有限资源的需求。

(5)零废弃设计：设计过程中考虑如何最大程度地减少废弃物的产生。通过优化材料利用率、采用零废弃的生产工艺，实现对资源的高效利用。采用零浪费设计原则，在生产过程中将所有副产品重新利用或回收，减少对环境的不可逆损害。零废弃设计在环境友好与资源节约、经济效益提升、社会责任与品牌形象以及促进创新与可持续发展等方面具有显著优势。随着环保意识的不断提高和可持续发展理念的深入人心，零废弃设计将在未来得到更广泛的应用和推广。

(6)社会责任和可持续供应链：选择具有社会责任感的材料供应商，关注供应链的可持续性，确保从原材料提取到生产和分销的整个过程都符合环保和社会责任的标准。例如采用来自可持续林业的木材，确保木材的采伐不会破坏生态系统，同时促进当地的可持续发展。

循环设计强调创新性、可持续性和环保，将材料美学融入这一理念，不仅注重外观和触感，更关注材料的来源、生命周期以及对环境和社会的影响。这种设计方法鼓励人们重新思考材料的使用方式，以更加负责任的方式处理资源。

(三)低碳设计背景下的材料美学

低碳设计，是指以减少碳排放，降低温室效应带来的破坏效应为目标而进行的设计，有两种类型：一是重新规划人们的生活方式，提高人们的环境意识，在不降低生活水平的前提下，通过日常生活行为模式的再设计，降低碳消耗量；二是通过节能减排技术的应用，或者开发新的、可替代的能源，实现减排的目标。

在低碳设计的背景下，材料美学的考量主要集中在减少碳排放、提高能效、选择可再生材料等方面。低碳设计中涉及以下材料美学的内容：

(1)碳足迹和生命周期分析：低碳设计首要考虑的是材料的碳足迹，包括生产、运输、安装和使用阶段的排放。进行生命周期分析，了解整个生产和使用过程中产生的碳排放。在选择建筑材料时，考虑到生产地点距离和运输的碳排放，选择本地或者就近生产的材料，降低运输过程中的能耗。

(2)可再生能源材料：选择来自可再生能源的材料，例如太阳能和风能，用于生产或者制造材料。这有助于减少对非可再生能源的依赖。例如，在建筑中使用太阳能板作为外立面或屋顶材料，不仅实现了能源的可再生，还可以在外观上融入科技感。

(3)能效和保温材料：选择具有良好保温性能的材料，减少对加热和冷却设备的依赖，提高建筑的整体能效。通过使用高效的保温材料，如绝缘板、双层窗户等，以减少对空调和供暖系统的使用，降低碳排放。

(4)可循环利用材料：选择可以进行循环再生利用的材料，减少废弃材料对环境的负面影响，包括可回收、可降解和可重复利用的材料。在室内设计中使用可回收的金属、玻璃和塑料材料，或者选择可循环再生的家具，以延长材料的寿命。

(5)低能耗生产工艺：选择采用低能耗和低碳排放的生产工艺，减少材料生产过程中对能源的依赖，降低整体碳足迹。例如，在陶瓷生产中采用先进的低温烧制技术，减少能源消耗，同时确保产品质量。

(6)自然材料和本地材料：选择天然材料，如木材、竹材等，它们通常在生长和制造过程中的碳排放较低。同时，选择本地材料有助于降低运输能耗。在建筑中使用本地获取的石材、木材等，强调自然材料的美感，同时减少运输过程中的碳排放。

低碳设计旨在通过减少对环境的不良影响，实现可持续发展。因此，在这一背景下材料美学强调通过选择低碳足迹的材料，减少资源浪费，提高能效，以实现更环保和可持续的设计目标(图6.4)。

图 6.4　绿色低碳主题公园

例如深圳的零碳科普主题公园及零碳生活馆，该项目所在原生地山体资源丰富、自然条件优越，设计的重点在于如何将场地优势资源最大化？如何在保护现状生物生境的同时引入人的活动？设计师以自然生态为基底，力求对自然山体的最小介入，依势而建，实现土方平衡。同时提出 LID 低冲击开发、低碳植物设计、低碳工艺材料、低碳能源利用、海绵城市设计及低碳科普运营六大策略，将人、动植物、自然环境融合在一起，打造一个融入原生环境的"零碳"主题公园。

在零碳公园的设计中，自然材料体现出了前所未有的重要性。公园内大量保留了原有的乔木和地被植物，这些植物不仅构成了公园的自然基底，还通过光合作用吸收二氧化碳、释放氧气，对改善区域气候、提升空气质量起到了积极作用。在新增植物的选择上，设计师优先选用了高固碳植物和乡土植物，这些植物不仅适应性强、易于维护，还能更好地融入当地生态系统，提高植物单位面积的固碳效益。例如，大腹木棉等高固碳植物的引入，不仅美化了景观，还增强了公园的碳汇能力。

零碳公园充分利用了自然降水，通过雨水收集系统将其转化为可利用的水资源。雨水花园、生态滞留池等设施的设计，不仅美化了环境，还实现了雨水的自然净化与循环利用。这些设计不仅减少了对市政供水的依赖，还降低了因雨水径流造成的环境污染风险。

在建材的选择上，零碳公园同样注重低碳环保。例如，在零碳生活馆的建设中，设计师采用了大量低碳工艺材料，如竹材、再生木材等。这些材料不仅具有良好的物理性能和使用寿命，还能在生产和加工过程中减少能源消耗和碳排放。竹材作为一种快速生长的可再生资源，其碳汇能力远高于普通木材，因此在建筑和景观设计中得到了广泛应用。

深圳零碳科普主题公园及零碳生活馆的成功实践，为我们展示了如何通过自然材料与本地材料的巧妙运用以及智慧化设计实现低碳环保的目标。这个项目不仅为市民提供了一个生态友好、寓教于乐的休闲空间，更为绿色低碳发展提供了宝贵的经验和启示。在未来的城市建设中，我们应当更加注重对自然资源的保护与合理利用，让低碳环保理念深入人心，共同建设一个更加绿色、可持续发展的美好家园。

第二节 材料美学的创新源泉

一、以生态文明为基础的室内外环境艺术设计

以生态文明为基础的室内外环境艺术设计，旨在实现人与自然的和谐共处，它强调的是一种可持续发展的设计理念。这种理念不仅关注室内环境的舒适度和美观度，更注重与自然环境的融合与协调，以创造一个宜居、健康、美丽的环境。

从设计的角度来看，生态文明理念要求在室内设计中充分考虑自然因素，如光线、温度、湿度等，尽可能地利用自然条件来满足人们的生活需求。例如，在照明设计中，可以利用自然光来减少人工照明的使用，从而节约能源；在温度调节中，可以利用自然通风和被动式降温技术，减少对机械设备的依赖。

从设计观念来看，生态文明理念强调的是一种动态的、开放的设计观念。它不追求永恒不变的形式，而是关注与环境、社会的互动和演变。设计成为一种动态的过程，通过不断适应和应对环境的变化，与自然和社会共同成长。在室外环境中，生态文明理念强调景观设计和生态保护的结合。室外环境不仅仅是建筑的附属物，更是人们生活的重要组成部分。通过合理的景观设计，可以提升室外环境的品质，为人们提供舒适、宜人的休闲空间。同时，也要注重生态保护，减少对自然资源的破坏。

生态文明理念还强调室内外环境艺术设计的文化内涵。不同的地域、民族都有自己独特的文化传统和艺术风格，这些都可以成为室内外环境艺术设计的重要灵感来源。通过将传统文化元素与现代设计手法相结合，可以创造出具有地域特色和文化内涵的空间环境。

值得注意的是，生态文明理念要求室内外环境艺术设计注重长期效益。设计的实施不仅仅是为了满足当前的需求，更要考虑未来的可持续发展。因此，设计师需要具备前瞻性思维，考虑到环境的变化和未来的发展，确保设计具有足够的灵活性和可适应性。

以生态文明为基础的室内外环境艺术设计是一种全面考虑环境因素、实现人与自然和谐共处的设计理念(图6.5)。它不仅关注室内环境的舒适度和美观度，更强调与自然环境的融合与协调，同时注重文化内涵和长期效益。为了实现这种设计理念，设计师需要具备专业素养和责任心，同时也需要全社会的共同努力和关注。

图 6.5 生态小镇

湖北宜昌的三峡茶旅小镇展示中心，设计场地的策略是结合茶园之中稀少的空地，见缝插针、化整为零地布置建筑体量，使其尽量融入茶园景观之中，并能够对现存自然地貌进行织补与串联，实现标识性与功能性的兼顾。

在展示中心的布局上，设计师精心选取了围绕公共道路上下两侧的用地，将其分为 A、B 两个地块。地块 A 利用两座高约 7 米的小山丘围合而成的相对平坦空场，通过保留山丘前的广场并架设“桥”型建筑，将游客引导至茶山深处，实现了建筑与自然景观的和谐共生。地块 B 则紧邻集散广场，利用地势高差和树林点缀，形成了一宽一长两个观景窗口，既满足了观演需求，又保持了与周围环境的紧密联系。

在建筑材料的选择上，三峡茶旅小镇展示中心同样体现了生态友好的原则。项目大量使用了微水泥、GRC、铝板、竹钢、夯土漆等环保材料，这些材料不仅具有良好的物理性能和使用寿命，还能在生产和加工过程中减少能源消耗和碳排放。特别是竹钢材料的应用，不仅体现了对可再生资源的充分利用，还赋予了建筑一种独特的自然韵味，让人仿佛置身于茶田之中，感受到大自然的呼吸。

湖北宜昌的三峡茶旅小镇展示中心，不仅承载着小镇文旅服务的功能，更是长江三峡生态文明体制实践区的重要展示窗口。这座建筑以其独特的设计理念、精湛的施工工艺以及对自然环境的尊重与融合，生动诠释了生态文明在现代建筑中的完美展现。

二、材料设计的创新是室内外设计创新的切入点

在室内外设计中，材料不仅是构建的基础，更是设计师传递情感、表达理念的关键媒介。每一次材料设计的创新，都如同打开一扇通往新世界的大门，引领设计领域进入全新的纪元。它不仅赋予设计以生命，更是对传统审美和工程技术的挑战与超越。

回顾历史，那些被载入史册的经典之作，大多与材料的创新密不可分。20 世纪初的

建筑大师们利用钢铁、玻璃和混凝土，彻底改变了建筑面貌，奠定了现代主义建筑的基础。而现在室内设计中对于塑料、陶瓷、玻璃纤维等新型材料的探索，也为我们带来了无数令人惊叹的作品。

材料设计的创新为室内外设计带来了前所未有的美学体验。新型材料往往具有独特的质感和视觉效果，能够为空间增添神秘、优雅或现代的气息。近年来兴起的3D打印、AI等技术，使得设计师可以轻松实现复杂结构和精细纹理的设计，满足客户对于独特美学的追求。同时，新型材料的光泽、质感与其他材料的搭配，都能够为空间带来别具一格的氛围。

除了美学价值，新型材料往往还具备卓越的物理性能。随着科技的进步，新型材料不断涌现，其强度、耐久性和防火性能等都得到了显著提升。例如，新型材料瓷块，作为现代科技与艺术融合的典范，其独特的外观设计与卓越的物理性能相互交织，共同构筑了建筑与室内设计领域的新风尚。这种瓷块不仅以其精美的外观装点着我们的生活空间，更以其卓越的物理特性为建筑的安全性、耐久性和功能性提供了坚实保障。瓷块在环保方面也较为突出，它们通常采用先进的生产工艺和材料配方，减少了对自然资源的消耗和环境污染。同时，这些瓷块还具有较高的回收利用率，可以在建筑拆除或改造时进行回收再利用，降低了建筑废弃物的产生量，促进了资源的循环利用。碳纤维、陶瓷纤维、竹钢等先进的复合材料不仅重量轻、强度高，还能有效防火、防潮，为建筑和室内设计提供更多的可能性和安全性。这些高性能材料满足了各种特殊需求，使设计师能够充分发挥创意，实现更为独特和实用的设计。

随着高性能材料的不断涌现和应用，设计与技术的融合也变得更加紧密。设计师不再仅仅关注材料的美学价值，而是更加注重其物理性能、环保特性以及与技术的结合能力。他们通过深入研究材料的特性，将其巧妙地融入设计方案中，实现功能与美学的完美统一(图6.6)。

图6.6 实现功能与美学统一的瓷块外观

环保和可持续发展已成为当今社会的热门话题，这也促使设计师更加关注环保材料的选择和应用。可再生、可回收或低污染的新型材料逐渐成为室内外设计的首选。例如，竹子作为一种快速生长、可再生的植物，被广泛用于室内外设计中，以替代一些对环境破坏较大的传统材料。新型材料的出现也为设计带来了新的工艺和施工方法。智能材料的发展为室内外设计注入了新的活力。这些材料可以根据环境变化自动调整自身属性，如温度、湿度等，从而创造出动态的、适应环境变化的室内空间。这为设计师提供了更多的创意表达手段，使设计更加人性化、智能化。

材料设计的创新在室内外设计中扮演着至关重要的角色。它不仅是设计创新的切入点，更是引领设计领域发展的关键驱动力。随着科技的不断发展，我们有理由相信，未来将有更多新型、高性能、环保的材料涌现出来，为室内外设计带来无限的可能性。

三、材料设计的创新是展现和传承时代审美特征的重要路径

材料，作为设计的基本载体，每一次创新都与时代的审美观念紧密相连。在人类的历史长河中，材料与工艺的进步往往伴随艺术与设计的革新，从而成为时代审美的具体表现。

创新是材料设计的灵魂。当我们提及某个时期的代表性材料或工艺时，实际上是在谈论那个时代的审美追求。例如，古希腊的大理石雕塑和罗马的混凝土建筑，不仅仅是物质的产物，更是当时人们对形式美和结构力的独特理解。同样，中国的瓷器和绣品也不仅仅是物质，它们承载了深厚的文化内涵和手工艺人的情感。

但创新并非易事，每一次真正的创新都需要对传统有深入的了解。室内外环境艺术设计是一个历史悠久的领域，其中蕴含了丰富的文化传统和审美观念。设计师需要通过学习和研究，深入了解这些传统，发掘其中的精髓和价值，从而为创新提供坚实的基础。创新不仅是基于现有的知识和技术，更是对未来的探索和预测。设计师需要关注时代发展的趋势，了解科技、经济、社会等方面的变化，以及这些变化对室内外环境艺术设计的影响。只有这样，设计师才能预测未来的需求和市场趋势，提前做好创新的准备。这需要设计师具备深厚的专业功底和敏锐的洞察力，不仅包括对专业知识的掌握，还包括对美学、心理学、社会学等相关领域的研究。同时，设计师还需要具备敏锐的洞察力，能够从复杂的现象中捕捉到本质和规律，从而为创新提供独特的视角和思考方式。他们需要理解，材料不仅仅是物质，更是文化和历史的载体。每一代的材料设计师都是在与历史对话，与未来沟通。他们所面临的挑战不仅仅是技术层面的，更多的是文化和审美层面的。在室内外环境艺术设计中，技术和物质固然重要，但更重要的是如何将文化、审美和价值观念融入其中。设计师需要通过深入的思考和实践，探索室内外环境艺术设计的深层意义和价值，从而为人们创造更加美好的生活空间。

然而，创新并不意味着完全摒弃传统。恰恰相反，真正的创新往往是基于对传统的

深刻理解之上的。只有深入了解一个时代的审美特征和价值取向，才能更好地进行创新，从而展现和传承这种审美。这需要我们对传统有敬畏之心，对未来有探索之志。

材料设计的创新是展现和传承时代审美的重要路径(图 6.7)。它不仅仅关乎物质和技术，更关乎文化和价值观。每一次创新都是对历史的一次重新解读，对未来的一次勇敢探索。因此，我们应当珍视每一次创新的机遇，因为它们是我们与时代对话的桥梁，是我们理解自己和未来的窗口。

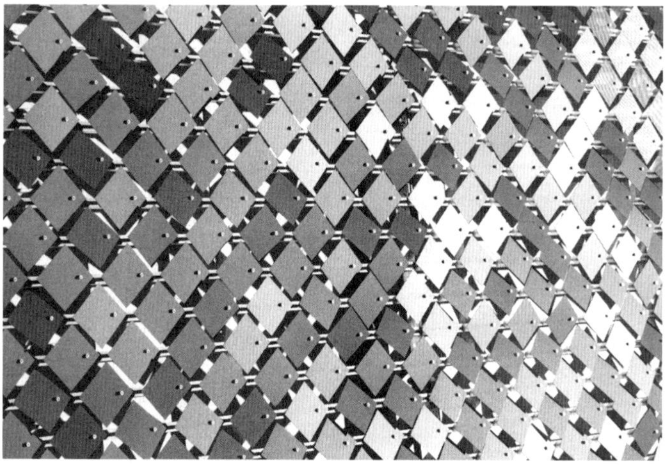

图 6.7　创新材料运用

在 2022 年深港城市建筑双城双年展“城市生息”主题下，Link-Arc 建筑事务所于深双主展场“物灵之旅”板块采用生长的蘑菇砖为材料，设计了生态装置“反方向的构筑”，旨在为建筑提供“生长”的赋能，打造出一个区别于传统人为建造方式的生态环境，重新审视自然与城市的关系。“反方向的构筑”不仅是一件静态的展品，更是一个充满活力的生命体。观众在参观过程中，可以亲眼看见蘑菇砖的生长过程，感受生命的力量和自然的魅力。装置由 400 块悬挂的蘑菇砖组成，是一种可降解、可再生的新型生态材料。采用农作物废料(秸秆、甘蔗渣、麸皮等)作为培养基，加入特定菌丝，让其自然生长并将所有原材料结合固化在一起，形成具有结构强度的轻质材料。这种材料有很强的可塑性，在适合的温度与湿度下，可以根据模具“长”成任何形状。不同于传统建筑材料对于精度的要求，这种材料具备可持续可循环的特性，废弃后，打碎置于土壤之中几个月内可完成降解，不会为环境带来生态负担。这也是未来我们想要在建筑领域深入去研究和实践的方向。当展览结束，这个培育基块将会被重新加工并利用作为自然形成的建筑材料。

该装置探索了人类建造与隐藏的自然生态系统之间的潜在关系，试图消除两个领域之间的传统分离，以承认并创造一种有益的共生合作。这种设计理念将自然元素引入建筑领域，为建筑注入了新的生命力。装置下方设有水池，可以产生湿润的微气候，为装置的“生长”提供更充足的条件。这个过程展示了自然作物如何繁茂生长并取代原有培育结构形成新的自然结构，增加了装置的趣味性和互动性。同时，这种设计也体现了生态与功能的完美结合。

“反方向的构筑”所展现的材料设计创新不仅为建筑界带来了新的可能性，更为未来的建筑设计提供了有益的启示。首先，它强调了材料选择的多样性和可持续性。在未来的建筑设计中，我们应该更加关注材料的来源、生产和使用过程对环境的影响，积极推广可降解、可再生的环保材料。其次，它展示了形态与结构创新的无限可能。通过借鉴自然界的生长规律和形态特点，我们可以设计出更加灵活多变、富有生命力的建筑结构。最后，它提醒我们要重新审视自然、城市与建筑之间的关系。在未来的城市发展中，我们应该更加注重生态保护和自然资源的合理利用，努力构建一个人与自然和谐共生的美好家园。

四、发掘现有材料，拓展材料外延

(一)从历史传统中发掘材料

1. 深入了解历史上的建筑材料

古代文献中可以找到许多关于建筑材料的信息。例如，《营造法式》《天工开物》等古籍详细记载了古代中国的建筑工艺和材料。通过对古建筑的考古发掘，人们可以深入了解古人是如何选择和使用材料的。例如，秦始皇陵的兵马俑为我们提供了大量关于秦代陶器制造的信息。在历史上，中国与其他文化如佛教文化、伊斯兰文化等交流频繁，也带来了建筑材料的创新。例如，琉璃瓦就是受佛教影响而引进的。此外，还应深入了解历史上的建筑材料及其性能、工艺和应用。例如，红砖作为一种历史悠久的建筑材料，在中外建筑史上都扮演着重要角色。其运用不仅体现了建筑技术的进步，也承载了丰富的历史传统和文化记忆。红砖的色泽自然、质感朴实，能够营造出古朴、自然的氛围。同时，红砖还可以通过不同的砌筑方式和表面处理工艺来呈现出丰富的视觉效果和装饰效果。无论是室内墙壁还是外墙，红砖都能够提供良好的结构支撑和隔热保温效果。同时，红砖墙体的独特纹理和色泽也为建筑增添了美感(图6.8)。

2. 发掘传统建筑材料的现代价值

探索传统建筑材料在现代建筑设计中的应用，例如将石材、木材等传统材料与现代技术相结合，以实现更好的性能和美感。传统建筑材料承载着丰富的历史和文化信息，使用这些材料可以体现建筑的文化价值。传统建筑材料常常与特定的地区或民族文化紧密相连，使用当地的传统材料可以增强建筑的地方特色，使其更好地融入当地环境。此外，借鉴传统建筑材料的构造方式、施工工艺等，可为现代建筑设计提供灵感。

图 6.8 红砖的美感

3. 传承和发展传统建筑材料制作技艺

与工匠合作，学习传统建筑材料的制作技艺，如砖石的烧制、木材的加工等。将这些技艺应用于现代建筑实践中，以促进传统建筑文化的传承和发展。同时，鼓励年轻一代传承这些技艺，使传统建筑材料制作技艺得以延续。此外，与其他国家的建筑师和工匠进行交流，学习他们的经验和技术，进一步丰富和发展自己的技艺。

(二)从民间的传统文化中挖掘有价值的资料

1. 了解民间建筑材料的种类和特点

通过深入乡村、山区等地进行实地考察，了解当地建筑材料的采集、加工和使用过程。通过实地考察，可以更直观地了解民间建筑材料的种类、性能和特点，以及其在传统建筑中的应用。与当地居民进行交流，了解他们对建筑材料的认识、使用经验和相关习俗。通过访谈，可以获取关于民间建筑材料的宝贵经验和知识，以及建筑材料在当地文化中的地位和意义。收集关于民间建筑材料的文献资料，如地方志、家族谱牒等，从中获取有价值的信息。文献资料可以提供更全面、系统的信息，帮助我们了解民间建筑材料的演变和发展。例如，南方地区的竹材、木材等材料，以及北方地区的石材、土坯等材料。以福建土楼为例，这座屹立于闽西南山水间的建筑瑰宝，不仅是中华传统民居建筑的杰出代表，更是中华民族历史、文化、社会、经济等多方面因素的集中体现。生土，这一看似平凡无奇的物质，在土楼的建造中赋予了建筑以生命力和厚重感。生土象征着大地的恩赐与滋养，土楼因此成为人与自然和谐共生的典范。在客家文化中，土地被视为生命的源泉和家族繁衍的根基，土楼作为家族的聚居地，其生土构建不仅体现了对土地的敬畏与依赖，也寓意着家族的稳固与昌盛。除了生土外，木材和竹材也是福建土楼不可或缺的建筑材料。木材用于构建土楼的框架结构和楼板等部分，其优良的力学性能和可加工性使得土楼既坚固又美观。竹材则多用于墙体的牵拉和加固，以及生活用具的制作。这些材料的选择不仅体现了当地资源的丰富性和就地取材的智慧，也反映了客家人民对自然资源的合理利用和尊重。

2. 发掘民间建筑材料的现代价值

许多民间建筑材料如竹子、木材等是可再生资源，对环境友好，符合现代可持续发展的理念(图 6.9)。在现代建筑中使用民间建筑材料，可以实现绿色、环保的建筑目标。使用民间建筑材料可以延续地方文化特色，使建筑成为文化传承的载体。通过将传统建筑材料与现代设计相结合，可以创造出具有地域特色和文化底蕴的现代建筑。一些民间建筑材料如夯土墙、石材等具有良好的保温、隔热性能，对改善建筑环境有积极作用。此外，民间建筑材料的耐久性和稳定性也经过了时间的检验。

图 6.9　可再生理念的建筑

3. 保护和发展民间建筑文化遗产

政府应出台相关政策，对具有历史价值的民间建筑进行保护，同时鼓励当地居民修缮和维护传统建筑。政策支持可以为民间建筑的保护和发展提供有力保障。举办关于民间建筑文化的展览、论坛等活动，提高公众对传统建筑的认知和重视程度。通过文化活动，可以传播民间建筑文化的价值，增强社会对传统建筑的关注和保护意识。在学校、社区等场所开展关于民间建筑文化的教育活动，培养人们对传统建筑的热爱和保护意识。教育推广可以让更多人了解和认同民间建筑文化的价值，为其传承和发展奠定基础。

(三)从当代生活中挖掘出有价值的素材

1. 关注新型建筑材料的研发和应用

技术进步与新材料：随着科技的发展，越来越多的新型建筑材料被研发出来。例如，新型的合金、复合材料等，这些材料具有强度高、轻质、耐腐蚀等特点。

环保与可持续性：新型建筑材料的研发越来越注重环保和可持续性。例如，使用可再生资源、减少废弃物排放等，这些材料对环境的影响较小，符合可持续发展的要求。

2. 发掘新型建筑材料的创新性

智能化与自动化：新型建筑材料如智能窗户、智能玻璃等，可以根据环境变化自动调节光线、温度等，提高建筑的智能化和舒适度(图 6.10)。

图 6.10　智能化空间

个性化与定制化：通过 3D 打印等技术，可以制作出具有个性化特点的建筑材料，满足不同客户的需求。

3. 推动建筑材料产业的可持续发展

资源回收与再利用：利用废弃物回收和再利用技术，减少建筑废弃物的排放，提高资源利用效率。

绿色能源的利用：使用太阳能、风能等可再生能源，减少对化石燃料的依赖，降低碳排放。

4. 实际应用与效果评估

实际案例分析：分析实际项目中新型建筑材料的应用效果，了解其性能、优缺点和适用范围。

效果评估与反馈：对使用新型建筑材料的项目进行长期监测和评估，了解其实际效果和可持续性，为今后的项目提供参考和借鉴。

5. 与其他专业领域的合作与交流

跨领域合作：与其他专业领域如工程、物理、化学等进行合作，共同研发新型建筑材料。

国际交流与合作：与其他国家和地区的建筑师、材料科学家等进行交流与合作，共同推动建筑材料产业的进步和发展。

ROOTS是木月建筑设计事务所的一次艺术体验的尝试，试图将观者从纯粹的观察者，变成真实的体验者，见证如何化司空见惯为别出心裁，化平常为神奇。木月建筑设计事务所通过对3D打印材料的广泛研究，为实现可循环、重量轻、强度高、高透光率、外表光泽度高、耐腐蚀性、抗紫外线老化等性能，最后确定选用了PETG颗粒，通过3D打印制成ROOTS。

ROOTS艺术装置在技术实现上同样体现了跨领域合作的智慧。为了将设计理念转化为现实，团队运用先进的建筑信息模型(BIM)技术来进行精确的设计和模拟。在施工阶段，现代建筑技术和材料科学的应用也是不可或缺的。然而，技术实现并非目的本身，而是为了更好地服务于艺术表达。ROOTS通过一系列几何抽象化的建构方式(如线性、交织、竖向、管状等)，将播种、生根、发芽、攀爬、开花等自然过程隐喻化地呈现出来。这种技术实现与艺术表达的统一，使得ROOTS不仅具有视觉上的冲击力，更能够引发观者深层次的情感共鸣和思考。

ROOTS艺术装置的实现过程深刻体现了跨领域合作的精髓。从灵感来源与概念构思的跨领域融合到设计过程中的跨学科协作，再到技术实现与艺术表达的统一以及空间与环境的和谐共生，最后到社会互动与文化传播的跨领域效应，每一个环节都凝聚着不同领域专家和团队的智慧与努力。这种跨领域合作不仅推动了ROOTS艺术装置的成功问世，也为未来的艺术创作和设计提供了宝贵的经验和启示。

(四)从自然生态环境中挖掘有价值的素材

1. 探索自然环境中的可再生建筑材料

利用可再生资源作为建筑的主要结构。可再生材料有助于减少建筑废物，降低碳排放，并促进资源的有效利用。例如，利用木材建造木屋、竹子建造竹楼等。这些可再生材料不仅具有可持续性，而且具有良好的生态效益和美学价值。

2. 发掘废弃物的建筑材料价值

利用废弃物如废旧塑料、废旧轮胎等作为建筑材料的补充或替代品。例如，将废旧塑料加工成再生塑料建材，将废旧轮胎加工成橡胶颗粒用于铺设道路等。这些废弃物经过加工处理后可以变废为宝，实现资源的循环利用。

3. 促进生态建筑的推广和实践

探索生态建筑的设计理念和方法。例如，利用自然通风和采光、雨水收集和利用等技术手段减少对能源的依赖；利用绿色屋顶和墙体等设计增加建筑的绿化覆盖率；结合当地的自然环境和气候条件进行建筑设计等。通过推广和实践生态建筑理念，可以实现建筑与自然的和谐共生，促进可持续发展(图6.11)。

图 6.11 室外的可持续发展景象

印度的 Chuzhi 住宅，Chuzhi 在马拉雅拉姆语中的意思是“漩涡”。它是由 4000 个废弃塑料瓶设计而成的预制浇筑的碎石土复合瓶梁。其设计理念是围绕建造一个源于岩床的地下住宅展开，在树周围形成多个漩涡并相互毗邻，为下面的居民创造一个安全的私人空间，同时在上面的树周围打造一处空间，以确保茂密植被和生态系统继续不受干扰地生长。

在 Chuzhi 住宅中，回收木材以其独特的纹理和质感为居住空间增添了一份温馨和怀旧的气息。它让人们感受到时间的流转和历史的沉淀，同时也提醒人们要珍惜现有的资源和环境。这种材料使用的创新性在于它不仅仅是一种物质上的替代和节约，更是一种文化和情感上的传承和表达。

除了废弃塑料瓶和回收木材外，Chuzhi 住宅还巧妙地运用了多种天然材料。例如，在屋顶绿化设计中，设计师选用了适合当地气候和土壤条件的植物；在室内装饰中，运用石材、木材等天然材料来营造自然质朴的氛围。这些天然材料的使用不仅提升了住宅的舒适度和美观度，还体现了对自然环境的尊重和顺应。

Chuzhi 住宅设计在材料使用上展现了高度的创新性和前瞻性。通过废弃塑料瓶的“重生”、回收木材的“温情回归”以及天然材料的巧妙运用等手段，该住宅不仅实现了环保和可持续发展的目标，还拓展了建筑材料的边界，并提升了人们的居住品质和情感体验。随着科技的进步，人们对环保和可持续发展的重视程度不断提高以及创新性建筑材料不断涌现，相信会有更多像 Chuzhi 住宅这样的优秀建筑作品涌现出来，为人们创造更加美好和可持续的居住环境。

五、对组织材料进行重塑，展现材料的吸引力

（一）对材料位置的重新构造

材料在传统设计中通常有其固定的位置，如墙面主要使用涂料、壁纸或石材，地面

则通常采用地板或瓷砖等材料。然而，现代设计师通过重新构造材料的位置，打破了这种传统的限制，探索出更多创新的设计手法。

将原本用于地面的材料，如石材、木材或瓷砖等，应用到墙面上，可以创造出独特的视觉效果。这种设计手法能够打破传统规则，增加空间的层次感，并赋予室内设计一种独特的艺术气息。例如，将石材或木材用于墙面装饰，可以营造出自然、质朴的氛围；而将瓷砖用于墙面，则可以带来一种现代感十足的视觉体验。

图 6.12 建筑材料复合运用

此外，对材料位置的重新构造也可以应用于室外装饰中（图 6.12）。例如，将植物或水元素从地面移至墙面上，可以为传统的建筑材料带来新的生命和活力。这种设计手法能够打破传统的设计规则，为空间带来更多层次感和趣味性。

通过重新构造材料的位置，设计师可以在设计中获得更多的自由度，创造出独特的视觉效果。这种设计理念不仅挑战了传统规则，也为现代设计带来了更多的可能性。例如，以 PVC 充气枕围合的展览空间，PVC 材料以其优良的耐候性、防水性、耐化学腐蚀性和良好的加工性能著称。这些特性使得 PVC 材料在充气产品的制作中尤为适合。对于展览空间而言，采用 PVC 充气枕作为围合结构，不仅能够满足基本的结构支撑需求，还能在保持轻盈的同时，展现出多变的形态与色彩，为观众带来全新的视觉体验。

PVC 材料的良好加工性能使得充气枕在形态和色彩上可以实现高度的个性化定制。设计师可以根据展览主题的需要，设计出各种形状、大小的充气枕，并通过印刷技术赋予其丰富的色彩和图案。这种多样化的表现形式不仅丰富了展览空间的视觉层次，还增强了展览的趣味性和互动性，使观众在参观过程中获得沉浸式的体验。

（二）对材料功能的重新构建

对材料功能的重新构建是另一种创新的设计展现方式。随着科技的进步，许多传统材料的功能得到了拓展和改进，为设计师提供了更多的选择和可能性。

以玻璃为例，作为一种传统装饰材料，它通常被视为透明、坚硬的材质。然而，通过现代科技手段，玻璃的功能得到了极大的拓展。例如，通过特殊工艺处理，玻璃可以具备隔音、保温的功能，甚至还可以实现变色效果。这种对玻璃功能的重新构建，不仅提高了其实用性，还为其在室内外装饰中带来了更多样化的视觉效果和艺术表现力。

除了玻璃之外，其他传统材料也通过科技的助力实现了功能的创新。例如，传统的木材经过特殊处理，可以具备防水、防腐的性能，从而拓宽了其应用范围；而传统的石材则可以通过加工实现弯曲、镂空等效果，展现出更加独特的艺术魅力。

这种对材料功能的重新构建，不仅满足了现代设计对于实用性和美观性的要求，也推动了传统材料的创新和发展。设计师可以通过深入研究材料的性能和特点，结合现代科技手段，实现对材料功能的再创造，从而创造出更加独特、新颖的设计作品。

(三)对材料进行形态的重塑

对材料进行形态的重塑是一种更具创意的设计手法。通过创新的设计理念和先进的制造工艺，材料能呈现出与众不同的形态。

(1)弯曲的墙面：通过先进的施工工艺，创造弯曲的墙面，为室内外空间带来流动感和动态美。

(2)异形玻璃制品：利用热弯技术制作出各种形状的玻璃制品，如弯曲的窗户、异形的镜子等。

(3)3D打印元素：利用3D打印技术制作出各种复杂的装饰元素，如吊灯、壁饰或家具。

表面处理技术也是对材料形态重塑的一种有效手段。通过热压、雕刻或喷涂等方式，可以在材料表面创造出独特的纹理和图案，使室内外空间更具艺术感和个性化。

对室内外装饰材料和建筑材料的重塑是一种富有创新和前瞻性的设计理念。通过重新构造材料的位置、功能和形态，我们可以为空间带来全新的视觉效果和体验。随着科技的不断进步，我们有更多的方式对材料进行重塑，展现其独特的魅力和吸引力。这种设计手法不仅有助于提升空间的美观度和实用性，还能为建筑和室内设计领域注入新的活力。设计师应积极探索材料的各种可能性，以创造出更具吸引力和创新性的设计作品。

六、明确未来材料设计的发展方向和理念

对于明确未来材料设计的发展方向和理念，我们可以从以下几个方面进行深入理解：

(1)可持续性是未来材料设计的核心，它涉及环境保护、资源效率和长期性能等方面，随着环境问题日益严重，对于可持续性的追求成为材料设计的重要方向。这意味着未来的材料不仅需要具备高性能，还要在生产、使用和回收过程中尽量减少对环境的负面影响。

(3)智能化是未来材料设计的趋势，随着物联网、人工智能等技术的发展，智能化成为材料设计的另一个重要方向。例如，智能材料可以根据环境变化自我调整性能，这对于制造高效节能的设备具有重要意义。

(4)面对日益严重的环境问题，材料的性能优化是材料创新的基础，无论是在强度、

韧性、耐热性等方面，现代材料都需要有更高的性能。通过先进的研发技术和理念，我们可以进一步优化材料的性能，满足不断发展的社会需求。

(5)以用户为中心的设计理念，未来的材料设计不仅要满足功能需求，还要考虑用户体验。这要求设计师深入了解用户需求，创造出真正符合人们生活习惯和审美需求的材料。

伦理和责任：随着社会对伦理和环保问题的关注度日益提高，材料设计师需要更加关注产品的社会影响，确保产品的生产和使用不会对人类和环境造成伤害。

(6)技术驱动的创新，为未来材料设计提供了新的工具和手段。例如，通过先进的计算方法和模拟技术，我们可以在设计阶段预测材料的性能，从而加速材料的研发过程。

未来材料设计的发展方向和理念是一个多元化、复杂且充满挑战的领域。它需要我们综合考虑环境、技术、社会、经济等因素，不断创新和进步。

第三节 丰富材料美学的设计教育体系创新

一、实践导向的教学

强调实践经验，将理论知识与实际项目相结合，学生能够在真实的项目中应用所学技能。实践导向的教学有助于学生更好地理解并应对真实设计问题。

设计教育在培养创新思维和美学素养方面起着至关重要的作用。特别是在材料美学方面，教育体系需要与时俱进，以实践为导向，创新教学方式。采用项目制和实验性的教学方法可以让学生在实际操作中锻炼设计技能。通过实际项目，学生能够接触并深入了解各种材料的特性，从而根据材料的特性创造出独特的美学效果。此外，鼓励学生进行实验性的设计尝试，挑战传统的材料使用方式，有助于挖掘材料的潜在美学价值。

跨学科的教学方式也是丰富材料美学的重要途径。设计教育应与其他学科领域相互融合，让学生从多学科的角度思考和探索设计的可能性。例如，物理学、化学和生物学等自然科学可以促使学生深入理解材料特性，而艺术、文学和音乐等人文学科则能激发学生的设计灵感和创新思维。

整合新的技术工具和材料也是设计教育创新的关键。随着科技的不断发展，新的设计工具和材料不断涌现。将这些新技术整合到教学中，让学生掌握使用这些工具和材料的方法，有助于推动设计的进步和创新。例如，利用3D打印技术、数字建模软件等工具，学生能够更高效地实现自己的设计想法，探索不同的材料表现形式。通过实践导向的教学策略，设计教育体系得以创新并丰富材料美学。随着材料科学的发展，越来越多的新型材料被引入到3D打印领域(图6.13)。这些新型材料往往具有独特的物理、化学性能以及环保特性，为设计创作提供了更多的可能性。例如，生物材料的应用使得设计师能够创造出与人体组织相容性良好的医疗植入物；陶瓷材料的高温稳定性与耐腐蚀性则使其在航空航天领域得到广泛应用；而智能材料、形状记忆材料等新型材料的出现，则进一步拓宽了设计的表现力与互动性。

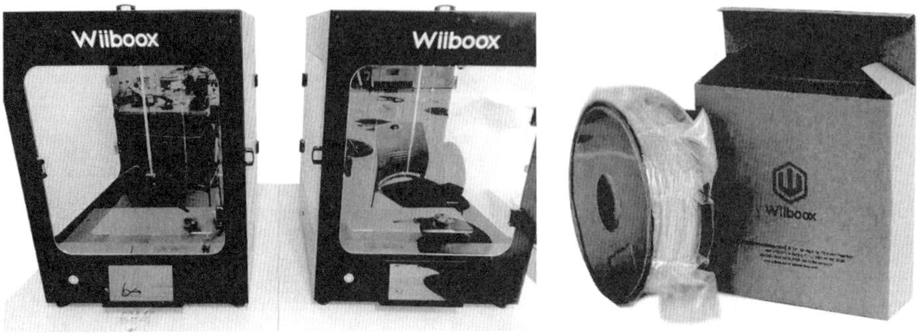

图 6.13　3D 打印及所用材料

3D 打印技术不受传统制造工艺的限制，能够实现复杂几何结构与精细细节的制造。这一特性为设计师提供了极大的创作自由度与想象空间。设计师可以充分利用这一优势，创造出传统制造工艺无法企及的作品形态与质感。例如，在雕塑设计中，设计师可以利用 3D 打印技术制作出具有复杂内部结构与精细表面纹理的雕塑作品；在建筑设计中，则可以利用该技术实现复杂形态的建筑构件与装饰元素的制造。

实地考察、合作与反馈评价也是实践导向教学中不可忽视的环节。学生通过实地考察可以了解真实环境中的设计应用和材料选择，与企业和设计师的合作则为学生提供了宝贵的实践经验和学习机会。同时，建立一个有效的反馈和评价机制有助于学生认识自己的不足并不断改进，教师也可以通过学生的表现及时调整教学策略。

实践导向的教学方式是丰富材料美学并推动设计教育体系创新的关键。通过项目制、实验性教学、跨学科整合、技术整合以及实地考察与合作等方式的综合应用，我们可以培养出具备创新思维和实践能力的优秀设计师，从而进一步丰富材料美学的内涵。

二、跨学科合作

设计教育在现代社会中扮演着越来越重要的角色，特别是在当前这个信息爆炸的时代，设计不再仅仅是艺术和技术的结合，更是一种跨学科、跨领域的创新实践。因此，对于设计教育体系而言，跨学科合作是必不可少的。

设计教育应该鼓励与其他学科进行跨学科合作。通过与工科、商科、社会科学等领域的合作，学生可以获得更全面的视角，激发创新思维。这种跨学科合作不仅可以帮助学生更好地理解设计的复杂性，还可以培养他们解决实际问题的能力。当今设计领域，材料美学的重要性日益凸显。为了与时俱进，设计教育体系必须进行创新。这不仅涉及教学方法的改进，更关乎跨学科合作的深化。通过实验课程和实践项目，学生得以亲身感受材料的魅力，培养出跨学科的视野。

同时，通过与行业和企业合作，学生可以获得宝贵的实践机会，了解市场需求和行业趋势。这种合作模式还可以促进产学研一体化，推动设计领域的发展和进步。这种全面的教育方法培养了学生的创新思维和实践能力，为设计领域输送了具备独特美学观念的人才。

在推动设计教育体系创新的过程中，跨学科合作成为关键。材料美学不仅仅是艺术和设计的范畴，它还涉及工程、物理、化学等学科的知识。通过跨学科的合作，学生能够从多角度审视材料，激发出更多的创意。教师的作用也不容忽视。教师需要具备跨学科的知识和技能，能够引导学生进行创新实践。教师还需要不断更新自己的知识和技能，以适应不断变化的市场需求和学生需求。同时，这种合作模式也促进了不同领域教师之间的交流，共同提升教学质量。学校之间的合作与交流也是有益的补充，它们分享教学经验，优化教育资源，为培养优秀设计人才提供了有力支持。

在丰富材料美学的设计教育体系中，创新和跨学科合作相辅相成。随着科技的快速发展和审美的不断演变，设计教育必须紧跟时代潮流。数字技术的引入为教学提供了新的工具和平台，使得学生能够更高效地进行创作和展示。同时，文化与材料的结合为设计教育注入了地域特色和历史底蕴，引导学生发掘传统与现代的融合点。而培养社会责任感则提醒学生关注社会问题，通过设计为社会进步作出贡献。这一系列举措共同构建了一个完善、与时俱进的设计教育体系，为培养新时代的创新人才奠定了坚实基础。

三、现代技术与工具的整合

丰富材料美学在设计教育中的重要性不言而喻。材料是设计的物质基础，不同的材料有着不同的属性和美感，如何选择合适的材料并将其运用得当，是设计师必备的技能之一。在传统的教育体系中，学生往往只接触到常见的、通用的材料，而对于一些新兴的、具有特殊属性的材料却知之甚少。这无疑限制了学生的创新思维和设计能力。因此，设计教育体系应该加强对材料美学的教育，让学生了解更多的材料特性、应用场景和美学价值，从而在设计中更好地发挥创意和想象力。

现代技术与工具的整合在设计教育中也是不可或缺的。随着科技的不断发展，越来越多的新技术和新工具涌现出来，为设计提供了更多的可能性。例如，虚拟现实技术为学生提供了一个全新的创作平台。通过虚拟现实，学生可以在一个逼真的虚拟环境中进行设计，并实时查看设计的呈现效果。这使得学生可以更加深入地探索设计的可能性，更好地把握设计的整体效果，处理细节问题。人工智能也为室内外环境艺术设计带来了革命性的变革。人工智能可以通过数据分析和机器学习，为学生提供更加精准的设计建议和创意灵感。例如，学生可以利用人工智能对历史设计作品进行分析，提取出设计元素和风格，从而为自己的设计提供参考。同时，人工智能还可以辅助进行材料选择、色彩搭配等方面的决策，使设计更加科学和精准。3D 打印技术也为室内外环境艺术设计带来了新的可能。通过 3D 打印，学生可以将自己的设计从虚拟世界中呈现出来，实现从虚拟到现实的转换。这使得学生可以更加自由地进行创意设计和实验，探索各种材料和结构的可能性。同时，3D 打印还可以实现定制化设计和制造，满足不同的需求和个性要求。这些技术和工具的应用，不仅可以提高设计的效率和质量，还可以激发学生的创新思维和求知欲。

利用虚拟现实技术，学生可以更加直观地感受到设计的尺寸、比例、材质等细节，从而更准确地调整和优化设计方案。例如，在建筑设计领域，学生可以佩戴 VR 头盔，在虚拟环境中漫步于自己设计的建筑内部，亲身体验空间布局、光照效果以及材料质感。这种身临其境的体验不仅提高了设计的质量，还增强了学生对作品的情感投入和创作灵感。通过 VR 技术，学生可以快速创建虚拟模型，并通过 VR 设备进行仿真体验。在虚拟环境中，学生可以对设计对象进行多角度观察、操作甚至拆解重组，以检验其结构合理性、功能实用性以及用户交互体验。一旦发现问题或需要改进的地方，学生可以立即在虚拟环境中进行调整和优化，而无须重新制作实物模型。这种高效的原型验证与迭代方式不仅缩短了设计周期，还降低了成本投入，提高了设计效率和市场响应速度。虚拟现实技术为学生提供了一个无限可能的虚拟空间，使得学生能够突破传统材料和工艺的限制，大胆尝试新的设计理念和表现手法。在虚拟环境中，学生可以自由地创造出各种奇特、超现实的设计作品，而无需担心现实世界的物理约束和成本问题。因此，设计教育体系应该加强对现代技术与工具的整合，让学生掌握最新的技术和工具，从而更好地应对未来的挑战(图 6. 14)。

图 6. 14 虚拟现实技术的应用

通过现代技术与工具的整合，学生能提高设计能力、创新思维和实践经验，从而更好地应对未来的挑战。因此，我们应该积极探索和实践这样的设计教育体系，为未来的设计师提供更好的教育资源和平台。

四、国际化视野

设计教育在现代社会中扮演着越来越重要的角色，它不仅是培养学生专业技能的场所，更是塑造其创新思维和跨学科合作能力的重要平台。设计教育体系的创新是必要的，它不仅可以提升学生的综合素质，还可以为整个行业乃至社会带来更多的活力和创意。丰富材料美学是创新的一种表现形式，通过引入更多种类的材料，如新型的可持续性材料、高科技材料等，可以帮助学生打开思路，发掘出更多的设计可能性。以下是一些具体的实施建议:

(1)建立国际交流机制。学校可以与国外的设计学院、设计机构或企业建立合作关系，开展学生交换、学术交流等活动。通过这样的机制，学生可以到国外学习、交流和实习，了解不同国家的文化和设计理念，拓宽国际视野。

(2)开设国际设计课程。学校可以开设国际设计课程，邀请国外的设计师或专家来授课，或者组织学生参与国际设计项目。通过这些课程和项目，学生可以了解不同国家的文化和市场需求，学习到不同的设计方法和技巧。

(3)加强语言培训。为了更好地进行国际交流和合作，学生需要具备良好的语言能力。学校可以加强语言培训，提供多种语言课程，帮助学生提高语言水平。

(4)推广跨文化沟通技巧。国际交流不仅仅是语言交流，还需要掌握跨文化沟通的技巧。学校可以开设跨文化沟通课程，帮助学生了解不同国家的文化习俗和沟通习惯，提高他们的跨文化沟通能力。

(5)举办国际设计比赛。学校可以定期举办国际设计比赛，吸引来自不同国家的学生参与。通过比赛，学生可以展示自己的作品和创意，同时也可以学习和借鉴其他参赛者的优秀作品和经验。

(6)建立国际实习基地。学校可以与国外的企业或设计机构合作，建立国际实习基地。通过在国外实习，学生可以亲身感受和实践国际化的设计理念和方法，提升自己的实践能力和国际化视野。

总的来说，全球化视角和跨文化合作在设计教育中是不可或缺的。通过创新设计教育体系，培养学生的国际化视野和提供更多的国际交流与合作机会，设计教育可以更好地适应全球化的发展趋势，培养出更多具有综合设计能力的优秀设计师。

五、产业界导师和实习机会

吸引产业界从业者担任导师，以提供实际的行业经验和实践指导。建立更多与企业、工作室或设计机构的合作关系，为学生提供实习和实际项目经验。

设计教育应该注重跨学科的合作，鼓励学生从不同领域汲取灵感，培养其综合思考能力和创新能力。学校可以开设跨学科课程，组织跨学科项目，促进学生与其他学科的交流与合作。对于设计教育体系的创新，引入产业界的导师和实习机会是一个值得探讨的方向。

产业界的导师可以为学生带来宝贵的实际经验。他们熟悉行业的最新动态，掌握各种实践技能，并且了解市场需求和趋势。通过与这些导师合作，学生可以接触到真实的设计项目，了解设计在实践中如何运作，并学习如何解决实际问题和应对挑战。这样的经验对于学生来说是宝贵的财富，能够让他们更好地适应行业需求，为未来的职业生涯做好准备。

实习机会也是设计教育体系中不可或缺的一部分。通过实习，学生可以将所学知识应用于实际项目中，提升自己的实践能力。同时，实习也可以帮助学生建立自己的职业网络，与业界人士建立联系，了解行业内部的运作机制和机会。这对于学生未来的职业发展具有重要意义。

然而，要实现这一创新的设计教育体系，需要采取一些措施。首先，学校需要与产业界建立紧密的合作关系，吸引更多的从业者参与进来。这可以通过举办交流活动、建立合作项目等方式实现。其次，学校需要制定完善的导师制度和实习计划，确保学生能够得到充分的指导和支持。此外，学校还需要提供一定的资金和资源支持，以确保这一体系的顺利实施。

丰富材料美学在创新设计教育体系中有着重要的意义。通过引入产业界导师和实习机会，学生可以提高实践能力，将来成为优秀的设计师。

六、专业化和综合性并重

随着科技的快速发展和全球化的推进，跨学科合作和设计变得越来越重要。一个项目或产品往往需要多个领域的专家共同合作，才能创造出真正有价值、有竞争力的成果。因此，培养学生的综合性能力，使其能够灵活应对跨学科的设计环境，是现代教育中不可或缺的一部分。要实现这一目标，可以从以下几个方面入手：

（一）课程设置

在课程设置上，应该注重跨学科的课程整合，打破传统学科之间的壁垒。学校可以开设一些跨学科的课程，让学生在学习本专业知识的同时，也能够了解其他相关领域的知识和技能。除了开设专门的跨学科课程，学校还可以通过组织学科交叉的学术活动、研讨会和项目，鼓励学生探索不同学科之间的交叉点。此外，学校还可以开设一些综合性课程，如设计思维、创新管理等，以培养学生的综合思维能力和实践能力。

（二）实践项目

实践项目，学生可以将所学知识应用到实际中，培养其解决实际问题的能力。学校可以与企业、社会组织等合作，为学生提供一些综合性实践项目，这些项目可以涵盖多个领域，例如设计、工程、商业等，让学生有机会接触到真实、复杂的问题，并与其他领域的专家合作解决这些问题。此外，实践项目还可以为学生提供一些挑战性的任务，例如设计新产品、解决技术难题等。这些任务可以激发学生的学习兴趣和动力，让他们更加深入地了解设计的复杂性和多样性。

（三）教学方法

教学方法也是培养学生综合能力的重要手段。教师应该采用多种教学方法，如案例分析、小组讨论、角色扮演等，以激发学生的学习兴趣和主动性。此外，教师还可以采用项目式学习的教学方法，让学生在实际项目中学习和实践。这些教学方法可以帮助学生培养批判性思维、团队合作、沟通协调等综合能力。在采用多种教学方法时，教师需要注意学生的反馈和表现，及时调整和改进教学方法。

（四）师资力量

教师的素质和能力对学生的培养具有重要影响。教师的素质和能力直接关系到学生的学习效果和创新能力的培养。学校应该注重师资力量的建设，引进具有跨学科背景和综合能力的教师，同时鼓励教师进行学术交流和合作，以帮助其了解最新的学术动态和研究成果，提高教学水平和综合素质。

（五）学生自主性

学生应该被鼓励自主学习和探索，培养主动性和创新精神。学校可以提供一些资源和平台，如图书馆、实验室、网络平台等，让学生可以自主获取和学习其他领域的知识和技能。这些资源和平台应该具备丰富的学习资源和便捷的使用方式，以便学生能够随时随地地进行学习和探索。通过自主学习和探索，学生可以培养独立思考和解决问题的能力，激发创新思维。

总之，培养学生的综合能力需要多方面的努力和措施。只有通过跨学科的课程设置、实践项目、教学方法、师资力量和学生自主性的培养，才能真正实现学生专业领域深度和综合性能力的并重发展。

思考题

1. 文中提到绿色设计、循环设计、低碳设计等衍生理念，这些理念在装饰材料美学中的具体体现有何差异？设计师如何在材料选择与艺术表达中平衡“可持续性”与“审美独特性”？

2. 可持续发展的材料美学是否可能与传统装饰材料(如胶东海草房的天然材料)产生关联？如何通过创新技术或设计手法，让传统材料的生态属性契合现代可持续设计需求？

3. 以循环设计为例，耐用性、可拆卸性等技术指标是否会对材料的表现形式(如纹理、色彩稳定性)产生限制？设计师如何化解技术约束与美学创新之间的矛盾？

第七章　材料工艺的综合运用

材料的选择及其造型、颜色都是对建筑物“身份”的某种反映。在传统社会里，材料是表明本人社会地位的符号象征。在如今更加个性化的现代社会中，材料已成为一种个性化的表示，可多方面地体现设计师的个人趣味、性格和见解等。材料是设计中最活跃、最具表现力又最需要经验技巧来驾驭的元素，其创新变化成为设计变革的动力。过去人们习惯通过对设计语言的分析来阐释设计的演进，其中材料及其观念的变革起着至关重要的作用。

近年来，材料自身所蕴含的生命力和表现力被重新认识，并成为设计师进行建筑和室内设计创作的灵感来源之一。设计中材料表现出多元化的发展趋势，这些多元化的材料表现特征带来了生动丰富的空间形象。由于建筑与室内空间创作都属于艺术的创作范畴，所以一些好的艺术创作手法都可以被借鉴。纯粹的功能主义已经消逝，美学让生活的细节变得更加富有趣味，无所不在地渗透在每一个设计细节中。艺术品也成了材料另一种展现魅力的载体，让我们以另一种视角去看待材料及其创新的无限可能性。在建筑与室内空间设计创作中，综合材料的结合不仅是对设计与艺术界限的淡化，更是挖掘材料创造性潜能的有效尝试。材料在空间艺术创作中开始从幕后走到前台，它本身独特的表现力被发现并重视。艺术上，我们对材料使用的不拘一格，在这一章里，我们通过艺术创作中不同材料所展现的心理特征来探讨材料在室内外空间中的非常规应用的可能。

第一节　现代艺术与材料语汇

一、依据材料材质的分类与特征

常见的分类大致可分为四种：

(1)金属材料，是由金属元素构成的材料：如金、银、铜、铁、铝、不锈钢、锡、铅等，各种金属材料都有其自身的光泽与色彩，且具有良好的延展性。

(2)部分非金属材料，属无机材料。非金属材料在化学上可分为两大类：一是非金属单体，如石墨、钻石之类；二是非金属化合物，如陶瓷、水泥等。

(3)有机材料，是指各类生物的主要构成物质。它可分为两种类型：一是天然有机材料，如皮革、纤维、木板；二是合成有机材料，如尼龙、塑料等材料。

(4)复合材料，是指在构造成型的材料中，利用了不同的材料结合形成复合材料，实现单一材料难以取得的性能，如纤维树脂、钢化玻璃、夹板、纤维强化橡胶。

现代艺术中材料的材质是通过材料表面的组织构造肌理形式体现出来的，所以材料的材质肌理可以作为主要的研究对象。因此，在对形态构造的研究中，你会发现由于肌理的表现不同造成了具有相同形态的造型，其表现效果却不相同的结果，这就是材料的材质肌理在起作用。材料的材质肌理不仅可以增加形态的立体感，还可以丰富形态的表情，表现出不同的情感和传达不同的信息。

肌理是物体的表面组织构造。所谓“肌理”，就是指客观自然物体的表面所具有的组织与构造特征。它是一种可以通过视觉和触觉而作用于人的造型要素(因而肌理就有视觉肌理和触觉肌理之分)，并在材料构造形态的整体面貌方面起着重要的作用。肌理不仅能丰富造型形态的内容，同时也能加强造型形态的立体感和质感。因此，肌理在造型的表现上处于一个很重要的位置。

很多作品从构造上所说的肌理，除了在形态上大量使用材料本来的自然肌理外，还在立体构造上充分利用由于人类的操作行为而导致的物体表面组织效果构造的人工肌理(它是以人的视觉感受再加上某些心理感受而构成)，用以表现出丰富多彩的材料表面组织构造，使材料在现代科学与加工技术的不断进步中变得越来越多样化，满足了人们在造型上求新求异的心理，从而也就促使了可用来构造人工肌理的材料接踵而出(图7.1~图7.3)。

图7.1 木质品的自然肌理

图7.2 陶瓷的肌理

图7.3 石材的肌理感

由于自然肌理与人工肌理在现代造型形态上越来越受到人们的广泛重视，因此许多造型构造设计师都充分重视肌理在形态中的特殊作用，同时他们也在实践中设计出了大量不同材质特征的表面肌理材料，这在建筑领域、室内装饰领域、工业产品领域、服装面料领域、印刷包装领域及其他的立体造型领域里的表现尤为突出。这是因为肌理所包含的内容更多地反映出了人为的因素，从而使现代造型设计除了要在形态的创新上下功夫外，还必须把对人们的心灵感受产生直接影响的形态表面肌理设计放在备案中。这就充分说明了造型设计除了形态构造之外，其肌理的合理运用也是现代设计的重要因素之一。

肌理的作用是利用肌理来增强构造物的立体感，利用肌理来丰富立体形态的表情。肌理属于造型形态的表面细部凹凸的纹理结构，由于它的存在可以丰富形态造型，加强形态立体感和质感，尤其是在装置构成的形态表现中。它可以让相同材质或相同形态的物体，通过肌理的不同表现，造成不同的物体表面效果以及视觉体验，其结果就产生了不同的立体造型，迎合了不同受众的需求，同时也丰富了造型设计理念。它还可以使物体形态达到以假乱真的效果。造型中的肌理表现有两种，如前所述，一种是具有天然性的本质肌理，另一种是通过人为处理后的人造肌理。根据肌理在造型中的特点，又可以分为以视觉感知为主的平面视觉肌理和以触觉感知为主的凹凸触觉肌理两类。它们在造型构成中的作用都很重要。人们会通过视觉和触觉，把构造物的表面肌理感受，在各自的头脑中产生不同的形象与感受体验，并在头脑中的感受记忆深处留下强烈的印象。它使形态产生了超越视觉的效果，丰富了立体形态传达给视者语义的手段。

我们不仅要通过视觉来把握材料的肌理效果，而且要通过触觉来加以体验。不同的材质肌理会给人带来不同的感觉。所以我们在设计及构成课题实验中，应该利用不同触觉的材料以及利用材料质感的对比来达到某种意义上的造型效果，或利用肌理不同的特征将肌理与构造形态完美地组构起来。

在进行肌理设计时，常用的方法有两种，每种方法所制造的肌理效果是不一样的，一种是模仿自然表面特征的设计，另一种是根据加工技术特性来进行的设计。无论是哪一种肌理创造的设计方法，都应突出时代特点和时尚性。今天的肌理设计，一定要以满足人们的生活需求为前提，即体现生活个性化、多样化、自然化的需要。我们设计出的每一种肌理，都应考虑不同人的感受及接受能力，使模仿自然材料表面特性的肌理设计，也能体现出一种个性，并与形态本身的性质相一致。当然，在肌理的设计中，也不应刻意去追求肌理必须与人的感觉相一致。相反，为了某种特异的效果，还会有意地将此形态的肌理处理制造成对人有刺激感的效果，以达到对人的激励作用。

我们在进行肌理设计时，应注重肌理构成设计的统一协调问题。在将各种肌理进行配置时，要从形式、触觉、光线的作用等方面来研究如何合理搭配构成。我们可以利用同一种材料构成肌理，在创造统一协调的过程中寻求肌理的对比，在变化性上把握好肌理与形态的关系。我们还可以根据使用的方法和视线投射的方向，来探究某个形体上具体配置什么样的肌理才为最佳效果。首先我们将肌理放在视觉经常看到的位置，根据比例权衡的法则，探求出肌理在什么情况下能最大限度地丰富立体表情。然后将肌理安排在使用时常接触到的部位，使其传递形体所要表达的语义，使肌理在立体构造中能起到增强形体立体效果的作用，此效果的实现是因为其形状与分割关系。因此，我们在肌理配置设计时要符合形态的使用情况，因地制宜，因势利导，使材料的使用功能得到充分发挥，使我们的设计构思更丰富多彩。

二、依据材料形状的分类与特征

按形状分类，可以把材料分成块材、线材、板材，而这三种形式相当于平面构成中的点、线、面。这三者之间的关系是紧密相连的和循环的关系，块材向一定方向累积下去就构造出线材。将线材左右平行重叠排列时，就构造出板材，再把板材向上堆积重叠，就构造出块材。

以上三种形式与平面构成的点、线、面(只具备了长度、宽度，而无厚度)有所不同的是：这三种材料都具备了长度、宽度、厚度，具有三维空间的立体量感实体型材的特征。材料的形状在人们心理上所产生的重要作用，并不只是停留在对材料原有形体的利用，而是要求我们通过对材料原有形体的利用来调动人们的视觉和触觉，使之能在人们心理产生共鸣的同时，对艺术创作材料的形状美感得以广泛地认同，这就是材料的形状带给人们美好的心理感受。

(一)块材的心理特征

块材是以具有长度、宽度、厚度三维空间的立体量块实体型材为基本特征，有一定的量感和立体感的封闭式量块。它包括实心块体和空心块体两大类，实心块体全都具有充实感、厚重感；而空心块体虽不是实心结构，缺乏相当的重量，但同样是闭锁严实的量块，给人的心理感受与实心块体一样，都具有充实感、厚重感。块材虽然没有线材与面材的锐利、轻快的感觉，但它给人以稳重的安全感，以及耐压和结实的感觉，常用来比作人的肌肉(图7.4)。

图7.4　块材所表现的心理特征

块材能供我们选择应用的有很多，通常，我们使用的是经人工加工处理过的几何块体材料来组合构造成形态的。所以，无论是金属几何块材、木质几何块材，还是石质几何块材，都需要我们去了解和利用。若我们使用这些不同材质的块材来从事立体构造，应保留块材所具有的重量感和充实感，绝不能任凭个人的喜好加以抹杀。

(二)线材的心理特征

线材同样具有长度、宽度、厚度三维空间的立体量块的实体型材，只是线材在立体构造中是极具表现力和感情色彩的，最能将作者自己的情绪、感情、性格表达于作品之中。它或直或曲，具有轻快、紧张和运动空间感的特征。不过，由于线材能构成典型的方向性，且具有较强的速度感，因此，它可以以静态的造型显现出立体构造作品动势的运动美感。另外，线材本身具有轻量感，更适合表现出形体的细腻和敏感的变化。线材在立体构造中的作用，常比作是人的骨骼支架。线材有很多种，包括金属线、木质线、丝质线、棉质线等。为了保持线材这种轻快、紧张、空间感等特征的存在，在造型构造使用上应注意线材截面的粗细程度，慎重处理线材间距。另外在线材的选择上应注意形态、质感是否符合作品构造的需要(图 7.5、图 7.6)。

图 7.5 纸艺线材

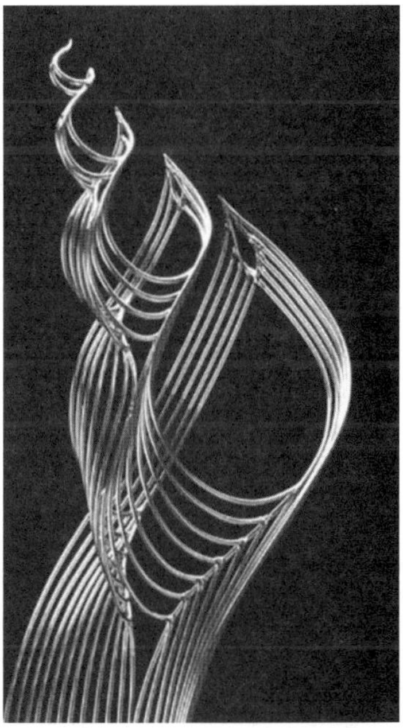

图 7.6 线材所表现的心理特征

(三)板材的心理特征

板材是相对较薄的材料，但它同样是具有长度、宽度、厚度三维空间的立体量块的实体型材。由于观看的角度不一样，我们会发现其表面既具块材的充实感及扩张感的特

图 7.7 板材所表现的心理特征

征，同时其侧面又具线材的空间感、轻快及紧张感的特征，也就是说板材是同时具有块材与线材双面特征的一种立体量块实体型材。在立体构成中，板材常用以比喻人的皮肤。

板材能供我们选择应用的也有很多，如金属板、集成指接材木板、模型纸板、有机玻璃板等。在选择使用上，板材虽然很薄，却具有充分的力度，所以，在立体构造中不能随意增加它的厚度，不然就会损伤它的特性，造成作品愚钝的感觉(图 7.7)。

第二节 不同材料的空间构型

一、块体的积聚与屏障构造

屏障构造通常采取的是“积聚”方式来造型。也就是将若干个相同或相似的单位基本形块体(正等边形)组构起来，用以表现一种整体结构形式中的平面浮雕般构造。屏障构造是利用了材料的形状特征(块材、线材、面材)和它们之间的连续性。塑造屏障造型就是把同样大小的单位基本形块体(正等边形)向一定方向连续重叠下去形成柱体，再把同样长短的柱体平行排列，构成一种由若干个单位形块体(正等边形)积聚后所产生的平面立体造型结构，我们称之为屏障结构。此外，屏障构造具有积聚后的明快秩序和整齐构造的立体特征。屏障构造的整体空间变化不大，但可以进行丰富的造型变化，这就是它的最大特征。

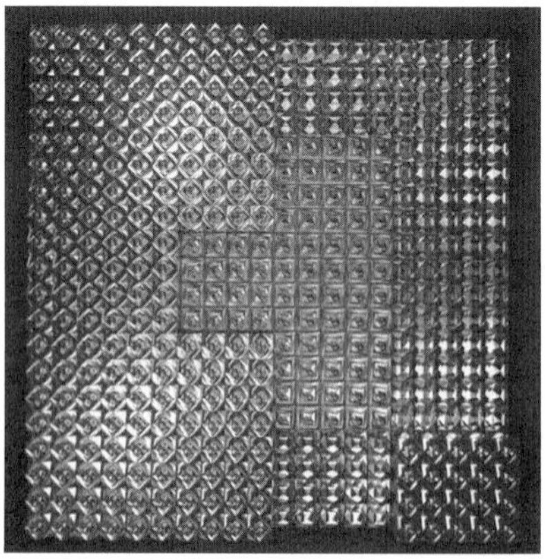

图 7.8 块体组成的屏障结构

屏障构造具体采用的方法是：若干个同一正等边形的相同或是相近似的单位基本形块体重复做横向及纵向的连续排列，所形成高低不同的凹凸变化。其单位基本形块体在积聚排列时，还可进行平齐、错位或单位基本形块体的渐变等，这些都会使屏障构造富有多彩的变化(图 7.8)。而在屏障单位基本形块体(正等边形)运用的范围上，仍然仅限于正等边三边形块体、正等边四边形块体、正等边六边形块体等。

二、线材的平面状组合

(一)桁架构造

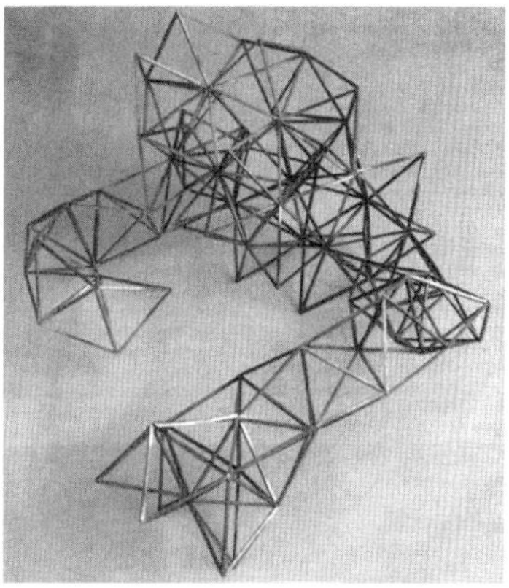
图 7.9　线材的桁架构造空间作品

线材里最有代表性的就是桁架构造，所谓桁架，是指具有一定长度的线材，用铰接点的方法将其组合成三角形(包括等边三角形、等腰三角形、直角三角形)的构造物，并在受到引拉力与压缩力时，不会发生挫屈现象(图 7.9)。桁架结构有两种构成形式：即平面的桁架结构与立体的桁架结构。

平面桁架结构是把相邻的三角形加以组合。这种结构形式对轴线材起拉伸和压缩的两种外力作用，因此用很少的硬质线材就能建立起很大容积的建筑物及高压电线塔等。

立体桁架结构以面结合，采用一定单位长度的硬质线材(最低限度要有六根)，并以四面体的形式叠合而成。其构造接点是使用铰接点的结合方式先组合成等边三角形，再以此为基础叠合而成不易变形的四面体框架，四面体框架就是立体桁架构造的最基本单位形。这种结构形式同样是对轴线材拉伸和压缩的两种外力作用。由于立体桁架在结构与结构之间会产生连续性的作用，我们可以以立体桁架单位形为基础发展，构造出较自由或是较规范的群组桁架形态。桁架的特点是：在各杆件间的相互支撑作用下，桁架形态的整体性强，稳定性好，能充分发挥出材料的强度。正因为有了桁架这一特点优势，建筑师利用钢质材料制造出既轻又大又结实的桁架构造，其韧性强、强度高，如大型桥梁、体育场、体育馆、历史博物馆、歌剧院等，都是使用了钢骨的立体桁架式结构支撑桥面和屋顶的壳体钢筋混凝土或玻璃结构，也就是说桁架构造和曲面壳体构造的关系是相互依存的，它们在大型建筑的屋顶上共同发挥各自功能。

图 7.10　织面拉伸连接构造作品

(二)线织面与框架构造

“线织面”是指软质直线状材料在支撑框架内做的不同的排列组合，形成了各种交织形态，我们称为线织面构造(图 7.10)。它在组构空间立体曲面造型时，是依附于不同框架来支撑完成的。框架是线群拉伸连接造型中的关键因素，框架造型可以是规则的正四面体框架、正六面体框架、正八面体框架、三棱柱体框架、四棱柱体框架或不规则的框架。通常框架的制作材料采用木质、金属等能起到支撑作用的材料，即在软质线材的拉伸连接作用下不发生形变的硬质材料。

平面线织面拉伸连接的基本方法有：①平行的边与边之间等间距的拉伸连接有垂直连接、斜向连接、发射连接、相交连接、锯齿状连接、网状连接；②不平行的边与边之间等间距的拉伸连接有相交连接、平行连接、网状连接。如图 7.11 所示。

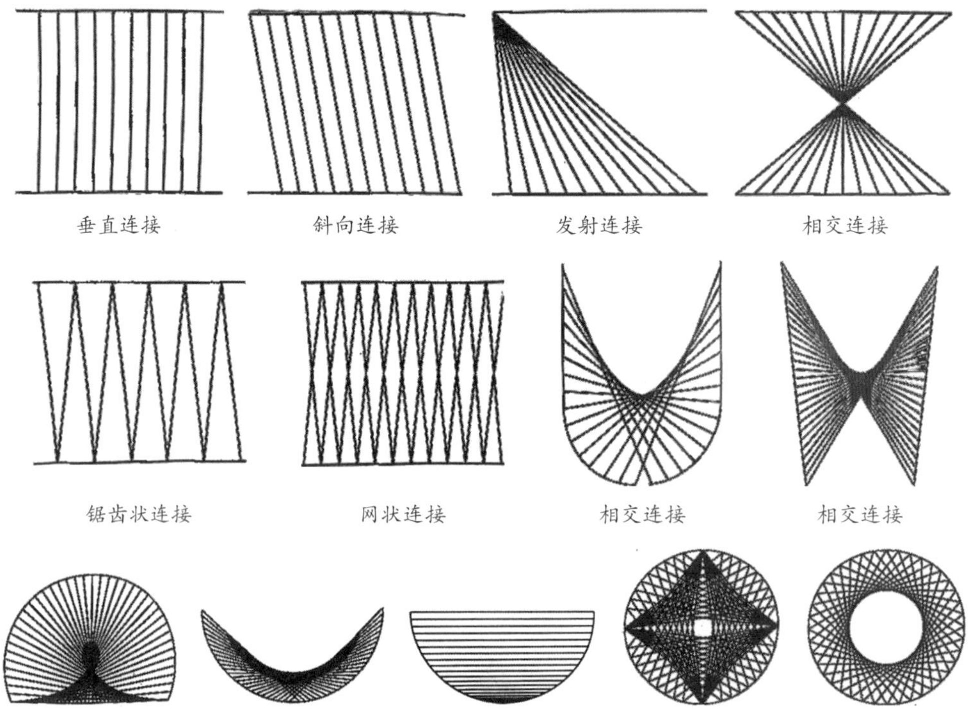

图 7.11　平面线织面拉伸连接方法

三、面材的空间构造

在人类还没有创造出人为的“造型”之前，日常生活中或自然界里，就已经有了许多属于面材构造的表现形式了。如面材的层积立体组合、面材的插接构造、面材的曲面构造，面材的壳体构造等形式，这些都是大自然为人类提供的自然造型形态。在将它们作为造型技法时，如何更好地运用，这对于我们今后的造型实践活动是很重要的。

(一)面材的层积立体组合

面材的层积是将若干相同单位形的平面板状或曲面板状，在同一平面上进行各种有秩序的堆积重叠形成立体形状。从形态的角度分析，面材的层积实际是将二维单位形平面板状堆积重叠成为三维虚体立体形态。这种三维虚体立体形态特征是：从正视面观看形态表面有近似于体块的感觉，而正视面观看它的侧面，却给人以近似于线层构造的感觉。因此，面材的"层积"构造方式有两种：一种是水平状平面板材的层叠，也就是将平面板状物和曲面板状物作水平向上堆积重叠的方法。另一种是垂直状平面板状的层叠，也就是将平面板状物和曲面板状物直立做左右堆积重叠的方法。这两种构造形式都具有人为的造型因素在里面。不过，面材"层积"构造出来的立体虚体形态，无论采取哪一种构造方式，必须使观看者不仅能从正面观赏其形态特征，还能从侧面观赏其形态特征。因此，我们必须注意选择适当的单位形素材，以单位形的单纯化为目标，但单纯化还必须显示出单位形特征。

在层面的排列方式确定后，控制层面间的间隙或空隙尤为重要，因为过分稀疏、过分密集都会影响层面排列后的虚空间形态造型。同时，还可以考虑在不影响层面立体空间造型的基础上，采用其他立体形态来共同参与完成层面立体虚空间形态构造。所以，合理配置各因素间的关系，很有必要。

(二)面材的插接构造

面材的插接是指在将要相互构造的单位形平面材状的边缘上，各自切出插缝长度二分之一的缝口，使可相互插接成立体形态。此种接合方法的特点是：单位形平面材状之间的构造完全依靠插接所产生摩擦力的作用而不容易分离，不需要任何黏合剂来加固平面材状之间的插缝接合处，并在必要时可以拆散，再进行新的形态组构(图 7.12)。可以说，它是立体构造中比较特殊的一种构造方法。在我们的日常生活中，设计构造者常常把这种方法应用在现代办公用品、家具、室内空间、物品包装盒、商品展示等的结构构造上，艺术家们还把这种构造方法用在创作作品中。

图 7.12　面材的插接构造作品

面材的插接构造方式一般分为两种：一种是较为实用的构造方式，即采用两条相同单位形平面板纸的接合，根据不同的切割次数及切割方向(竖、横、斜均可)，与此对照地相互插接，可获得不同变化的接合方法。如切缝相构、纵向插入、折回打结等，用这些接合方法就能构造成不易脱离的面状立体的组合形态(主要用于包装盒的结构)。另一种是较特殊的构造方式(参见面材的插接构造作品欣赏)。采用在若干相同或相似单位基本形上的平面板状上各自做出多切缝口(由于切缝口的增加，相应单位基本形平面板状就必须随之增加切缝口的数量)，再相互集合插接，构造成不易脱离的网状立体的组合形态。同时，它还必须坚牢和稳固。以上两种构造形式的接合方式是完全相同的。我们可通过具体的实验课题，来体会面材不同插接形式的构造带给我们的造型乐趣。

(三)面材的切割卷曲构造

切割卷曲是指将平面卡纸类的材料或软性的材料切割成环形框状和带状，任意卷曲构形后把纸相互插入进去以固定曲面形态，形成整体效果连贯、流畅而有速度感的连续立体曲面形状。如果我们在卡纸面材上进行正三边形环形框状、正五边形环形框状、正圆形环形框状、带状形就会得到不同的卷曲曲面形态，其造型特点是处处连续，丝毫没有切断缝口。不过，应注意带状形切断拼接处的处理要巧妙、不留痕迹(图 7.13)。

这种卷曲插入构造通常不用黏结剂来完成，它的形态靠材料的弹力和相互套插的方法来固定，在很多商业展示的空间里会用来做一些特殊的造型。

当我们掌握更多的综合材料制作的经验后，我们也就掌握了现代设计的手段和语言。材料的开发与综合运用具有无限的发展空间，我们应该意识到综合材料带给我们艺术语言的无穷魅力，以及它在表达空间设计复杂、微妙的感觉方面所具有的丰富潜能(图 7.14)。

图 7.13　面材的切割卷曲构造作品

图 7.14　自由变化的曲面场景

第三节　材料与艺术构成的碰撞

设计材料的美感体现通常是靠对比手法来实现的。多种材料运用平面与立体、大与小、简与繁、粗与细等对比手法产生相互烘托、互补的作用。把材料本身具有的肌理美感、色彩美感、材质美感用巧、用好是关键。简单的材料可以通过艺术性的排列组合给人带来不同的心理感受，把材料从原始形态中提炼出来思考，研究材料的基本属性与特征，使材料在不同的组合构造中呈现出令人激奋的抽象美感形式，用以刺激人的视觉，使其打动人的心扉，并产生发自内心的感染力。

图 7. 15 所示的 3D 立体砖体现了材料在艺术表达中的应用。

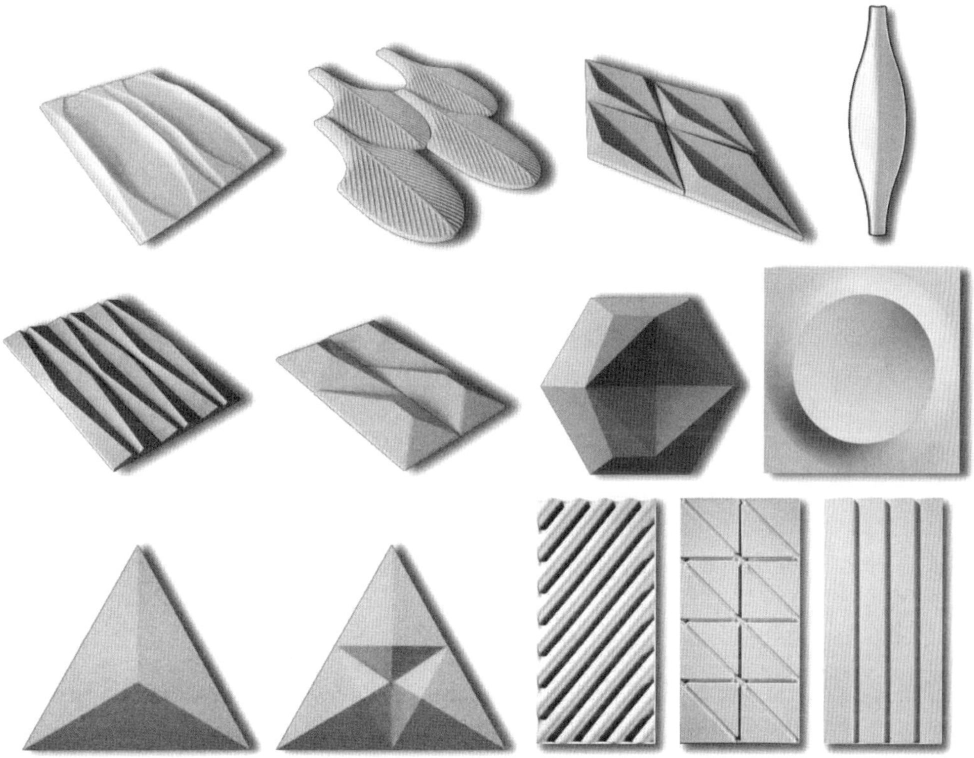

图 7. 15 3D 立体砖

3D 立体砖是以精细混凝土设计制造的创新立体装饰构件，它通过创新算法设计、3D 打印技术等，增强了室内外空间的层次感，给人带来更加丰富的光影效果。通过对形状施加变化，可以实现诗意的“图块绘画”效果。

3D 立体砖造型立体、独特，可以定制成彩色或金属质感，可以采用环保 UHPC 高强混凝土，抗压、耐久，达到了 A 级防火、防水的要求。

不同 3D 立体砖元素构成的墙面视觉效果如图 7. 16~图 7. 18 所示。

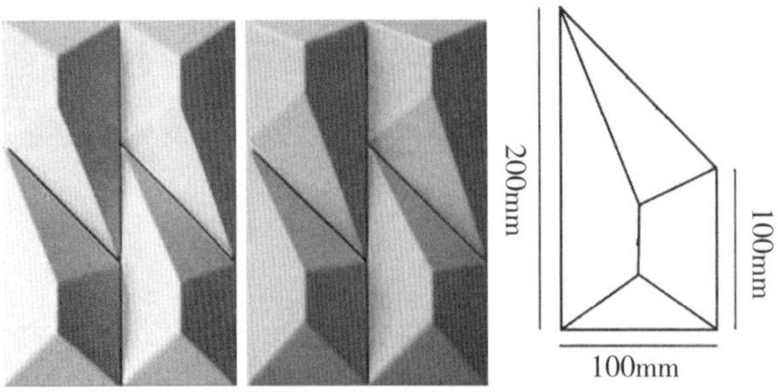

创意醒目的异形立体充满高级的时尚感，不拘一格的设计层次改变了空间的平淡，给予人们追求探索新意的印象，为空间的美感增添独一无二的个性魅力

图 7. 16　案例 1

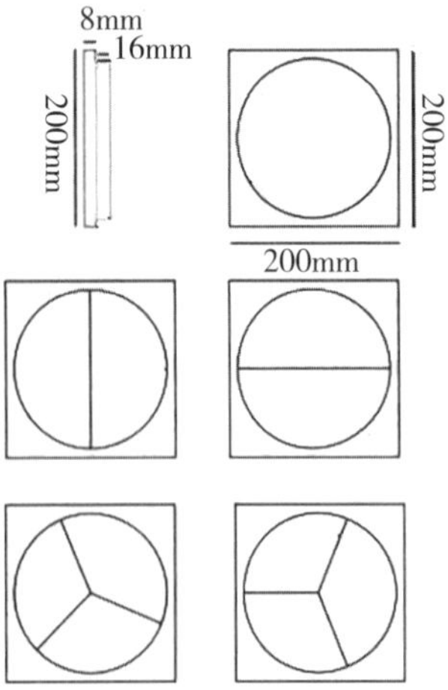

设计灵感来自时间流动的感觉。时钟的线条和立体轮廓带来随时间流逝的空间感，呈现浑然天成、与众不同的艺术风格，具有强烈的视觉效果和独具创意的装饰性

图 7. 17　案例 2

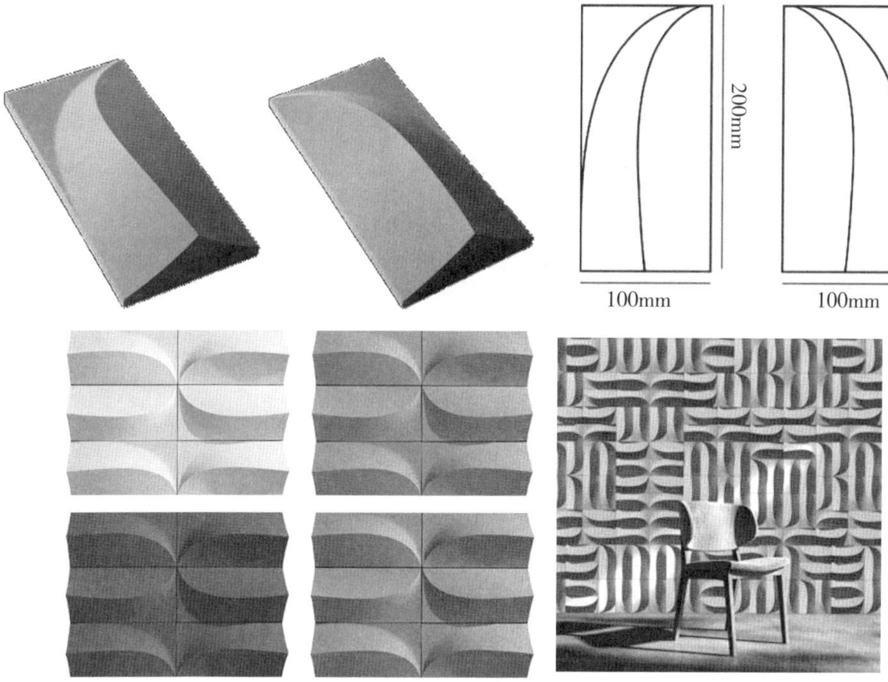

图 7.18　案例 3

下面简要介绍 3D 砖的施工工艺。

(1) 判断墙体状况。根据安装面积计算墙砖重量，判断墙体是否足够承重。切勿在不足以承受墙砖总重量的墙体上进行安装，以免造成墙体坍塌或伤人。因混凝土材料特性，尽量避免将其使用在防污要求极高的空间，如浴室、户外等。不可将其用于附着力较差的墙面，如硅藻泥墙面、乳胶漆墙面，这样的墙面需要先处理。

(2) 选择墙面处理方式。对于普通墙面、平整度较好的抹灰墙面，用干布稍作清洁后直接粘贴 (瓷砖胶)。对于特殊墙面，如过于粗糙的墙面需先清洁墙面沙粒物后才能粘贴；对于过于光滑的墙面，如已涂过面漆或贴过壁纸的墙面，建议先刮掉要粘贴位置处的面漆或墙纸，使墙面变得相对粗糙后再粘贴 (瓷砖胶)。木墙和隔板，用干布稍作清洁后直接粘贴，直接用结构胶安装。

(3) 灯光处理。灯光是 3D 砖的灵魂，再次强调灯光的重要性。选择合适的灯光系统，不同角度的光束和色温可以使墙面更具活力。

(4) 安装方式。应使用质量好的瓷砖胶和结构胶，安装步骤如下：

①安装前，先确定安装位置，量准尺寸和划线，由于是异型砖，要避免过多切割。

②进行墙面处理和清洁。

③贴胶时，按照厂家指导的方式进行施工。

(5)切割方式。使用切割瓷砖的切割机进行切割。为避免产生太多灰尘，请使用湿切的方式。切割后，轻轻研磨切割轮廓，使其表面光滑。如果出现裂纹，用汽车补色漆修补。

(6)填缝。一般来说3D砖不需要填缝，只有在某些情况下，例如用于地板、潮湿区或室外，才需要填缝。因为纹理表面的不同，所以填缝过程也会有所不同。铺设和填缝期间，应保护瓷砖表面，防止磨损。使用专业手套，避免在表面留下脏点。

思考题

1. 讨论艺术创作手法如何被有效地借鉴到建筑和室内设计中。您认为哪些艺术手法最能提升材料的表现力？

2. 近年来，材料表现呈现多元化的趋势。您认为这种趋势对建筑和室内设计的创新有何影响？

3. 如何通过设计细节的处理来增强材料的美学特征？请举例说明在室内设计中细节处理的重要性。

4. 材料在空间艺术创作中从幕后走到前台，您认为这种转变对设计师的创作思维有何影响？

参 考 文 献

[1]李朝阳. 材料与施工技术[M]. 北京：中央广播电视大学出版社，2011.

[2]李朝阳. 材质之美：室内材料设计与应用[M]. 武汉：华中科技大学出版社，2014.

[3]郝士明. 材料图传：关于材料发展史的对话[M]. 北京：化学工业出版社，2014.

[4]河村寿昌，西川荣明. 世界木材图鉴：289 种木材识别与应用宝典[M]. 徐怡秋，译. 北京：化学工业出版社，2021.

[5]孙石村，巍泽崧. 从建筑材料到形式表达：尺度视野中的建筑世界[M]. 天津：天津大学出版社，2023.

[6]邱晓葵. 建筑装饰材料：从物质到精神的蜕变[M]. 北京：中国建筑工业出版社，2009.

[7]张先慧. 国际室内设计年鉴 2010[M]. 天津：天津大学出版社，2010.

[8]缪根生. 立体构成[M]. 成都：四川美术出版社，2008.

[9]高祥生. 装饰材料与构造[M]. 南京：南京师范大学出版社，2011.

[10]于四维，樊丁. 室内装饰材料与构造设计[M]. 北京：化学工业出版社，2022.

[11]隈研吾. 隈研吾的材料研究室[M]. 陆宇星，谭露，译. 北京：中信出版社，2020.

[12]维多利亚・巴拉德・贝尔，帕特里克・兰德. 建筑设计的材料表达[M]. 朱蓉，译. 北京：中国电力出版社，2008.

[13]陆军，叶远航，周洁，等. 建筑装饰装修工程材料手册[M]. 北京：中国建筑工业出版社，2024.

[14]中国工程院化工、冶金与材料工程学部，中国材料研究学会. 走近前沿新材料 3[M]. 北京：化学工业出版社，2022.

[15]刘华江，朱小斌. 设计师的材料清单：室内篇[M]. 上海：同济大学出版社，2017.

[16]阿格尼丝・赞伯尼. 材料与设计[M]. 王小茉，马骞，译. 北京：中国轻工业出版社，2016.